U0714876

"101 计划" 核心教材
物理学领域

热力学与统计物理

刘 川 编著

北京大学出版社

图书在版编目(CIP)数据

热力学与统计物理 / 刘川编著. -- 北京：北京大学出版社，2024.8. -- ("101计划"核心教材物理学领域). -- ISBN 978-7-301-35199-4

I. O414

中国国家版本馆CIP数据核字第2024NV2399号

书　　　名	热力学与统计物理 RELIXUE YU TONGJI WULI
著作责任者	刘川　编著
责 任 编 辑	刘啸
标 准 书 号	ISBN 978-7-301-35199-4
出 版 发 行	北京大学出版社
地　　　址	北京市海淀区成府路205号　100871
网　　　址	http://www.pup.cn
电 子 邮 箱	zpup@pup.cn
新 浪 微 博	@北京大学出版社
电　　　话	邮购部 010-62752015　发行部 010-62750672　编辑部 010-62754271
印 刷 者	北京市科星印刷有限责任公司
经 销 者	新华书店 787毫米×1092毫米　16开本　18.25印张　299千字 2024年8月第1版　2024年8月第1次印刷
定　　　价	55.00元

未经许可，不得以任何方式复制或抄袭本书之部分或全部内容。
版权所有，侵权必究
举报电话：010-62752024　电子邮箱：fd@pup.cn
图书如有印装质量问题，请与出版部联系，电话：010-62756370

出 版 说 明

为深入实施科教兴国战略、人才强国战略、创新驱动发展战略，统筹推进教育科技人才体制机制一体化改革，教育部于 2023 年 4 月 19 日正式启动基础学科系列本科教育教学改革试点工作（下称"101 计划"）．物理学领域"101 计划"工作组邀请国内物理学界教学经验丰富、学术造诣深厚的优秀教师和顶尖专家，及 31 所基础学科拔尖学生培养计划 2.0 基地建设高校，从物理学专业教育教学的基本规律和基础要素出发，共同探索建设一流核心课程、一流核心教材、一流核心教师团队和一流核心实践项目．这一系列举措有效地提高了我国物理学专业本科教学质量和水平，引领带动相关专业本科教育教学改革和人才培养质量提升．

通过基础要素建设的"小切口"，牵引教育教学模式的"大改革"，让人才培养模式从"知识为主"转向"能力为先"，是基础学科系列"101 计划"的主要目标．物理学领域"101 计划"工作组遴选了力学、热学、电磁学、光学、原子物理学、理论力学、电动力学、量子力学、统计力学、固体物理、数学物理方法、计算物理、实验物理、物理学前沿与科学思想选讲等 14 门基础和前沿兼备、深度和广度兼顾的一流核心课程，由课程负责人牵头，组织调研并借鉴国际一流大学的先进经验，主动适应学科发展趋势和新一轮科技革命对拔尖人才培养的要求，力求将"世界一流""中国特色""101 风格"统一在配套的教材编写中．本教材系列在吸纳新知识、新理论、新技术、新方法、新进展的同时，注重推动弘扬科学家精神，推进教学理念更新和教学方法创新．

在教育部高等教育司的周密部署下，物理学领域"101 计划"工作组下设的课程建设组、教材建设组，联合参与的教师、专家和高校，以及北京大学出版社、高等教育出版社、科学出版社等，经过反复研讨、协商，确定了系列教材详尽的出版规划和方案．为保障系列教材质量，工作组还专门邀请多位院士和资深专家对每种教材的编写方案进行评审，并对内容进行把关．

在此，物理学领域"101 计划"工作组谨向教育部高等教育司的悉心指导、31 所参与高校的大力支持、各参与出版社的专业保障表示衷心的感谢；向北京大学郝平书记、龚旗煌校长，以及北京大学教师教学发展中心、教务部等相关部门在物理学领域"101 计划"酝酿、启动、建设过程中给予的亲切关怀、具体指导和帮助表示由衷的感谢；特别要向 14 位一流核心课程建设负责人及参与物理学领域"101 计划"一流核心教材编写的各位教师的辛勤付出，致以诚挚的谢意和崇高的敬意.

基础学科系列"101 计划"是我国本科教育教学改革的一项筑基性工程. 改革，改到深处是课程，改到实处是教材. 物理学领域"101 计划"立足世界科技前沿和国家重大战略需求，以兼具传承经典和探索新知的课程、教材建设为引擎，着力推进卓越人才自主培养，激发学生的科学志趣和创新潜力，推动教师为学生成长成才提供学术引领、精神感召和人生指导. 本教材系列的出版，是物理学领域"101 计划"实施的标志性成果和重要里程碑，与其他基础要素建设相得益彰，将为我国物理学及相关专业全面深化本科教育教学改革、构建高质量人才培养体系提供有力支撑.

物理学领域"101 计划"工作组

前　言

自 2001 年起，我在北京大学物理学院陆续讲授热力学与统计物理相关课程，至今已有 20 余年. 2021 年，我将课程讲义增补成书《热力学与统计物理》，并由北京大学出版社出版. 2023 年，教育部对物理学基础课程教材启动了"101 计划". 为此，全国众多统计物理相关教师参与研讨，并由厦门大学赵鸿教授牵头，编纂了热力学与统计物理课程的"白皮书". 该白皮书集合全国专家的智慧，详尽列出了热力学与统计物理方面的重要知识点. 本书有幸被选为"101 计划"的规划教材. 与前著《热力学与统计物理》相比，本书增添了前书未详述的知识点，希望尽可能使全国物理相关专业的各类教师、学生从中受益.

"热力学与统计物理"是十分特殊的一门理论课程. 作为宏观唯象理论的热力学和作为微观理论基础的统计物理都是研究同样的宏观系统的热现象的，但二者的方法论截然不同，一个偏向归纳，一个侧重分析. 事实上，只有同时掌握和运用这两种方法，我们才能够对宏观客体的热现象有更加完整的理解. 正因为如此，本书的讲述分为热力学和统计物理两大部分. 这是比较传统的讲法，即将热力学和统计物理分开讲述. 当然两者又相互关联，因而目前相当多的教材 (特别是国外的教材) 是把两个部分糅合在一起讲述，即把统计物理作为微观基础，而将热力学作为统计物理的宏观应用. 本书仍然采用比较传统的讲述方法，主要是考虑到这样的讲法可以相对比较完整地体现热力学理论框架的独立性，使得读者认识到从大量自然现象中总结归纳出的热力学规律的普适性. 正如爱因斯坦曾说的，"我坚信，普适的经典热力学，是唯一不会被推翻的理论框架". 更不必说，先奠定的热力学理论框架对于后面统计物理理论框架的建立也提供了非常直接的参照. 当然，统计物理仍是热力学不可或缺的微观基础. 例如，只有经过统计物理的讲述，热力学中引入的熵的概念才能被彻底揭秘. 事实上，正是在这种微观与宏观研究范式的对比过程中，量子物理得以孕育而生，人类对于物质世界的认识也从经典物理跨越到量子物理.

我倾向于认为，将热力学和统计物理分开讲述还是合在一起讲述仅是一个形式上的问题,最终这两种理论方法必须整合在一起,共同构成我们对于宏观物体热性质的全面认知. 对于一些比较重要且复杂的物理现象 (典型的例子是二级相变),只有对两个方面都有所了解,才能更全面地解析其中蕴含的丰富物理. 因此,本书的一个特色就是努力强调热力学与统计物理之间的呼应:在热力学部分会讲述朗道相变理论以及标度假设下的热力学标度理论,在统计物理部分则会通过平均场近似和李杨零点的讨论,阐明相变理论的统计物理背景. 总之,读者会看到,热力学部分涉及的研究对象往往在统计物理部分会再一次从另一角度进行处理和讨论. 我希望这种用互补的方法进行的讨论,可以更好、更有效地展示热力学与统计物理相辅相成的作用.

另外一个要涉及的问题是统计物理与量子力学的关系. 本书将不假定读者已经学习过量子力学课程,但是相关的量子力学的基本观念仍然是必需的,否则无法讲述诸如玻色气体、黑体辐射、费米分布等重要问题. 一般来说,只要学习过普通物理层面的现代物理知识,对物理量的量子化、不确定性原理、波函数描述等有基本的了解,应当就可以没有困难地完成本书的学习. 本书对统计物理的论述采用了从一般的系综理论出发的方法. 这样的好处是可以比较快速地进入统计物理的讨论. 随后的近独立子系则作为系综理论的应用加以介绍. 此外,本书单独增加了关于自旋模型和二级相变的一章. 鉴于二级相变在现代物理中的重要地位,我认为这一章是十分必要的.

一部教材不可避免地会涉及与它前后衔接的课程/教材. 按照国内的标准安排,热力学与统计物理课程一般前接普通物理的热学课程,后连量子统计物理研究生课程. 本书的定位并不要求读者熟悉量子力学的动力学,也就是说并没有采用密度算符的表述方法,而是直接运用其能量表象中的形式加以替代. 当然,我们也指出了统计物理是完全兼容于量子力学理论框架的. 至于说前置的热学课程,国内各个大学中的情况比较复杂:有些学校的热学已经涵盖了热力学基本理论的相当一部分,而有些学校则没有很系统地讲述热力学理论. 因此,为了能够顺利地与不同版本的前置热学课程衔接,本书采用了比较简略的叙述方式,但热力学的基本架构仍然完整,以便于不同学校的教师根据具体情况加以选择. 以我在北京大学多年授课的经验为例,基于本教材可在 20 个课时以内将热力学部分完整讲授 (包括朗道相变理论和二级相变的标度理论). 这也比较符合热力学与统计物理或平衡态统计物理课程的总体课时分配，即热力学部分基本上占据总课时的 1/3.

从具体内容安排来看，本书热力学部分分为四章：第一章是对于热力学基本规律的回顾，包括热力学第一和第二定律，以及态函数内能、熵的引入，并以热力学基本微分方程作为结束. 第二章侧重讨论单元单相系的基本热力学关系，包括各种热力学函数的确定、它们之间的关系等. 第三章讨论单元系的相变热力学，还包括对热力学平衡条件和稳定条件的讨论. 第四章则处理一般的多元复相系的热力学，包括可能的化学反应，并介绍热力学第三定律的表述等. 统计物理部分则分为五章：第五章介绍统计物理一般的系综理论. 在介绍了如何从经典和量子两个层面出发来表述统计物理之后，将引入等概率原理并讨论微正则、正则、巨正则系综及其热力学公式，然后应用普遍的系综理论导出近独立子系的三种分布 (麦克斯韦-玻尔兹曼分布、费米-狄拉克分布、玻色-爱因斯坦分布). 第六章主要讨论量子理想气体，包括理想玻色气体和理想费米气体的性质. 第七章讨论有相互作用的经典流体的性质，其中简要讨论了理想气体中的一些遗留问题，然后介绍实际气体的物态方程的迈耶集团展开理论，最后还简要介绍了液体的彻体性质以及稀薄等离子体的热性质. 第八章介绍自旋模型的二级相变理论，主要讨论平均场近似，但对于其他理论方法也有介绍. 最后的第九章讨论近平衡系统中的玻尔兹曼微分积分方程和输运，还简要介绍了经典流体的 BBGKY 级列. 这是对于非平衡统计的一个概略讲述. 这方面的内容实际上需要一本完整的教材单独处理才比较妥当.

根据我 20 余年来在北京大学的教学经验，无论是热力学与统计物理课程还是类似的平衡态统计物理课程 (这时不包括本书第九章的内容)，本书的主体内容完全可以在普通高校一学期的课程 (以 17 周，每周 4 学时计算) 内涵盖. 当然，根据不同学校教师以及相应的前置和后续课程情况，本书的内容在教学中也可以进行灵活的调整.

与前著《热力学与统计物理》比较，本书有着全面的改动. 其中有重大改动的章节包括：(1) 热力学部分增加了关于连续相变的标度理论的全新的一节 17. (2) 与第 17 节对应，在朗道相变理论的第 16 节也做了较多调整. (3) 统计物理部分增加了关于李杨相变理论的全新的一节 49. (4) 与第 49 节对应，修订了与其密切相关的迈耶集团展开理论的第 39 节以及液体的热力学理论的第 40 节. (5) 统计物理部分增加了关于经典流体的 BBGKY 级列的一节 54.

除了上述修改之外，第二版还对几乎每个章节的叙述方式都做了修订和增补，这也包括书后的附录，其中增加了多项式分布、中心极限定理、多维正态分布等信息.

这里我首先要感谢"101 计划"审稿专家，湖南大学的刘全慧教授、北京师范大学的涂展春教授、南开大学的赵柳教授. 他们对全书做了严格的审读，提出了很多中肯的修改建议.

下面我希望对 20 余年来对我的教学工作给出建议和支持的同人表示感谢. 首先要感谢北京大学理论物理研究所的老师和同人们. 我的教学工作就是从热力学与统计物理开始的. 为此要特别感谢林宗涵教授，他当年给了我很多支持和帮助，使我从一个年轻人逐步成长为成熟的教师，他的《热力学与统计物理学》教材也是我授课过程中很好的参考. 我还要感谢理论物理研究所热力学与统计物理课程组中的马中水教授、李定平教授、宋慧超教授、黄华卿研究员、杨志成研究员等对我的讲义及前著的批评和建议. 当然还应当感谢 20 余年来北京大学各届的学生，他们中的许多同学仔细阅读了各种版本的讲义，并且提出了很多具体的修正建议. 还要感谢北京大学出版社的刘啸编辑，他多次鼓励我将讲义整理出版，并做了大量前期准备和后期编辑工作.

最后，我要感谢多年来一直支持我的家人：我的妻子、父母和儿子. 特别需要额外感谢的是我的夫人韦丹教授. 她除了对全书的架构给出了十分有建设性的建议之外，还在最后成书阶段花费了大量精力校对本书的书稿，修订其中的错误，包括我过于口语化的语言和许多因懒惰而遗漏的推导过程及交互引用等，这些使整个书稿对于各类读者更加友好. 总之，没有她多年来对我精神上和实质上的支持，本书很难如期完成.

由于我学识结构所限，定还有很多相当重要的知识点未能列入此书，即使是本书已经涉及的内容，恐怕也会有欠缺之处. 对此我欢迎国内外同行与读者批评指正.

刘川

二〇二四年初春

目 录

第一部分 热力学

第一章 热力学的基本规律　　3
1 热力学系统及平衡态的描写 5
2 热力学过程和功 7
3 热力学第一定律 9
4 理想气体及其卡诺循环 11
5 热力学第二定律和熵 15
6 热力学基本微分方程 24

相关的阅读 26
习题 26

第二章 均匀系的平衡性质　　29
7 麦克斯韦关系和勒让德变换 29
8 热力学函数和特性函数 32
9 磁性介质的热力学理论 36
10 平衡热辐射场的热力学理论 38

相关的阅读 41
习题 41

第三章 单元系的复相平衡　　43
11 平衡判据 43
12 单元复相系的相平衡 44
13 相图和克拉珀龙方程 48
14 范氏气体气液两相的转变 52

15　曲面分界时的平衡条件和液滴的形成 55
 16　相变的朗道理论 57
 17　连续相变的标度理论 64
　相关的阅读 68
　习题 69

第四章　多元系的相和化学平衡　71

 18　多元均匀系的热力学基本微分方程 71
 19　多元系的复相平衡及相律 74
 20　化学反应 75
 21　混合理想气体 77
 22　理想溶液 80
 23　热力学第三定律 84
　相关的阅读 86
　习题 86

第二部分　统计物理

第五章　统计系综　91

 24　经典系综理论的基本概念 93
 25　量子统计与经典统计 96
 26　微正则系综 103
 27　正则系综与巨正则系综 107
 28　热力学公式 110
 29　涨落的准热力学理论 113
 30　近独立子系的统计分布 115
 31　统计分布的另外一种推导方法 122
 32　近独立子系中粒子数分布的涨落 127
　相关的阅读 128

习题 129

第六章　量子理想气体　　　　131

33　理想玻色气体 131

34　黑体辐射的统计物理理论 138

35　固体的热容量 143

36　理想费米气体 149

相关的阅读 159

习题 159

第七章　经典流体　　　　161

37　经典理想气体 162

38　混合理想气体及其化学反应 169

39　实际气体的物态方程 172

40　液体的热力学性质 180

41　稀薄等离子体的统计性质 185

相关的阅读 188

习题 189

第八章　二级相变及其平均场理论　　　　191

42　自旋模型的微观机制与处理方法 192

43　伊辛模型的平均场近似 198

44　布拉格–威廉斯近似——再看平均场近似 202

45　临界点附近的涨落与关联 204

46　伊辛模型的严格解、高温展开和对偶性 209

47　具有连续对称性系统的相变 218

48　对称性破缺与临界现象中的普适性 223

49　李杨零点与相变 226

相关的阅读 234

习题 234

第九章 非平衡态统计 237

    50   玻尔兹曼微分积分方程 238

    51   玻尔兹曼 H 定理 244

    52   细致平衡条件与平衡分布 246

    53   输运现象 249

    54   BBGKY 级列 254

    相关的阅读 257

    习题 257

附录 概率与随机过程 261

    1   概率、随机变量与分布函数 261

    2   常见的概率分布函数 263

    3   随机过程 266

    4   马尔可夫过程 267

    5   福克尔–普朗克方程 268

参考书 269

索引 271

第一部分

热力学

关于热力学

"我坚信,普适的经典热力学,是唯一不会被推翻的理论框架."

——爱因斯坦 (Einstein)

第一章 热力学的基本规律

本 章 提 要

- 热力学基本概念 (1)
- 热力学过程和功 (2)
- 热力学第一定律、热容量 (3)
- 理想气体及其卡诺循环 (4)
- 热力学第二定律和熵 (5)
- 热力学基本微分方程 (6)

本章将首先讨论自然界中热现象的研究对象,以及热现象研究理论方法的两条主线. 随后,基于热力学的基本概念,我们会依次介绍热力学第一定律和第二定律. 对热力学基本概念和基本规律的讨论将基于读者已了解的热学知识. 本章将引入热力学中最重要的两个态函数:内能和熵 (entropy). 最后我们会给出平衡态下热力学系统的基本热力学微分方程,它将为后续的进一步讨论奠定基础. 热力学第一、第二定律构成了热力学基本理论框架.

热现象研究的对象是自然界由大量微观粒子构成的宏观系统,包括通常条件下的气体、液体、固体等各种物态的性质 (起初主要是力学以及化学性质). 这类研究的历史可以追溯到很久很久以前. 从 16—17 世纪开始,热现象研究的科学方法逐渐成熟. 实验上来说,帕斯卡 (Pascal) 在得知了 1643 年托里拆利 (Torricelli) 的实验后,经过钻研验证了大气是有重量的 (大气压存在) 并发明了气压计,1714 年华伦海特 (Fahrenheit) 发明了高精度的温度计. 从此以后，热现象的研究就比较系统化了．

17 世纪初，范海尔蒙特 (van Helmont) 区分了空气和其他化学反应产生的气体，奠定了气体化学研究的基础．至 18 世纪，人们已可获得化学纯的气体．随后，化学家们经过多年研究，逐步发现了存在氧气、氢气、氮气等气体，并初步了解了它们的制备方法，这才对空气这个多元系的主要成分有了科学的认知．工业上的蒸汽机或引擎中的工作物质实际上是更为复杂的多元复相系统．19 世纪逐步发展起来的化学工业更涉及复杂的各种分子的多相混合系统．

当然，人们一直在探索热现象背后的本质，也就是说，到底什么是热．大致来说，人们对于这个问题的认识遵循两条主要路线：一条路线假定宏观系统是由连续的介质构成的，热现象是由一些神秘的特殊介质 (比如热质、燃素等) 引起的．这实际上是早期的炼金术化学以及热力学的鼻祖．另一条路线假定宏观物体实际上是由大量微观颗粒构成的，而宏观的性质是这些微观颗粒运动的某种平均效果．这方面工作的源起是伯努利 (Bernoulli) 在 1738 年的流体力学研究，而这也构成了统计物理的萌芽．

热力学始于 17 世纪玻意耳 (Boyle) 对空气弹性的研究．1834 年，理想气体物态方程建立了．随着热力学第一、第二定律的确立 (1860 年左右)，特别是热力学定律对于热质说的扬弃，热力学的理论框架基本上到 19 世纪末就已经非常成熟了．第二条路线的发展则相对滞后一些．尽管从 1865 年起有麦克斯韦 (Maxwell)、玻尔兹曼 (Boltzmann) 等人的推动，但是反对粒子学说的唯能论仍然盛行．直到 20 世纪初，特别是 1906 年佩林 (Perrin) 利用布朗运动 (Brownian motion) 的实验，验证了爱因斯坦布朗运动理论的正确性之后，宏观系统由大量微观粒子构成的事实才广为接受．最终，热力学和统计物理两条路线融合在一起，成为研究宏观系统纷繁复杂的热现象的协调一致并相互补充的两个标准理论框架．

本书也将分为热力学和统计物理两条路线来阐述宏观系统中的热现象．但是读者应当谨记，这两条路线实际上是统一的．对于某一类系统，或者系统的一个特定的物理性质来说，有时候从某一种理论方法可能更容易去理解，这需要读者灵活地运用．我们也将尽可能在书中体现两种不同方法对同一系统的处理 [典型的例子如黑体辐射 (black body radiation)]．

1 热力学系统及平衡态的描写

本书中所谓的热力学系统 (简称为系统) 是指一个宏观的体系，它一般由大量微观粒子构成. 在没有外界影响的条件下，若系统内各部分的宏观性质在长时间内不发生变化，我们称系统处于平衡态. 平衡态的达成依赖于我们考察系统的哪些物理量，同时还依赖于考察的时间尺度. 并不是所有热力学系统都必定达到平衡态，比如玻璃就属于非常难以达到平衡态的系统. 热力学系统的平衡态一般可以用一些宏观 (经典) 的变量来加以描述. 这些变量一般包括：几何变量 (长度、面积、体积、形变等)，力学变量 (力、表面张力、压强、应力等)，电磁变量 (电场强度、电极化强度、磁场强度、磁化强度等)，化学变量 (各个组元的浓度、各个相的物质的量、化学势等) 等. 我们统称这些变量为热力学系统的态变量 (state variables). 描述一个热力学系统的所有态变量组成的参数空间称为该热力学系统的状态空间，或简称态空间. 态空间中的任意一个点都对应于该热力学系统的一个平衡态. 需要注意的是，按照上述定义，热力学系统的态空间中的每一个点都与热力学系统的一个平衡态一一对应，而没有达到平衡态的热力学系统原则上并不能用态空间中的任何点来表示. 在本书热力学部分随后的讨论中，除非额外声明，当我们提及热力学系统时，都是指已经达到热力学平衡的系统①.

已达到平衡态的热力学系统中物理及化学性质均匀的一个宏观部分称为一个相. 系统也可以按照相的个数分为单相系，即仅有一个相的系统 (例如液态的水)，和复相系，即具有多于一个相的系统 (例如冰水混合物). 系统还可以按照其化学组元的多少来划分为单元系，即仅含有一种化学组元的系统 (例如化学纯的水)，和多元系，即具有多个化学组元的系统 (例如原油是分子量相差巨大的各种有机分子组元的混合物). 实际的系统当然可以是单元/多元同时又是单相/复相的系统，比如完全均匀混合的空气就是多元单相系，钢铁等合金则往往是多元复相系.

热力学系统处于平衡态需要满足一些所谓的平衡条件. 这些条件一般包括

---

① 如果在有外界影响下系统的性质长时间不发生改变，这样的状态称为稳恒态. 例如在恒定外电场下有电流通过的导体，这时导体的宏观性质也长时间不变，但这只是一个稳恒态，不是平衡态.

热平衡条件、力学平衡条件、相平衡条件、化学平衡条件等. 热平衡条件确定了温度这一物理量的存在. 这个事实在公理化热力学框架中被"神圣化",称为热力学第零定律[②].

热力学第零定律 若系统 A 与系统 B 处于热平衡,系统 B 与系统 C 处于热平衡,那么系统 A 必定与系统 C 处于热平衡.

热平衡的这种传递性说明处在热平衡的系统具有某种共同的物理量,这一点直观上是很容易理解的. 从这一事实出发,卡拉泰奥多里 (Carathéodory) 首先严格地证明了: 相互处于热平衡的系统具有一个共同的物理量,称为温度. 每一个系统的温度是该系统其他态变量的函数,也就是说温度 θ[③] 以及系统的其他态变量 $x_1, x_2, \cdots, x_n$ 满足一个函数关系,称为物态方程(或状态方程).

物态方程
$$F(\theta, x_1, x_2, \cdots, x_n) = 0. \tag{1.1}$$

我们所了解的理想气体物态方程、范德瓦耳斯 (van der Waals) 气体 (简称范氏气体) 物态方程、铁磁体的居里–外斯 (Curie-Weiss) 定律等,都是热力学系统物态方程的例子. 概括来说: 福勒和卡拉泰奥多里的工作确立了温度以及物态方程的存在性,为后续热力学理论框架的建立奠定了基础.

热力学系统的态变量的函数称为态函数[④]. 按照定义,一个态函数只依赖于系统所处的状态而不依赖于系统到达该状态的过程. 热力学第零定律实际上是从宏观上说明了温度这一态函数以及物态方程的存在. 从微观上讲,我们知道温度实际上是构成热力学系统的微观粒子的热运动剧烈程度的体现.

在热力学范畴内物态方程只能靠实验获得. 以常见的 pVT 系统为例[⑤],

[②]这个称呼首先是福勒 [Fowler,卢瑟福 (Rutherford) 的女婿,王竹溪先生的导师] 在 1935 年提出的. 从时间上讲热力学第零定律的提出远晚于热力学第一定律和第二定律,只是从逻辑上讲它应该排在第一定律和第二定律之前.

[③]本书将使用 θ 来标记一般温标下的温度,用 T 来表示热力学温标 (或理想气体温标) 下的温度.

[④]当然,一个态函数也可以被取为态变量,这主要看以哪些态变量为独立变量. 例如在系统的物态方程中,可以把温度表达成其他态变量的函数,也可以把压强表达成温度和其他态变量的函数.

[⑤]所谓 pVT 系统是指一个热力学系统,它的状态完全由它的压强 p、体积 V 和温度 T 来描写 (此处为与后面内容一致,用 T 来表示温度),典型的例子是流体以及各向同性的固体.

可以通过测量膨胀系数 α、压强系数 β 和等温压缩系数 κ_T 来决定物态方程. 这三个系数的定义是：

$$\alpha = \frac{1}{V}\left(\frac{\partial V}{\partial T}\right)_p, \quad \beta = \frac{1}{p}\left(\frac{\partial p}{\partial T}\right)_V, \quad \kappa_T = -\frac{1}{V}\left(\frac{\partial V}{\partial p}\right)_T. \tag{1.2}$$

注意，这三个系数不是独立的，利用偏导数的基本性质，容易证明

$$\alpha = \kappa_T \beta p, \tag{1.3}$$

所以，只要知道了其中任意两个，第三个就完全确定了. 从实验上讲，压强系数 β 比较难以测量，原因是在温度改变了以后，实验上很不容易保持体积不变，因而一般都采用测量膨胀系数 α 和等温压缩系数 κ_T 的方法，再通过积分确定物态方程. 在统计物理的范畴内，物态方程可以通过具体设定的微观模型，利用统计物理的方法得到 (参见第 28 节).

2 热力学过程和功

过程是热力学系统的状态随时间的改变. 如果一个过程进行得足够缓慢，以至于在过程的每一时刻系统都 (近似) 处于平衡态，这样的过程称为准静态过程 (quasi-static process). 准静态过程在平衡态热力学的论述中起着非常重要的作用. 它既可以是某个具体过程的近似，也可以是为了理论上的方便所引入的一种工具. 由于在准静态过程中系统始终处于平衡态，因此一个准静态过程可以用热力学系统状态空间中的一条曲线来描写. 例如大家熟悉的理想气体的等温过程就可以用 p-V 图中的一条双曲线描写.

热力学过程还可以按照其是否可以反向进行而分为可逆过程和不可逆过程. 一般来说，一个准静态过程进行得如此缓慢，以至于系统在过程中的每一个时刻都处于平衡状态，因此，如果准静态过程之中的每一个时刻都不存在耗散 (例如不存在摩擦或其他导致熵增的因素的影响，或该影响可以忽略)，那么这个准静态过程是可以完全反向进行的. 反向进行的结果是系统以及和系统保持接触的外界都完全回到它们初始的状态，就好像该过程完全没有发生过一样. 由于实际的热力学过程中耗散总是存在的 (熵增加原理)，因此严格的可逆过程是不存在的. 当然，我们在热力学的讲述中会利用这种抽象的过程来

定义许多重要的物理量. 总之, 一个热力学过程要成为可逆过程, 首先需要是一个准静态过程, 其次在过程之中还要随时保持无耗散或耗散可忽略.

准静态过程的重要之处在于, 在一个无穷小的准静态过程中, 外界对系统所做的微功 (元功) đW 可以用系统的态变量 Y 以及另一个态变量 y 的微分来表达: đ$W = Y\mathrm{d}y$. 通常来说 Y 是一个强度量而 y 是一个广延量[⑥], 它们称为一对互为共轭的热力学变量. 特别要注意的是, 我们用了符号 đ (而不是 d) 来表示一个微小的准静态过程中的微功, 是要强调这个物理量与该微小的准静态过程有关, 而不是一个与过程无关的量. 例如, 理想气体在一个微小的等温过程和一个微小的等压过程中的微功就是不同的. 而与过程无关的微分量一定是系统的某个态函数的全微分, 这时我们用符号 d 来表示, 例如体积的变化 dV、温度的变化 dT 等. 在准静态过程的微功 đ$W = Y\mathrm{d}y$ 中的 Y 称为广义力, 而与之共轭的变量 y 则称为广义位移.

在本书中我们主要会利用下列热力学系统在准静态过程中的微功表达式.

(1) 流体的膨胀压缩功. 设流体的压强为 p, 体积变化为 dV, 则外界对流体所做的微功为[⑦]

$$\mathrm{d}W = -p\mathrm{d}V. \tag{1.4}$$

(2) 磁性介质中的功[⑧]. 当给定体积 V 的区域中均匀的磁感应强度 $\boldsymbol{B}$ 有一变化 d$\boldsymbol{B}$ 时, 磁场 $\boldsymbol{H}$ 所做的微功为[6]

$$\mathrm{d}W = \frac{V}{4\pi}\boldsymbol{H}\cdot\mathrm{d}\boldsymbol{B}. \tag{1.5}$$

(3) 电介质中的功. 当给定体积 V 的区域中电位移 $\boldsymbol{D}$ 有一变化 d$\boldsymbol{D}$ 时, 电场 $\boldsymbol{E}$ 所做的微功为[6]

$$\mathrm{d}W = \frac{V}{4\pi}\boldsymbol{E}\cdot\mathrm{d}\boldsymbol{D}. \tag{1.6}$$

[⑥]关于强度量和广延量的确切定义见第 18 节.

[⑦]有些书中采用系统对外界做功的说法, 这样微功的定义会与我们这里的约定差一个负号.

[⑧]我们将使用高斯 (Gauss) 单位制. 关于国际单位制与高斯单位制之间的转换, 参见电动力学的书籍, 如参考书 [14]. 此外如果空间的磁场或电场不是均匀的, 则电磁场微功的表达式中应当将因子 V 换成相应表达式对空间的积分.

(4) 二维表面扩张收缩功. 当一个二维表面的面积 A 发生一个微小变化 $\mathrm{d}A$ 时, 外界对表面所做的微功为

$$đW = \sigma \mathrm{d}A, \tag{1.7}$$

其中 σ 为该表面的表面张力系数.

推而广之, 一个普遍的无穷小准静态过程中外界对系统所做的微功的形式为

$$đW = \sum_{i=1}^{r} Y_i \mathrm{d}y_i, \tag{1.8}$$

其中 y_i 称为该系统的 (热力学) 广义位移, 而 Y_i 称为相应的广义力, r 称为该热力学系统的自由度. 任何外界对系统所做的功, 一般都会导致系统能量的改变. 当然, 对于热力学系统来说, 外界对系统所做的功还有可能转换为热能. 因此, 力学中的功能原理必须推广到更为一般的情况, 这就是下一节将讨论的热力学第一定律.

3 热力学第一定律

热力学第一定律其实就是能量守恒定律在热现象中的具体体现.

热力学第一定律 能量可以通过某些方式 (比如做功或传热) 从一种形式转换到另一种形式, 或从一个物体传递到另一个物体, 但在转换或传递的过程中能量的总量不变.

历史上, 人们曾幻想建造一种不需要任何动力就能不断地自动做功的机器, 这种机器称为第一类永动机. 这些尝试最终都以失败而告终, 原因就在于它违反了自然界的最基本规律[9]. 热力学第一定律的另一种表述形式即第一类永动机是不可能建造成的.

从无数次失败中, 人们逐渐认识到第一类永动机是不可能建造成的. 1775 年, 巴黎科学院宣布不再接受关于永动机的发明. 这一方面说明当时仍有许多这样的尝试, 而要将这些尝试逐一证伪会耗费大量的时间和精力, 另一方面也说明当时学术界已经清楚地认识到这些对永动机的尝试是徒劳的.

---

[9] 比较有趣的是, 在孩子们的世界里, 特别是一些夸张的卡通片里, 还可以看到一些明显违反能量守恒定律的场面, 这也许是某种永动机情结的反映吧.

热力学第一定律实际上确定了热力学系统的一个态函数——内能的存在. 热量则是由内能的变化及功的差决定的[⑩]. 在系统经历的任何一个无限小过程中,

$$dU = đQ + đW, \tag{1.9}$$

其中 $đW$ 为该无限小过程中外界对系统所做的微功, $đQ$ 为该过程中系统所吸收的 (微) 热量, dU 为系统内能的变化. 当该过程是准静态过程时, $đW$ 可以用第 2 节的公式计算. 内能 U 是温度 θ 以及其他态变量的函数. (1.9) 式即热力学第一定律的微分表达式.

热容量 (heat capacity)[⑪] 的定义是热力学系统在某一特定过程中 (因此它的数值与过程有关) 升高单位温度时所吸收的热量:

$$C_y = \lim_{\Delta\theta\to 0} \frac{\Delta Q_y}{\Delta\theta}, \tag{1.10}$$

其中 ΔQ_y 是系统保持某一参量 y(例如压强、体积、磁场、电场等) 不变, 而温度改变 $\Delta\theta$ 时所吸收的微热量. 最常用的是定容 (体积不变) 热容量和定压 (压强不变) 热容量. 对于一个简单的 pVT 系统, 当体积不变时, 外界所做功为零 (假定系统没有其他类型的功的贡献), $\Delta U = \Delta Q_V$, 所以定容热容量 C_V 可以写为

$$C_V = \left(\frac{\partial U}{\partial \theta}\right)_V. \tag{1.11}$$

当压强不变时, 由于外界所做功为 $-p\Delta V$, 所以定压热容量 C_p 可以写为

$$C_p = \left(\frac{\partial H}{\partial \theta}\right)_p, \tag{1.12}$$

其中函数 H 称为系统的焓 (enthalpy), 定义为

$$H = U + pV. \tag{1.13}$$

显然焓与内能一样也是系统的态函数, 在定压过程中 $\Delta H = \Delta Q_p$.

[⑩] 这个定义是卡拉泰奥多里首先提出的, 其目的是从根本上摆脱热质说的影响. 舍弃热质说之后该如何定义热量这个概念呢? 卡拉泰奥多里提出可以首先定义绝热过程: 如果一个系统在一个过程中内能的改变只是由机械、电磁、化学等因素的改变引起的, 就称为绝热过程. 那么, 一个非绝热过程就是系统的内能改变不仅仅是由机械、电磁、化学等因素改变引起的. 系统内能的变化量与上述机械、电磁、化学等因素的改变对系统所做的功的差就被定义为系统所吸收的热量.

[⑪] 热容量这个名称显然还带有浓厚的热质说的色彩.

4　理想气体及其卡诺循环

对于理想气体的定义，我们暂时有两条要求：(1) 理想气体的内能只是温度的函数而与体积无关；(2) 理想气体的物态方程为

$$pV = nRT, \tag{1.14}$$

其中 p, V 和 T 分别为理想气体的压强、体积和 (理想气体温标下的) 温度，R 称为理想气体常数，n 为该气体的物质的量 (本书在统计物理部分也用 n 表示粒子数密度，希望不会引起混淆). 这两个要求中的第一条又称为焦耳 (Joule) 定律，是焦耳在 1854 年从实验中发现和总结出来的. 焦耳当时认为这是实际气体所应当遵从的定律，其实它只是在气体无限稀薄的极限下 (这时可视为理想气体) 才成立的定律. 实际上，在建立了热力学第二定律后，我们对理想气体的定义可以只取上面的第二条，而第一条可以从第二条出发利用普遍的热力学关系导出[12]. 容易证明，理想气体的热容量也只是温度的函数. 比如理想气体的定容热容量为

$$C_V = \left(\frac{\partial U}{\partial T}\right)_V = \frac{dU}{dT}. \tag{1.15}$$

对于定压热容量，利用物态方程，有

$$C_p = \left(\frac{\partial H}{\partial T}\right)_p = \left(\frac{\partial U}{\partial T}\right)_p + nR. \tag{1.16}$$

利用偏微分换元公式，有[13]

$$\left(\frac{\partial U}{\partial T}\right)_p = \left(\frac{\partial U}{\partial T}\right)_V + \left(\frac{\partial U}{\partial V}\right)_T \left(\frac{\partial V}{\partial T}\right)_p. \tag{1.17}$$

注意到对理想气体，(1.17) 式等号右边的第二项为零，于是我们得到

$$C_p - C_V = nR. \tag{1.18}$$

---

[12] 这个结论成立需要一个实验假设，即认为所谓的热力学温标与理想气体温标重合，否则还不一定. 更详细的讨论可参见赵凯华. 大学物理，2001, 20(12): 1; 赵凯华. 大学物理，2005, 24(3): 3; 刘全慧，沈抗存. 热物理教与学随笔集. 北京：科学出版社，2010.

[13] 注意到体积 V 是温度 T 和压强 p 的函数，即 $V = V(T, p)$，因此系统的内能可以写成 $U(T, V) = U[T, V(T, p)]$. 利用偏微商的链式法则，我们立刻可以得到这个公式.

这说明理想气体的定压热容量和定容热容量的差是一个常数. 但需要指出的是, 理想气体的热容量本身在很宽的温度范围内并不是常数, 只在较小的温度范围内才近似可以看成常数. 更为详尽的讨论请参看本书统计物理部分的第 37.2 小节.

历史 理想气体的物态方程是建立在三个独立的实验定律基础上的. 首先研究这一问题的是英国物理学家、化学家玻意耳. 玻意耳生于 1627 年 1 月 25 日, 1691 年 12 月 30 日在伦敦去世, 一生未婚. 玻意耳是个典型的实验科学家, 做了大量的实验, 内容涉及许多方面, 特别是关于空气的力学性质 (当时称空气的可压缩性为空气的弹性). 1660 年, 他把他的实验结果编纂成《涉及空气弹性及其效果的新物理: 力学实验》一书. 这本书当时受到了不少非难, 认为书中必定有诈. 在受到这些无端指责后为了 "洗清罪名", 玻意耳又仔细地研究了气体的体积随压强的变化关系 (在温度保持不变的前提下, 尽管玻意耳没有明确意识到这点), 结果发现了著名的玻意耳定律. 这个定律的重大意义在于, 它是人们在牛顿 (Newton) 经典力学定律后发现的第一个物理定律. 近 17 年以后, 法国物理学家马里奥特 (Mariotte) 也独立发现了同一规律. 玻意耳还是近代化学的开创者之一.

另外两个气体定律比玻意耳定律在时间上要晚不少. 其原因在于, 另外两个定律, 即盖吕萨克 (Gay-Lussac) 定律和查理 (Charles) 定律, 都涉及温度的测量. 在玻意耳时期, 温度的测量是十分定性的, 直到 1714 年 (华伦海特发明了水银温度计并且创立了华氏温标), 温度的测量才可能比较准确. 查理定律发现于 1787 年, 而盖吕萨克定律发现于 1802 年[14]. 在这三个实验定律的基础上, 法国科学家克拉珀龙 (Clapeyron) 在 1834 年建立了理想气体的物态方程.

历史 焦耳对于气体内能对体积的依赖关系做了许多研究工作. 在 1854 年, 他做了气体自由膨胀过程中温度改变的实验, 这是一个等内能过程[15]. 温度随

---

[14] 其实盖吕萨克定律更应当称为阿蒙顿 (Amontons) 定律. 它是阿蒙顿在 1700 年左右发现的, 尽管非常不准确 (同样因为温度测量). 盖吕萨克研究的其实是查理定律.

[15] 因为在自由膨胀过程中, 气体不对外做功, 同时这个过程一般进行得足够快, 可以认为是绝热的, 所以气体的内能在这个过程中保持不变.

体积的偏微商

$$\lambda = \left(\frac{\partial \theta}{\partial V}\right)_U \tag{1.19}$$

称为焦耳系数. 焦耳系数直接与内能对体积的偏微商联系在一起:

$$\left(\frac{\partial U}{\partial V}\right)_\theta = -\lambda C_V, \tag{1.20}$$

其中 C_V 为气体的定容热容量. 焦耳实验的结果是, 气体自由膨胀前后的温度没有改变, 所以焦耳系数为零, 从而气体的内能只是温度的函数而与体积无关. 实际上, 这个实验结果对实际气体并不成立, 只是由于当时的实验测量不够精确, 因此没有能够测出温度的改变. 现在我们知道, 只有理想气体才有这样的性质, 即只当实际气体无限稀薄时, 焦耳系数才趋于零.

后来, 焦耳与汤姆孙 (Thomson), 也就是开尔文 (Kelvin) 勋爵合作, 又做了气体的节流实验. 在这个过程中, 气体通过多孔塞由容器的一端进入另一端, 容器两端的压强不相等. 这是一个等焓过程[14]. 可以定义焦耳-汤姆孙系数 (简称焦汤系数) μ 来刻画温度随压强的变化:

$$\mu = \left(\frac{\partial \theta}{\partial p}\right)_H, \qquad \left(\frac{\partial H}{\partial p}\right)_\theta = -\mu C_p. \tag{1.21}$$

理想气体的焦汤系数为零. 一般的实际气体焦汤系数不为零, 这可能由于焦耳系数不为零, 也可能由于实际气体不满足理想气体物态方程. 在工业上, 焦汤效应被广泛用来进行气体的液化.

在历史上起了非常重要作用的是理想气体的准静态绝热过程[15]. 根据热力学第一定律, 在一个微小的绝热过程中, $dU + pdV = 0$. 结合理想气体的物态方程并利用其热容量的关系, 这个微分方程可以改写成

$$\frac{dp}{p} + \gamma \frac{dV}{V} = 0, \tag{1.22}$$

其中绝热系数 $\gamma = C_p/C_V$ 为定压热容量与定容热容量之比. 如果在绝热过程中 γ 近似为常数, (1.22) 式可以积分出, 得到

$$pV^\gamma = C. \tag{1.23}$$

---

[14]等焓过程的讨论参见王竹溪先生的《热力学》, 即参考书 [1].
[15]绝热系数 γ 在热力学发展史上起到了重要作用, 主要涉及空气中声速的测量以及测量值与实验值之间的差异及其解释.

这就是理想气体的绝热过程方程. 需要指出的是, 即使是理想气体的 γ 值, 如果在较宽的温度范围上考察也不是常数, 而是温度的函数. 但如果温度变化的范围不大, 那么理想气体的 γ 的确可以近似看成常数.

历史 法国数学家、物理学家拉普拉斯 (Laplace) 是第一个提出可以通过测量声速来测量 γ 的数值的人. 他从牛顿的声速公式 $c_s^2 = dp/d\rho$ 出发, 认为

$$c_s^2 = \left(\frac{\partial p}{\partial \rho}\right)_S, \tag{1.24}$$

其中 p 是气体的压强而 ρ 是气体的密度, 偏微商的下标 S 代表绝热. 拉普拉斯认为, 在声波的传播中, 气体的膨胀和压缩进行得足够快, 所以可以近似认为是绝热的. 这是对于原先牛顿公式唯一的改动, 牛顿的公式中压强对于密度的微商实际上是在等温的情形下来计算的. 如果偏导数改在绝热的情形下来计算, 简单的推导指出:

$$c_s^2 = \left(\frac{\partial p}{\partial \rho}\right)_S = -v^2 \left(\frac{\partial p}{\partial v}\right)_S = \gamma \frac{p}{\rho}, \tag{1.25}$$

其中 $v = 1/\rho$ 是比容, 即单位质量的体积. 这个结果比起牛顿的声速 $c_s^2 = (\partial p/\partial \rho)_T$ 刚好多了一个因子 γ. 因此, 测量声速 c_s^2 就可以知道 γ 的数值. 拉普拉斯的计算结果与实验测量的数值符合得很好. 这在当时被认为是热质说的成功范例而广受炫耀.

卡诺循环 (Carnot cycle) 由一个热机工作于两个恒温热源之间的两个等温和两个绝热过程组成, 参见图 1.1(a). 在 p-V 图上, 一个卡诺循环如图 1.1(b) 所示. 经过简单的计算可以证明, 以理想气体为工作物质的可逆卡诺热机的效率

$$\eta \equiv \frac{W}{Q_1} = 1 - \frac{Q_2}{Q_1} = 1 - \frac{T_2}{T_1}. \tag{1.26}$$

这说明循环的效率只依赖于高温热源和低温热源的温度 (这里取了理想气体温标). 这个结论的证明在通常的热学教材中都有呈现. 事实上, 如果理想气体的热容量之比 $C_p/C_V = \gamma$ 为常数, 那么这个结果可以直接利用绝热过程方程 (1.23) 获得. 如果理想气体的热容量对温度的依赖不可忽略 (这时 γ 也是温度的函数), 这个结论仍然是成立的, 其证明我们留作本章后的一个习题. 这个结论实际上是更为一般的卡诺定理的特例. 在下一节中, 利用热力学第二定律可以证明热机效率与工作物质无关.

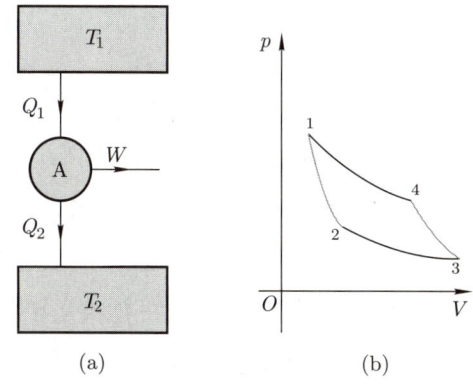

图 1.1 (a) 一个卡诺热机的示意图，它工作于两个恒温热源之间；(b) 卡诺循环在 p-V 图上的表示，它由两条等温线 (深色) 和两条绝热线 (浅色) 围合而成

历史 著名的卡诺循环是由法国物理学家卡诺在 1824 年提出的. 当时蒸汽机已经被广泛地应用于各个行业，但是所有蒸汽机的效率都很低. 于是，研究如何提高蒸汽机的效率成为流行的行当. 卡诺在 1824 年发表了他的著名论文《谈谈火的动力和能发动这种动力的机器》，证明了 (尽管他的证明是基于错误的热质说) 著名的卡诺定理 (下一节要讲到)，为热力学第二定律的建立起到了开创性的作用.

5 热力学第二定律和熵

李白在《将进酒》中写道：

> 君不见黄河之水天上来，奔流到海不复回.
> 君不见高堂明镜悲白发，朝如青丝暮成雪.

诗中第一句话描写了一个力学过程. 如果忽略水的黏滞阻力，它实际上是可逆过程. 第二句话则描述了人这种生命体的一个热力学过程. 诗人在感叹，这个过程具有某种可悲的不可逆性. 事实上，这类不可逆性在自然界和人类社会中具有相当的普遍性. 在自然现象中的这类不可逆性实际上很多都与本节要讨论的热力学第二定律有关.

5.1 热力学第二定律

如果把一个高温物体与一个低温物体接触，经过一段时间二者会达到热平衡。常识告诉我们，这个过程具有不可逆性，也就是说，如果不施加外部影响，热是不会自动地从一个温度较低的物体流向另一个温度较高的物体的，否则生产电冰箱和空调的公司就全部倒闭了。这些事实说明，制造所谓第二类永动机的尝试也将是徒劳的。所谓第二类永动机是指从单一的大热源吸热而把它完全转化为功的机器。如果这可能的话，人类可以尝试使海洋的温度降低一个很小的数量从而获得几乎用之不竭的能源[15]。但是这种尝试也像第一类永动机一样，总是以失败而告终。这使人们逐渐认识到：冥冥之中，一定有某个新的物理规律在起作用。这个规律实际上就是热力学第二定律。最先提出热力学第二定律的是普鲁士物理学家克劳修斯 (Clausius) 和英国物理学家开尔文。热力学第二定律实际上确定了系统的一个新的态函数——熵。

热力学第二定律 (克劳修斯表述) 不可能把热从低温物体传到高温物体而不引起其他变化。

热力学第二定律 (开尔文表述) 不可能从单一热源吸热并把它全部变为有用功而不产生其他影响，即第二类永动机是不可能的。

热力学第二定律的上述两种表述在逻辑上是完全等价的。要证明这一点，可以参照图 1.2。在图 1.2(a) 中，我们假定热力学第二定律的开尔文表述不正确，也就是说我们可以制造某个热机 (在图中我们把这个假想的热机记为 B)，它可从某单一热源 θ_1 吸热 W 并将其完全变成有用功。于是，我们可以利用这部分功来带动另一个可逆卡诺热机 A 逆行，使得 A 从另一个低温热源 $\theta_2 < \theta_1$ 吸收热量 Q_2 而向热源 θ_1 放出热量 Q_1。这样一来，两个热机联合作用的结果是热量 Q_2 从低温热源被吸收并传递给高温热源 θ_1 且没有引起其他变化，这直接与热力学第二定律的克劳修斯表述矛盾。

在图 1.2(b) 中，我们假定热力学第二定律的克劳修斯表述不正确，也就是说我们有某种方法使得热量 Q_2 可以从低温热源 θ_2 传递到高温热源 θ_1 而不引起其他变化。我们可以取一个可逆卡诺热机，让它工作于高温热源 θ_1 和

---

[15]还可以设想在炎热的夏天，让我们居室的温度降低几度，这些能量还可以带动家里的电视、电脑、洗衣机等等。

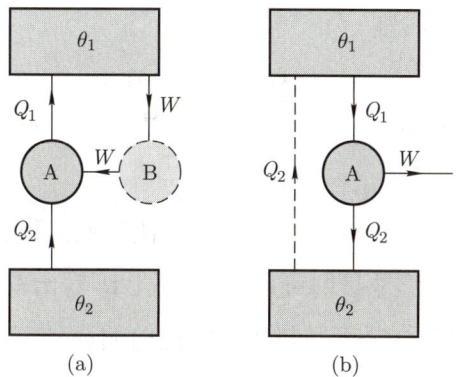

图 1.2 证明热力学第二定律的开尔文表述与克劳修斯表述逻辑上等价

低温热源 θ_2 之间,并且在低温热源处正好放出热量 Q_2. 于是,两个热机联合作用的结果是,我们从单一热源 θ_1 吸收了热量 $Q_1 - Q_2 = W$ 并把它完全转化成有用功且没有产生其他影响,这直接与热力学第二定律的开尔文表述矛盾.

因此,通过上述论证,我们证明了热力学第二定律的克劳修斯表述和开尔文表述在逻辑上是完全等价的,它们中的任何一个都可以作为热力学第二定律的表述. 热力学第二定律实际上还有其他表述方式,有兴趣的读者可阅读参考书 [1] 中的讨论.

5.2 卡诺定理和热力学温标

1824 年,卡诺是从热质说和热力学第一定律出发证明卡诺定理的. 19 世纪中叶,克劳修斯和开尔文通过研究发现,如果想彻底摆脱热质说,需要一个独立于热力学第一定律之外的定律,这就是上面讨论的热力学第二定律. 由热力学第一定律和热力学第二定律就可以推出著名的卡诺定理.

卡诺定理 所有工作于两个恒温热源之间的热机,以可逆热机的效率为最高,并且所有可逆热机的效率都相等,它只与两个恒温热源的温度有关,与工作物质无关.

要证明这个定理,我们可以采用类似于前面的反证法. 设想有高温热源 θ_1 和低温热源 θ_2. 我们取两个卡诺热机 A 和 B,其中 A 是可逆卡诺热机. 这两个热机分别从高温热源吸收热量 Q_{1A} 和 Q_{1B},而在低温热源放出热量 Q_{2A}

和 Q_{2B}. 它们的效率分别为

$$\eta_A = \frac{W_A}{Q_{1A}} = 1 - \frac{Q_{2A}}{Q_{1A}}, \quad \eta_B = \frac{W_B}{Q_{1B}} = 1 - \frac{Q_{2B}}{Q_{1B}}. \tag{1.27}$$

我们现在要证明 $\eta_A \geqslant \eta_B$.

假定卡诺定理不对, 即 $\eta_A < \eta_B$. 为了方便起见, 我们假设 $Q_{1A} = Q_{1B}$[19]. 由此可知 $W_B > W_A$. 于是我们可以利用热机 B 输出的功来推动热机 A 进行逆向循环. 由于热机 A 是可逆热机, 它逆向循环必定从低温热源吸收热量 Q_{2A} 而在高温热源放出热量 $Q_{1A} = Q_{1B}$. 同时, 由于 $W_B > W_A$, 所以热机 B 除了推动热机 A 逆向循环以外, 还可以净向外界输出功 $W_B - W_A > 0$. 于是, 两个热机联合作用的结果是, 我们实现了从单一热源 θ_2 吸收热量并把它完全变成有用功, 同时没有带来其他变化, 这与热力学第二定律的开尔文表述矛盾. 因此, 必定有 $\eta_A \geqslant \eta_B$. 显然如果热机 B 也是可逆的, 我们可以类似地证明 $\eta_B \geqslant \eta_A$. 所以, 所有可逆热机的效率必定相等, 并且效率只与两个热源的温度有关, 与工作物质无关. 这样就证明了卡诺定理.

利用卡诺定理, 我们可以定义所谓的热力学温标. 假定一个可逆热机工作于两个热源之间, 它们的温度在某一指定温标内分别为 θ_1 和 θ_2, 按照卡诺定理, 有

$$\frac{Q_2}{Q_1} = F(\theta_1, \theta_2), \tag{1.28}$$

其中 Q_1 和 Q_2 分别为从高温热源吸收的热量及向低温热源放出的热量. 现在考虑另一个可逆热机, 它工作于一个温度为 θ_3 的高温热源及 θ_1 之间. 它从高温热源 θ_3 吸收热量 Q_3 而向热源 θ_1 放出热量 Q_1. 按照卡诺定理, 我们又有

$$\frac{Q_1}{Q_3} = F(\theta_3, \theta_1). \tag{1.29}$$

现在将两个热机联合工作, 其净效果等效于一个单一的热机, 它工作于高温热源 θ_3 和低温热源 θ_2 之间, 在高温热源 θ_3 吸收热量 Q_3 并在低温热源 θ_2 放出热量 Q_2. 于是, 卡诺定理再次告诉我们,

$$\frac{Q_2}{Q_3} = F(\theta_3, \theta_2). \tag{1.30}$$

---

[19] 这并不影响证明的普遍性. 如果在一个循环中两个热机从高温热源的吸热不相等, 我们总可以调整两个热机做循环次数的比例使得在某一定次整数循环后, 两者从高温热源吸收的热量相等 (或无限近似相等, 对于吸热比是无理数的情况).

从 (1.28), (1.29) 和 (1.30) 式中, 我们可以推得

$$F(\theta_1, \theta_2) = \frac{F(\theta_3, \theta_2)}{F(\theta_3, \theta_1)}. \tag{1.31}$$

由 θ_3 的任意性可知, 上式只在函数 F 取下列形式时方能成立:

$$F(\theta_1, \theta_2) = \frac{f(\theta_2)}{f(\theta_1)}. \tag{1.32}$$

这个事实的证明我们留作本章后的习题. 于是卡诺定理指出, 对于可逆热机来说,

$$\frac{Q_2}{Q_1} = \frac{f(\theta_2)}{f(\theta_1)}. \tag{1.33}$$

现在我们可以定义新的温标 T, 称为热力学温标, 或开尔文温标, 又称为绝对温标, 它与上面的函数 $f(\theta)$ 直接成比例. 于是, 可逆热机的卡诺定理可以用热力学温标改写成

$$\eta = 1 - \frac{Q_2}{Q_1} = 1 - \frac{T_2}{T_1}, \tag{1.34}$$

其中 T_1 和 T_2 分别为高温热源和低温热源的热力学温度. 注意, 上面的定义中并没有把热力学温标完全确定, 因为我们只要求 T 与 $f(\theta)$ 成比例, 而比例系数还没有确定. 此时如果选定水的三相点的热力学温度为 273.15 K, 那么热力学温标就完全确定了. 将这里卡诺定理的结论与第 4 节的理想气体卡诺循环的结论进行比较, 我们发现热力学温标与理想气体温标是完全一致的.

5.3 克劳修斯不等式和熵

在前面关于卡诺定理的讨论中, 我们得到了重要的关系 $Q_2/Q_1 = T_2/T_1$. 从高温热源吸收热量 Q_1 并向低温热源放出热量 Q_2 的可逆过程满足

$$\frac{Q_1}{T_1} + \frac{(-Q_2)}{T_2} = 0. \tag{1.35}$$

我们约定系统从某个热源 T 传递的热量记为 Q, 如果 $Q > 0$ 就意味着吸收热量, 如果 $Q < 0$ 就意味着放出热量, 这样 $(-Q_2)$ 就是低温热源向系统传递的热量. 这样约定的好处是, 我们可以讨论系统与多个热源接触的情形. 于是, 我们可以将卡诺定理的结果推广到系统经历的任意一个循环过程, 这就是著名的克劳修斯不等式.

克劳修斯不等式 热力学系统经历任意一个循环过程，它与一系列热源 T 接触并获得热量 $\mathrm{d}Q$，那么有

$$\oint \frac{\mathrm{d}Q}{T} \leqslant 0, \tag{1.36}$$

其中等号仅对可逆循环过程成立.

克劳修斯不等式的一个简略的证明思路是意识到任意一个可逆循环过程都可以用许多微小的可逆卡诺循环来逼近. 以 pVT 系统为例，在 p-V 图上所有不同的等温线不会相交，同样所有不同的绝热线也不会相交，但等温线与绝热线之间会相交. 事实上卡诺循环就是由两条等温线和两条绝热线围合而成. 因此，在 p-V 图上所有不同的绝热线与所有不同的等温线将 p-V 图的二维平面无限稠密地织构起来，使得该平面上的任意一个可逆循环过程 (一条闭合曲线) 都可以用一系列微小的可逆卡诺循环来进行替代[20]. 对于其中的每一个微小的可逆卡诺循环来说，克劳修斯不等式的等号是成立的. 如果考虑的循环过程本身是一个不可逆过程，那么它本身就不能用 p-V 图上的闭合曲线表述. 这时我们只能够用许多不可逆的卡诺热机来近似逼近这个过程. 根据卡诺定理，这个不可逆热机的效率必定小于相应的可逆热机，这最终导致整个循环过程的不等号成立.

克劳修斯不等式的另一个证明方法是假设系统与 n 个热源接触，温度分别为 $T_1, T_2, \cdots, T_n$，并且分别从这 n 个热源吸收热量 $Q_1, Q_2, \cdots, Q_n$ (当 $Q_i < 0$ 时意味着在该热源放出热量). 现构造另一个热源 T_0，并取 n 个可逆卡诺热机工作于 T_0 和 $T_1, T_2, \cdots, T_n$ 之间，如图 1.3 所示. 这些可逆卡诺热机分别从热源 T_0 吸收热量 $Q_{01}, Q_{02}, \cdots, Q_{0n}$，而在热源 $T_1, T_2, \cdots, T_n$ 分别放出热量 $Q_1, Q_2, \cdots, Q_n$，于是，当系统和这些可逆卡诺热机经过一个联合的循环以后，净效果是我们从单一热源 T_0 吸收了热量

$$Q_0 \equiv \sum_{i=1}^{n} Q_{0i} = \sum_{i=1}^{n} \frac{T_0}{T_i} Q_i, \tag{1.37}$$

其中第二个等式利用了卡诺定理. 根据热力学第二定律的开尔文表述，$Q_0 \leqslant 0$.

---

[20]特别注意到 p-V 图上相邻的两个微小卡诺循环过程的共有边界上的积分方向刚好相反而相互抵消.

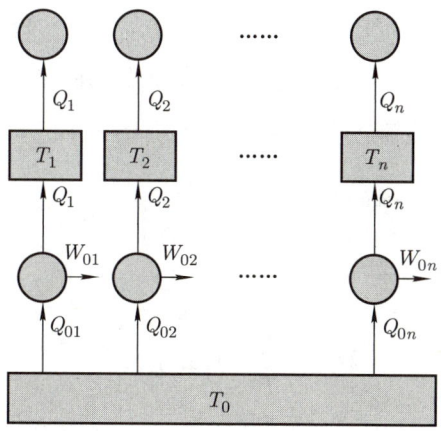

图 1.3 克劳修斯不等式的证明：n 个吸热过程与 n 个可逆卡诺热机联合运行

由于 $T_0 > 0$，所以我们得到

$$\sum_{i=1}^{n} \frac{Q_i}{T_i} \leqslant 0. \tag{1.38}$$

显然如果系统经历的是一个可逆过程，我们可以把上面的 Q_i 换成 $-Q_i$ 并得到同样的不等式. 因此对于可逆过程，必定有

$$\sum_{i=1}^{n} \frac{Q_i}{T_i} = 0. \tag{1.39}$$

最后，如果系统经历一个任意的循环过程 (可以与无穷多个热源接触)，则只要将上面的求和取极限换成积分即可. 这样我们就证明了克劳修斯不等式.

当一个循环过程可逆的时候，克劳修斯不等式告诉我们该过程中 $đQ/T$ 的环路积分为零. 这意味着如果我们在积分路径上选取任意两个点 P 和 P_0，并将其中一段 (例如从 P 到 P_0 的一段) 积分反向，由 $\oint đQ/T = 0$ 可知下面的积分与路径无关，据此可以定义一个新的态函数——熵，记为 S，有

$$S - S_0 = \int_{(P_0)}^{(P)} \frac{đQ}{T} = \int_{(P_0)}^{(P)} \frac{dU - đW}{T}, \tag{1.40}$$

其微分表达式 (即热力学第二定律的微分表达式) 为

$$TdS = đQ = dU - đW. \tag{1.41}$$

注意，虽然这里熵是通过一个可逆过程来定义的，但它是与过程无关的态函数. 从数学上讲，态函数熵的存在说明，虽然 $đQ = dU - đW$ 并不是一个全

微分，但是乘上一个积分因子 $1/T$ 之后就变成了态函数熵的全微分 dS. 熵是热力学系统的几个最基本的态函数之一. 在下面的简单例子中，我们将首先计算理想气体的熵. 更为复杂的系统的熵的确定将在第二章的第 8 节中介绍.

例 1.1 计算理想气体的熵函数.

解 对于理想气体，有 $dU = C_V dT$, $pV = nRT$，所以有

$$dS = \frac{C_V}{T}dT + nR\frac{dV}{V}. \tag{1.42}$$

将 (1.42) 式积分 (注意理想气体的热容量也只是温度的函数)，得到[21]

$$S(V,T) = \int \frac{C_V}{T}dT + nR\ln V + S_0, \tag{1.43}$$

其中 S_0 为一积分常数. 注意，在热力学范畴内，这个常数是无法完全确定的，只有利用统计物理的方法，我们才有可能确定所谓的绝对熵. 当然这个常数的不定性并不影响任何热力学过程中的可测量的物理量，它们只依赖于过程中熵的改变量. 理想气体的熵也可以用压强和温度来表达：

$$S(p,T) = \int \frac{C_p}{T}dT - nR\ln p + S_0. \tag{1.44}$$

当温度的变化范围不大，以至于理想气体的热容量可以看成常数时，(1.43) 和 (1.44) 式可以简化为

$$S(V,T) = C_V \ln T + nR\ln V + S_0, \tag{1.45}$$

$$S(p,T) = C_p \ln T - nR\ln p + S_0. \tag{1.46}$$

5.4 熵增加原理

根据前面关于熵的讨论，我们可以得到一个非常著名的原理——熵增加原理.

---

[21] 请读者注意，在下式中对数函数的表达式中，我们其实是默认了相应的有量纲的物理量，比如体积、压强或温度等是取了某个特定单位之后的数值. 由于不同的单位仅仅改变熵常数 S_0，而在热力学范畴内这个常数本身又是无法确定的，因此这类表达式在热力学中十分普遍地存在.

熵增加原理 当系统由一个平衡态经绝热过程到达另一个平衡态时,系统的熵永不减少. 如果过程是可逆的,它的熵不变;如果过程是不可逆的,它的熵增加.

熵增加原理的证明是十分简单的. 假定系统在任意一个微小的过程(可以是可逆的或不可逆的)中吸收的热量为 đQ,温度为 T. 我们将初态与末态间用另一个可逆的准静态过程连接起来,在可逆准静态过程中吸收的热量为 (đQ)$_{rp}$. 按照克劳修斯不等式,有

$$\frac{đQ}{T} - \frac{(đQ)_{rp}}{T} \leq 0. \tag{1.47}$$

但是根据熵的定义,在可逆准静态过程中 (đQ)$_{rp}$ = TdS,于是我们得到

$$đQ \leq TdS, \tag{1.48}$$

其中等号对应于可逆过程而不等号对应于不可逆过程. 因此,如果该过程是绝热的,đQ = 0,我们得到 $dS \geq 0$,这就是熵增加原理.

需要指出的是,实际上有许多理由相信熵增加原理的应用范围远远比我们这里所讲的要宽泛,它在非平衡态统计中起到了十分重要的作用,比如孤立系的熵永不减少. 因此,我们可以认为它是自然界中与热力学第二定律等价的一个基本原理.

例 1.2 计算理想气体的绝热自由膨胀过程中熵的改变.

解 在这个过程中,理想气体的体积从 V_1 绝热自由膨胀到 V_2. 由于理想气体的内能没有改变(绝热所以 $Q = 0$,自由膨胀所以 $W = 0$,因此 $\Delta U = 0$),因理想气体的内能只是温度的函数,所以在此过程中理想气体的温度也不会改变. 利用理想气体的熵的表达式 (1.43),我们得到

$$\Delta S \equiv S_2 - S_1 = nR \ln \frac{V_2}{V_1}. \tag{1.49}$$

由于 $V_2 > V_1$,所以在这个绝热过程中熵的改变大于零,与熵增加原理一致.

例 1.3 最大功问题. 为了简单起见,考虑两个相同的物体,它们具有相同的热容量 C_V,并假设其热容量为常数. 开始时,两个物体分别具有温度 T_1 和 $T_2 < T_1$. 我们同时假设两个物体的体积是不变的. 我们想知道,这两个物体所能够向外输出的最大功是多少.

解 显然，当两个物体最终具有相同温度时，它们将不可能对外输出任何功，否则将直接与热力学第二定律的开尔文表述矛盾. 因此，要计算这个最大的输出功，我们可以假设末态两个物体具有相同的温度 T_f. 需要注意的是，T_f 的数值与两个物体所经历的过程有关. 按照热力学第一定律，两个物体对外输出的总功为

$$W = C_V(T_1 - T_\mathrm{f}) + C_V(T_2 - T_\mathrm{f}) = C_V(T_1 + T_2 - 2T_\mathrm{f}). \tag{1.50}$$

另一方面，两个物体所构成的总系统的熵变为

$$\Delta S = \Delta S_1 + \Delta S_2 = C_V \ln \frac{T_\mathrm{f}^2}{T_1 T_2}. \tag{1.51}$$

按照熵增加原理，$\Delta S \geqslant 0$，所以有 $T_\mathrm{f} \geqslant \sqrt{T_1 T_2}$，并且等号只当过程为可逆过程时才能够成立. 因此我们得到系统所能输出的最大功为可逆过程中的功，这个可逆过程最终达到的温度为 $\sqrt{T_1 T_2}$ (实际上，可逆过程一般是取不到的). 相应地，在这个过程中输出的最大功为

$$W_\mathrm{max} = C_V(T_1 + T_2 - 2\sqrt{T_1 T_2}). \tag{1.52}$$

6 热力学基本微分方程

考虑固定粒子数的热力学系统所经历的一个微小的准静态过程，热力学第一定律和热力学第二定律结合可以写成

$$\mathrm{d}U = \mathrm{d}Q + \mathrm{d}W = T\mathrm{d}S + \sum_{i=1}^{r} Y_i \mathrm{d}y_i, \tag{1.53}$$

其中 $\mathrm{d}U$ 是系统内能的微分，T 为系统的热力学温度，$\mathrm{d}S$ 为系统的熵的微分，$\mathrm{d}W$ 为外界对系统所做的微功，在准静态过程中，它可以用系统的态变量 (广义力 Y_i 和广义位移 y_i) 表示. 这就是热力学中最核心、最重要的方程，称为热力学基本微分方程，它是平衡态热力学的基础.

下面我们对于熵的定义和热力学基本微分方程给出以下几点评论.

(1) 我们虽然是借助克劳修斯不等式中的等号情形 (也就是对应于可逆过程的情形) 定义了态函数熵，但是请读者谨记，熵是一个态函数，因此一旦系统的初态和末态给定，那么系统在两个状态间的熵的差也就完全给定了. 这个

熵差并不依赖于系统如何从初态变化到末态. 具体到一个无穷小的过程, 有

$$dS \geqslant \frac{\dj Q}{T},$$

其中等号对应于可逆过程, 大于号对应于不可逆过程. 但是, 在初态和末态 (只要都是平衡态) 给定的情形下, dS 是固定的, 不管这个无穷小过程是可逆的还是不可逆的. 因此, 这个式子的正确理解应当是: 可逆过程中的 $(\dj Q)_{\rm rp} = TdS$, 而不可逆过程中的 $(\dj Q)_{\rm ip}$ 小于可逆过程中的 $(\dj Q)_{\rm rp} = TdS$. 也就是说, 无论是可逆过程还是不可逆过程, 它们的 dS 是相同的, 是不依赖于过程的量, 真正依赖于过程的量是 $\dj Q$, 不可逆过程中的 $\dj Q$ 要小.

(2) 按照热力学第一定律, 无论是可逆过程还是不可逆过程, 都有 $\dj Q = dU - \dj W$. 由于 dU 也是完全微分, 也是不依赖于过程的量, 所以真正依赖于过程的量也可以等价地认为是 $\dj W$. 因此, $(\dj Q)_{\rm ip} < (\dj Q)_{\rm rp}$ 也可以等价地表述为 $(\dj W)_{\rm ip} > (\dj W)_{\rm rp}$.

(3) 我们前面讨论微功的时候曾经提到过 (见第 2 节), 原则上只有无穷小且无耗散的准静态过程 (因而是可逆过程) 中的微功可以用系统的状态参量及其微分的形式给出. 一个一般的不可逆过程中的微功原则上是无从计算的, 因为在过程中系统可能根本不处于平衡态, 这个微功也就无法用系统的态参量描写. 以一个简单的 pVT 系统为例, 有 $(\dj W)_{\rm rp} = -pdV$, 以及 $(\dj W)_{\rm ip} > -pdV$㉒.

(4) 综合以上的讨论, 对于一个 pVT 系统的无穷小过程, 只要它的初态和末态都是平衡态, 就一定有

$$dU = TdS - pdV. \tag{1.54}$$

如果过程是一个准静态 (可逆) 过程, p 就是系统的压强, 如果不是, 那么 p 应当理解为一个"假想的"准静态过程中的压强. 这就是一个 pVT 系统的热力学基本微分方程, 它结合了热力学第一定律和第二定律. 如前所述, 由于不可逆过程中的功一般不能用 $-pdV$ 来表达, 因此, 对于一个无穷小的不可逆

㉒当然, 这个时候的功可以写成 $(\dj W)_{\rm ip} = -p_{\rm ext}dV$, 其中 $p_{\rm ext}$ 表示外界施加的压强. 但是因为系统甚至可能不处于平衡态, 所以压强 $p_{\rm ext}$ 与流体的其他状态参量可以没有任何关系. 因此, 从计算系统热力学性质的角度讲, 这个表达式并没有太大的实际意义.

过程，我们不能写 $dU \leqslant TdS - pdV$，而应该写为 $dU \leqslant TdS + đW$. 这一点在不少教材中都表述得不够明确.

在本章最后我们指出，本书对于热力学第二定律和熵的引入采用了比较符合历史发展的做法，即借助于卡诺循环和卡诺定理，但这种方法显然并不是逻辑上最为优美的. 事实上也存在其他更为公理化的方法来引入熵. 例如，通过热力学第二定律的普朗克 (Planck) 表述或卡拉泰奥多里表述也可以证明熵这个态函数的存在，有兴趣的读者可以阅读参考书 [1] 中的讨论.

概括来说，本章建立了热力学的基本理论框架，即热力学第一、第二定律和熵的引入. 基于本章建立的理论框架，从下一章开始，我们将按序讨论单元单相系、单元复相系、多元复相系的热力学. 我们的讨论将涉及这些系统的最重要的热力学函数以及它们之间的关系等.

 相关的阅读

本章是热力学基本理论的一个简单的叙述. 由于许多相关概念在普通物理的热学中都有过比较详细的讨论，所以我们这里的叙述是简略的. 如果读者希望看到更为详尽的讨论，我推荐王竹溪先生的《热力学》，即参考书 [1]. 如果读者觉得这里的论述还是过于冗长，参考书 [11] 的第一章可以作为一个不错的浓缩版. 多数英文教科书都是将热力学糅合在统计物理之中进行讲述的，只有一些比较古老 (或者说经典) 的书，例如参考书 [7] 是仅仅讲述热力学的. 此外，如果读者对于相关偏导数的运算不十分清楚的话，可以参考王竹溪先生的《热力学》中的有关总结或者参考书 [3] 中的数学附录.

习 题

1. 膨胀系数和等温压缩系数. 如果实验上可以测得 pVT 系统的膨胀系数 α 和等温压缩系数 κ_T 作为温度 T 和压强 p 的函数，说明由此如何得到系统的物态方程.
2. 理想气体的膨胀系数和压缩系数. 请给出理想气体的等压膨胀系数 α 和等温压缩

系数 κ_T. 再考虑理想气体的绝热过程，给出其绝热膨胀系数 α_S 和绝热压缩系数 κ_S.

3. **金属丝的张力**. 一个金属丝系统由其长度 L、截面积 A、张力 $\mathcal{T}$、温度 T 描写. 其物态方程可以近似表达为

$$\mathcal{T} = bT\left(\frac{L}{L_0} - \frac{L_0^2}{L^2}\right),$$

其中 L_0 是张力 $\mathcal{T}$ 为零时金属丝的长度，b 是一个常数. 试由此给出系统的线胀系数 α 和杨氏模量 Y. 它们的定义如下：

$$\alpha = \frac{1}{L}\left(\frac{\partial L}{\partial T}\right)_{\mathcal{T}}, \qquad Y = \frac{L}{A}\left(\frac{\partial \mathcal{T}}{\partial L}\right)_T.$$

4. **空气中声速的估计**. 利用理想气体中声速的公式 (1.25) 和热学中的知识估计一下对于空气 (假定是理想气体) 来说，因子 γ 大约是多少. 若假定空气是范氏气体，结果会如何？

5. **空气中声速的推导**. 从流体力学的基本方程出发证明书中关于声速的公式 (1.24).

6. **焦耳实验与焦汤实验**. 所谓昂内斯 (Onnes) 形式的物态方程有两种表述，一种利用压强的幂次写成

$$pV = A + Bp + Cp^2 + Dp^3 + \cdots,$$

另一种利用体积的倒数的幂次写成

$$pV = A' + B'V^{-1} + C'V^{-2} + D'V^{-3} + \cdots,$$

其中 $A, B, C, D, \cdots$ 和 $A', B', C', D', \cdots$ 都称为位力系数，而 $p \to 0$ 或 $V \to \infty$ 下回到理想气体物态方程的要求意味着 $A = A' = nRT$. 假定气体的物态方程具有昂内斯形式，试解释为何焦耳实验较难测出气体对理想气体的偏离而节流实验 (焦汤实验) 相对更容易测出.

7. **多方过程**. 满足 $pV^n = C$(常数) 的过程称为多方过程，参数 n 称为多方指数. 求理想气体在多方过程中的热容量 C_n.

8. **大气层中温度变化的绝热模型**. 空气的热导率比较小. 如果将大气层中空气上升或下降的过程视为绝热过程，导出大气层中温度随高度变化的表达式并对数值进行估计. 这个结论与你日常生活中的体验一致吗？

9. **热力学温标的确定**. 求解函数方程 (1.31)，证明函数 F 一定能够写成 (1.32) 式的形式.

10. **理想气体的绝热过程方程与卡诺循环**. 本题将对一般理想气体的卡诺循环的效率进行探究. 一般来说，理想气体的热容量仍然是温度的函数，因此有必要考察一般的理想气体的绝热过程方程以及以理想气体为工作物质的卡诺循环过程.
    (1) 已知理想气体的定压和定容热容量的差满足 $C_p - C_V = nR$，如果我们假定热容量是温度的函数并且 $\gamma(T) = C_p/C_V$ 也是温度的函数，请将理想气体

的 $C_p(T)$ 和 $C_V(T)$ 用 $\gamma(T)$ 和 nR 表达出来 (其中 n 为物质的量，R 为理想气体常数).

(2) 求系统绝热过程中的过程方程 (即 T-V，T-p 及 p-V 的函数关系).

(3) 利用上问的绝热过程方程，证明以理想气体为工作物质的可逆卡诺热机的效率仍然由 $\eta = 1 - T_2/T_1$ 给出.

11. **两部分气体的平衡**. 初始时有两部分理想气体被一个可自由移动且可导热的活塞分在容器的两侧，它们的物质的量、体积、压强分别为 n_1，V_1，p_1 和 n_2，V_2，p_2. 现在让活塞自由移动且传热，最终使两部分气体达成平衡. 为简单起见，假定理想气体的摩尔热容量 (1 mol 理想气体的热容量) 是常数. 请计算最终平衡时共同的温度、压强，并求出这个过程的熵增.

第二章 均匀系的平衡性质

本章提要

- 麦克斯韦关系、勒让德变换 (7)
- 热力学函数、特性函数 (8)
- 磁性介质、电介质热力学 (9)
- 热辐射场的热力学 (10)

本章将基于上一章建立的热力学基本理论框架，讨论最为简单的单元单相系的热力学性质. 这涉及系统的各种热力学函数以及它们之间的关系，还包括在相关实验中测定它们的方法. 由于热力学的普遍性，这些理论可处理的对象非常广泛，除了我们所熟悉的 pVT 流体系统之外，还可以用于讨论电介质或磁性介质的热力学，甚至可以用于处理平衡的辐射场，也就是所谓的黑体辐射问题.

7 麦克斯韦关系和勒让德变换

我们首先讨论由两个独立参数描写的、固定粒子数的简单 pVT 流体系统. 这时外界对系统做的功只有膨胀压缩功，热力学基本微分方程为

$$\mathrm{d}U = T\mathrm{d}S - p\mathrm{d}V. \tag{2.1}$$

这个方程可以看作内能以熵和体积 (S, V) 为独立变量时的标准微分表达式. 因为内能是态函数，所以 $\mathrm{d}U$ 是一个全微分，这意味着有

$$\left(\frac{\partial T}{\partial V}\right)_S = -\left(\frac{\partial p}{\partial S}\right)_V. \tag{2.2}$$

这种类型的关系称为麦克斯韦关系，简称麦氏关系. 它体现了一个多元态函数的全微分所应满足的数学性质.

有时有必要把热力学基本微分方程用其他独立参数表达. 如果其他变量恰好是热力学基本微分方程中变量的共轭变量，这可以通过勒让德变换 (Legendre transform) 加以实现①. 比如说，如果想以 (S, p) 为独立变量，有

$$\mathrm{d}(U + pV) \equiv \mathrm{d}H = T\mathrm{d}S + V\mathrm{d}p, \tag{2.3}$$

其中 $H = U + pV$ 为系统的焓. 类似地，我们还可以利用勒让德变换，将热力学基本微分方程换成以 (T, V) 或 (T, p) 为独立变量的微分方程:

$$\begin{aligned}\mathrm{d}(U - TS) &\equiv \mathrm{d}F = -S\mathrm{d}T - p\mathrm{d}V, \\ \mathrm{d}(U - TS + pV) &\equiv \mathrm{d}G = -S\mathrm{d}T + V\mathrm{d}p.\end{aligned} \tag{2.4}$$

(2.4) 式中引入了另外两个态函数: 系统的亥姆霍兹自由能 (Helmholtz free energy，很多时候就称为自由能) $F = U - TS$ 和系统的吉布斯函数或称吉布斯自由能 (Gibbs free energy) $G = U - TS + pV$②. 内能经过勒让德变换得到的热力学函数统称为热力学势. 对 pVT 系统，有两个独立变量的热力学势为

$$U(S, V), \qquad H(S, p), \qquad F(T, V), \qquad G(T, p). \tag{2.5}$$

由于热力学势全都是态函数，由 H, F, G 又可以得到一组麦克斯韦关系:

$$\begin{aligned}\left(\frac{\partial T}{\partial p}\right)_S &= \left(\frac{\partial V}{\partial S}\right)_p, \\ \left(\frac{\partial p}{\partial T}\right)_V &= \left(\frac{\partial S}{\partial V}\right)_T, \\ \left(\frac{\partial V}{\partial T}\right)_p &= -\left(\frac{\partial S}{\partial p}\right)_T.\end{aligned} \tag{2.6}$$

---

①熟悉分析力学的读者应当记得，当我们从一个力学系统的拉格朗日量 (Lagrangian) 变换到哈密顿量 (Hamiltonian) 时，采用的就是勒让德变换.

②自由能的名称源于下列事实: 考虑一个等温过程，很容易证明在等温过程中，系统所能对外做的最大功等于系统亥姆霍兹自由能 (而不是内能) 的减少. 内能中有一部分 TS 不能完全变成功输出，而自由能 $F = U - TS$ 的减少量可以完全变成功输出. 类似地，可以证明在等温等压过程中，系统所能对外做的最大非体积膨胀功等于系统吉布斯函数 (又称为吉布斯自由能) 的减少.

麦克斯韦关系的重要意义在于，它能够把一些不容易测量的偏微商与一些可以直接测量的偏微商（与物态方程和热容量联系着的偏微商）联系起来.

如果要在内能 U 的微分方程中也以 (T,V)[而不是其天然的 (S,V)] 为独立变量，就必须把熵的微分表达式 $\mathrm{d}S = (\partial S/\partial T)_V \mathrm{d}T + (\partial S/\partial V)_T \mathrm{d}V$ 代入 (2.1) 式:

$$\mathrm{d}U = T\left(\frac{\partial S}{\partial T}\right)_V \mathrm{d}T + \left[T\left(\frac{\partial S}{\partial V}\right)_T - p\right]\mathrm{d}V. \tag{2.7}$$

由 (2.7) 式可以得到实验容易测量的定容热容量的表达式

$$C_V = \left(\frac{\partial U}{\partial T}\right)_V = T\left(\frac{\partial S}{\partial T}\right)_V, \tag{2.8}$$

和内能在温度固定时对体积的偏微商表达式

$$\left(\frac{\partial U}{\partial V}\right)_T = T\left(\frac{\partial p}{\partial T}\right)_V - p, \tag{2.9}$$

其中在得到 (2.9) 式时，我们利用了 (2.6) 式中的第二个麦克斯韦关系. 运用理想气体物态方程，根据 (2.9) 式，立刻发现对理想气体而言 $(\partial U/\partial V)_T = 0$，即理想气体的内能只是温度的函数. 这印证了我们前面（见第 4 节开头的讨论）提到的事实：在认定理想气体温标与热力学温标等同的前提下，定义理想气体只需要理想气体物态方程就足够了，满足理想气体物态方程的系统的内能必定只是温度的函数.

类似地将焓 H 改为以 (T,p) 为独立变量，对于系统的定压热容量我们可以得到

$$C_p = \left(\frac{\partial H}{\partial T}\right)_p = T\left(\frac{\partial S}{\partial T}\right)_p, \tag{2.10}$$

以及焓对于压强的偏微商

$$\left(\frac{\partial H}{\partial p}\right)_T = V - T\left(\frac{\partial V}{\partial T}\right)_p. \tag{2.11}$$

另外，将 $S(T,V)$ 更换独立变量为 $S(T,V(T,p))$，利用偏微分的换元公式，有

$$\left(\frac{\partial S}{\partial T}\right)_p = \left(\frac{\partial S}{\partial T}\right)_V + \left(\frac{\partial S}{\partial V}\right)_T\left(\frac{\partial V}{\partial T}\right)_p. \tag{2.12}$$

根据 (2.8), (2.10) 和 (2.12) 式可以证明，热力学系统的定压热容量与定容热容量之差满足

$$C_p - C_V = T\left(\frac{\partial p}{\partial T}\right)_V\left(\frac{\partial V}{\partial T}\right)_p, \tag{2.13}$$

其中利用了 (2.6) 式中的第二个麦克斯韦关系. (2.13) 式把定压热容量和定容热容量的差与物态方程联系了起来, 因此可以用膨胀系数 α 和等温压缩系数 κ_T 来等价地表达 $C_p - C_V$:

$$C_p - C_V = \frac{VT\alpha^2}{\kappa_T}. \tag{2.14}$$

由于 (2.14) 式等号右边的物理量总是大于或等于零的[③], 可看出 C_p 总是不小于 C_V. 对理想气体而言, 我们得到了大家熟知的关系: $C_p - C_V = nR$.

8 热力学函数和特性函数

本节中我们将讨论如何从一些基本的热力学性质 (物态方程、热容量等) 出发, 确定一个热力学系统的重要热力学函数 (内能、熵等). 对于一个一般的 pVT 系统, 如果我们有了它的物态方程

$$V = V(p, T), \tag{2.15}$$

那么根据以 (p, T) 为独立变量的焓的微分关系 [(2.10) 和 (2.11) 式]

$$dH = C_p dT + \left[V - T\left(\frac{\partial V}{\partial T}\right)_p\right] dp, \tag{2.16}$$

可以通过积分得到系统的焓:

$$H(p, T) = H_0 + \int_{(p_0, T_0)}^{(p, T)} \left\{C_p dT + \left[V - T\left(\frac{\partial V}{\partial T}\right)_p\right] dp\right\}. \tag{2.17}$$

需要注意的是, 这个积分是在 (p, T) 二维平面上的线积分. 由于 H 是态函数, 原则上沿任何从初始点 (p_0, T_0) 到 (p, T) 的路径进行积分都是可以的. 一般来说其中的函数 C_p 和 $V - T(\partial V/\partial T)_p$ 都是 (p, T) 的函数. 有了焓及物态方程, 内能便也得到了.

事实上, 我们并不需要知道所有压强下的定压热容量 [(2.10) 式], 只需要知道 C_p 在某个给定压强下的值. 这是因为 C_p 对于压强的偏微商满足

$$\left(\frac{\partial C_p}{\partial p}\right)_T = T\frac{\partial}{\partial p}\left(\frac{\partial S}{\partial T}\right)_p = -T\left(\frac{\partial^2 V}{\partial T^2}\right)_p, \tag{2.18}$$

[③]在下一章中我们会看到, 等温压缩系数 κ_T 是大于或等于零的, 这是平衡稳定性的要求, 见第 12.2 小节.

其中我们利用了 (2.6) 式中的第三个麦克斯韦关系. 于是, 已知定压热容量在某个给定压强下的值 C_{p_0}, 通过对压强的积分可得任意 (p,T) 下的 C_p:

$$C_p(p,T) = C_p(p_0,T) - T\int_{p_0}^{p} \left(\frac{\partial^2 V}{\partial T^2}\right)_p \mathrm{d}p, \qquad (2.19)$$

其中积分是在固定温度 T 进行, 实验只须测量 p_0 下各温度的 $C_p(p_0,T)$ 即可. 得到 $C_p(p,T)$ 以后, 利用熵的微分表达式 $\mathrm{d}S = (\partial S/\partial T)_p \mathrm{d}T + (\partial S/\partial p)_T \mathrm{d}p$ 及 (2.6) 式中的第三个麦克斯韦关系, 熵函数 $S(p,T)$ 也可以从定压热容量及物态方程根据

$$\mathrm{d}S = C_p \frac{\mathrm{d}T}{T} - \left(\frac{\partial V}{\partial T}\right)_p \mathrm{d}p \qquad (2.20)$$

求积分得到. 有了态函数 H 和 S, 均匀系的热力学平衡性质就完全确定了. 所以, 在 pVT 系统中, 只要实验上测定了物态方程 $V = V(p,T)$ 和系统在某一个固定压强 p_0 下的定压热容量作为温度的函数 $C_p(p_0,T)$, 就可以完全确定该 pVT 系统的所有热力学函数和热力学性质. 在热力学范畴内, 系统的物态方程和热容量需要通过相应的实验测量才能获得, 而在统计物理的范畴内, 它们可以通过统计物理的方法计算得到.

1869 年, 马休 (Massieu) 证明, 在独立变量的适当选取下, 只要知道某一个热力学函数, 就可以把一个均匀系的热力学平衡性质完全确定, 这样的函数 (以及与之对应的适当选取的独立变量) 称为特性函数. 下面将证明 (2.1) 式中的内能 U 是以熵 S 和体积 V 为独立变量的特性函数. 假如内能作为熵和体积的函数形式 $U = U(S,V)$ 为已知, 那么根据热力学基本微分方程知

$$T(S,V) = \left(\frac{\partial U}{\partial S}\right)_V, \qquad p(S,V) = -\left(\frac{\partial U}{\partial V}\right)_S, \qquad (2.21)$$

所以温度 T 和压强 p 作为 S 和 V 的函数形式也知道了. 如果在 $T(S,V)$ 和 $p(S,V)$ 函数中消去熵 S, 可得到物态方程, 即体积 V 作为温度 T 和压强 p 的函数. 如果从 $T(S,V)$ 和 $p(S,V)$ 函数中消去 V, 我们便得到熵 S 作为温度 T 和压强 p 的函数 $S(p,T)$. 将体积 V 和熵 S 作为温度 T 和压强 p 的函数代入内能, 我们就得到了内能作为温度 T 和压强 p 的函数 $U(p,T)$. 有了 $U(p,T)$ 和 $S(p,T)$, 系统的热力学平衡性质就完全确定了. 因此内能 U 是以熵 S 和体积 V 为独立变量的特性函数.

显然，特性函数与独立变量的选取有关. 对 pVT 系统而言，用类似的方法可以证明相应于独立变量 (S,V)、(S,p)、(T,V) 和 (T,p) 的特性函数分别为系统的内能 U、焓 H、亥姆霍兹自由能 F 和吉布斯函数 (或称吉布斯自由能)G. 这恰好就是第 7 节中热力学基本微分方程 (2.1)，(2.3), (2.4) 和 (2.5) 中给出的对应关系.

对单元均匀系而言，1 mol 物质的吉布斯函数称为化学势 (chemical potential)，记作 μ：

$$G(T,p) \equiv n\mu(T,p), \tag{2.22}$$

其中 n 为物质的量[④]. 化学势是一个非常重要的物理量，它在研究相变和化学反应中起着非常重要的作用，这在本书的后面 (见第四章) 将会提及.

例 2.1 理想气体的热力学函数.

解 为简单起见，我们考虑 1 mol 理想气体. 由于理想气体的内能 $U = U(T)$ 只是温度的函数，1 mol 理想气体的熵 s 可以通过下列等价的方法求出：

$$s = \int c_V \frac{\mathrm{d}T}{T} + R\ln V + s_0, \tag{2.23}$$

$$s = \int c_p \frac{\mathrm{d}T}{T} - R\ln p + s_0, \tag{2.24}$$

其中 s_0 为理想气体的熵常数，而 c_p 和 c_V 为 1 mol 理想气体的定压热容量和定容热容量，它们都只是温度的函数. 如果温度变化范围不大，以至于它们可以近似地用常数来替代，那么上式中的积分可以积出. 类似地，理想气体的焓也可以积分求出：

$$h = \int c_p \mathrm{d}T + h_0, \tag{2.25}$$

其中 h_0 为理想气体的焓常数. 有了焓和熵，其他热力学函数都可以由此导出. 特别值得给出的是 1 mol 物质的吉布斯函数（或化学势）

$$\mu(T,p) = h - Ts = RT(\phi(T) + \ln p). \tag{2.26}$$

[④]注意，这个关系只对单元系成立. 对于多元系来说各个组元的化学势见第 18 节.

对理想气体而言，函数 $\phi(T)$ 只是温度的函数，它的表达式为

$$\begin{aligned}\phi(T) &= \frac{1}{RT}\int c_p dT - \frac{1}{R}\int c_p \frac{dT}{T} + \frac{h_0}{RT} - \frac{s_0}{R} \\ &= -\int \frac{dT}{RT^2}\int c_p(T')dT' + \frac{h_0}{RT} - \frac{s_0}{R},\end{aligned} \quad (2.27)$$

其中 h_0 和 s_0 为理想气体的焓常数及熵常数. 在推导上面公式的第二个式子时, 我们利用了分部积分公式. 注意, 吉布斯函数中可以含有一个不确定的温度的线性函数, 这起源于熵中不确定的熵常数. 这个理想气体的化学势公式我们在以后讨论混合理想气体和化学反应中还会多次用到.

例 2.2 范氏气体的热力学函数.

解 1 mol 范氏气体的物态方程为

$$\left(p + \frac{a}{v^2}\right)(v-b) = RT, \quad (2.28)$$

其中常数 a 和 b 分别代表了气体分子之间有效的吸引以及分子固有体积（有效排斥）的效应（见第 39 节中对于范氏气体的统计物理讨论）. 根据它的物态方程, 有

$$\left(\frac{\partial p}{\partial T}\right)_v = \frac{R}{v-b} = \left(\frac{\partial s}{\partial v}\right)_T, \quad (2.29)$$

其中参考了麦克斯韦关系 [(2.6) 式] 的第二式. 按照热力学公式 (2.9), 可得

$$\left(\frac{\partial u}{\partial v}\right)_T = \frac{a}{v^2}. \quad (2.30)$$

对 (2.29) 和 (2.30) 式分别积分, 得到

$$\begin{aligned}u &= \int c_V dT - \frac{a}{v} + u_0, \\ s &= s_0 + \int \frac{c_V}{T}dT + R\ln(v-b),\end{aligned} \quad (2.31)$$

其中我们利用了范氏气体的定容热容量 $c_V(T)$ 与体积无关的事实[5].

例 2.3 表面系统的热力学函数.

---
[5]读者可以利用麦克斯韦关系以及范氏气体的物态方程来证明这一点.

解 一个二维表面系统的自由能的微分表达式是

$$dF = -SdT + \sigma dA, \tag{2.32}$$

其中 A 是表面系统的面积，$\sigma = \sigma(T)$ 是表面系统的表面张力系数，实验表明它只是温度的函数. 于是我们得到

$$\sigma(T) = \left(\frac{\partial F}{\partial A}\right)_T. \tag{2.33}$$

将 (2.33) 式积分便得到表面系统的亥姆霍兹自由能

$$F(A,T) = \sigma(T)A. \tag{2.34}$$

注意在积分过程中没有额外的积分常数，因为当面积趋于零时，表面系统的自由能必定趋于零. 这个式子同时说明，所谓表面张力系数 σ 实际上就是单位面积的自由能. 同样，我们可以得到熵和内能 $U = F + TS$：

$$S = -A\frac{d\sigma}{dT}, \qquad U = A\left(\sigma - T\frac{d\sigma}{dT}\right). \tag{2.35}$$

因此，只要在实验上测定函数 $\sigma(T)$，就可以完全确定表面系统的热力学函数.

9　磁性介质的热力学理论

在本节中我们讨论均匀磁性介质的热力学理论. 按照第一章中的 (1.5) 式，热力学基本微分方程为 (这里忽略体积变化)

$$dU' = TdS + Vd\left(\frac{\boldsymbol{H}^2}{8\pi}\right) + V\boldsymbol{H} \cdot d\boldsymbol{M}, \tag{2.36}$$

其中等号右边的第二项是静磁场的真空能. 记 U' 减去真空中静磁场能以后的系统能量为 U，我们称 U 为磁性介质的内能. 由于固体的体积变化可以忽略，下面就用 U 和 S 来代表磁性介质的内能密度和熵密度，同时，只考虑 $\boldsymbol{M}$ 与 $\boldsymbol{H}$ 沿同一方向的各向同性无边界磁性介质，这时系统的热力学基本微分方程可以写为与 (2.1) 式类似的形式：

$$dU = TdS + \mathcal{H}d\mathcal{M}, \tag{2.37}$$

其中 $\mathcal{M}$ 和 $\mathcal{H}$ 分别为 $\boldsymbol{M}$ 和 $\boldsymbol{H}$ 的大小. 与 (2.1) 式比较, 相当于 $-p \to \mathcal{H}$, $V \to \mathcal{M}$. 我们引入磁场 $\mathcal{H}$ 不变时单位体积的热容量

$$C_\mathcal{H} = T\left(\frac{\partial S}{\partial T}\right)_\mathcal{H}. \tag{2.38}$$

我们可以得到磁性介质的麦克斯韦关系

$$\left(\frac{\partial \mathcal{M}}{\partial T}\right)_\mathcal{H} = \left(\frac{\partial S}{\partial \mathcal{H}}\right)_T. \tag{2.39}$$

注意到

$$\left(\frac{\partial S}{\partial \mathcal{H}}\right)_T = -\left(\frac{\partial S}{\partial T}\right)_\mathcal{H}\left(\frac{\partial T}{\partial \mathcal{H}}\right)_S = -\frac{C_\mathcal{H}}{T}\left(\frac{\partial T}{\partial \mathcal{H}}\right)_S, \tag{2.40}$$

我们得到

$$\left(\frac{\partial T}{\partial \mathcal{H}}\right)_S = -\frac{T}{C_\mathcal{H}}\left(\frac{\partial \mathcal{M}}{\partial T}\right)_\mathcal{H}. \tag{2.41}$$

现在我们需要输入磁性介质的物态方程的信息. 为简单起见, 我们假设所研究的磁性介质满足顺磁介质的居里定律:

$$\mathcal{M} = \chi \mathcal{H} = \frac{C}{T}\mathcal{H}, \tag{2.42}$$

其中 χ 称为磁化率, $C > 0$ 为一正常数. 将居里定律代入 (2.41) 式, 得到

$$\left(\frac{\partial T}{\partial \mathcal{H}}\right)_S = \frac{C\mathcal{H}}{TC_\mathcal{H}}. \tag{2.43}$$

注意到 (2.43) 式等号右边是非负的, 所以当系统在绝热过程中被去磁时, 温度一定会下降. 实际上这是得到低温的颇为有效方法之一, 称为绝热去磁降温. 利用这种方法, 一般可以得到数量级为 10^{-3} K 的低温.

例 2.4 电介质的热力学关系.

解 对于电介质, 我们可以得到类似的热力学微分方程. 如果忽略体积的变化, 对于单位体积的电介质, 有

$$\mathrm{d}U = T\mathrm{d}S + \mathcal{E}\mathrm{d}\mathcal{P}, \tag{2.44}$$

其中 $\mathcal{P}$ 和 $\mathcal{E}$ 分别为电极化矢量 $\boldsymbol{P}$ 和电场强度矢量 $\boldsymbol{E}$ 的大小. 于是, 与磁性介质完全类似, 我们也可以得到一系列热力学关系.

例 2.5 磁致伸缩 (magnetostriction) 效应. 对于磁性介质, 当等温地加上外磁场时, 它的体积实际上会发生变化, 这个现象称为磁致伸缩效应. 下面我们简要地讨论一下这个效应的热力学.

解 这时的热力学基本微分方程为

$$dU = TdS - pdV + \mathcal{H}d(V\mathcal{M}), \tag{2.45}$$

其中为简单起见, 我们假设磁场和磁化强度是均匀的. 注意 $V\mathcal{M}$ 实际上就是系统的总磁矩, 同时也是广延量. 与磁致伸缩效应相应的热力学势为 $G \equiv U - TS + pV - V\mathcal{H}\mathcal{M}$, 它的微分是

$$dG = -SdT + Vdp - V\mathcal{M}d\mathcal{H}. \tag{2.46}$$

我们将考虑最简单的情形, 即磁化强度线性地依赖于磁场: $\mathcal{M} = \chi(T,p)\mathcal{H}$. 这对于不太强的磁场是个好的近似. 于是我们得到

$$G(T,p,\mathcal{H}) = G(T,p,\mathcal{H}=0) - \frac{1}{2}\chi V\mathcal{H}^2. \tag{2.47}$$

系统的热力学基本微分方程 (2.46) 告诉我们, 体积就是在 T 和 $\mathcal{H}$ 固定时 G 对于 p 的偏微商, 将 (2.47) 式在固定 $T, \mathcal{H}$ 时对 p 微分可得磁性介质的体积变化为

$$V - V_0 = -\frac{\mathcal{H}^2}{2}\left(\frac{\partial(\chi V)}{\partial p}\right)_T. \tag{2.48}$$

这就是磁致伸缩效应 (一般相当小). 如果再做一个近似, 假设磁化率 χ 只是温度的函数而与压强无关, 我们得到

$$\frac{V - V_0}{V} = -\chi\frac{\mathcal{H}^2}{2}\frac{1}{V}\left(\frac{\partial V}{\partial p}\right)_T = \chi\frac{\mathcal{H}^2}{2}\kappa_T, \tag{2.49}$$

其中 κ_T 为磁性介质的等温压缩系数. 平衡的稳定性要求它总是非负的 (见第 12.2 小节的讨论). 此时磁致伸缩中体积改变的符号完全由介质磁化率 χ 的符号决定.

10 平衡热辐射场的热力学理论

考虑一个封闭的空窖, 它的壁的温度为 T. 空窖内有辐射电磁场与空窖的壁达成平衡. 这又称为黑体辐射系统, 实际上就是光子气系统. 利用热力学第

二定律可以证明,空窖内的电磁辐射的能量 (内能) 密度只依赖于温度,而与空窖的体积、形状等因素无关[⑥]. 空窖中的电磁辐射的内能 U 可以表达为

$$U(T,V) = u(T)\,V, \qquad (2.50)$$

其中 $u(T)$ 为空窖中的电磁辐射的内能密度,它只是温度的函数,V 为空窖的体积. 我们还将利用经典电磁场的一个性质 (参见电动力学的教科书 [14]),那就是辐射场的压强 p 与其能量密度 u 满足关系

$$p = \frac{1}{3}u, \qquad (2.51)$$

这正是极端相对论性理想气体满足的物态方程. 空窖中的平衡热辐射场实际上可以看成理想的光子气 (见统计物理部分的第 34 节).

将空窖中的电磁辐射场看成一个热力学系统,利用热力学关系

$$\left(\frac{\partial U}{\partial V}\right)_T = T\left(\frac{\partial p}{\partial T}\right)_V - p, \qquad (2.52)$$

可以得到内能密度 $u(T)$ 满足

$$u = \frac{T}{3}\frac{\mathrm{d}u}{\mathrm{d}T} - \frac{u}{3}, \qquad (2.53)$$

其中我们利用了关系 (2.51). 将方程 (2.53) 积分后得到

$$u(T) = aT^4, \qquad (2.54)$$

即空窖内的电磁辐射的内能密度与温度的四次方成正比. 这个结果首先是斯特藩 (Stefan) 从实验上总结出来的 (1879 年). 大约五年后 (1884 年),他的学生玻尔兹曼利用热力学理论并结合当时刚刚开始流行的麦克斯韦电磁理论证明了这一点[⑦].

[⑥]如果不是这样,可将两个体积或形状不同的空窖以一个小孔相连,那么内能密度高的一方就会有流向内能密度低的一方的净能流,从而必定造成两空窖之间的温度差,于是我们可以利用这个温差来带动热机对外做功,这将与热力学第二定律相矛盾.

[⑦]虽然这个推导看起来并不困难,但是其中关键的一步是热辐射的内能密度与压强的关系 (2.51),这来源于麦克斯韦的电磁理论. 当时麦克斯韦电磁理论在欧洲大陆并不是十分流行,要知道赫兹 (Hertz) 验证麦克斯韦理论的著名实验是在 1887 年. 因此,玻尔兹曼已经属于非常"新潮"的了.

空窖内电磁辐射的熵也可以求出. 为此我们利用热力学基本微分方程, 有

$$dS = \frac{dU + pdV}{T} = \frac{1}{T}d(aT^4V) + \frac{1}{3}aT^3dV$$
$$= 4aT^2VdT + \frac{4}{3}aT^3dV = \frac{4}{3}ad(VT^3), \tag{2.55}$$

积分得到

$$S = \frac{4}{3}aT^3V, \tag{2.56}$$

其中积分常数取为零是因为当 $V = 0$ 时, 辐射场就不存在了, 相应的熵也应当为零. 有了电磁辐射的内能密度和熵, 其他的热力学函数也可以导出. 特别值得指出的是: 电磁辐射的吉布斯自由能 (化学势) 为零. 在讨论了黑体辐射的统计物理理论 (见第 34 节) 后我们会发现, 化学势为零实际上对应于光子数不守恒.

在热辐射场中, 可以定义辐射通量密度 J, 它是辐射场中在单位时间内、通过单位面积所辐射出的能量. 辐射通量密度 J 与辐射场内能密度 u 的关系为

$$J = \frac{1}{4}cu, \tag{2.57}$$

其中 c 为真空中的光速. 由此我们得到平衡热辐射的辐射通量密度为

$$J = \frac{c}{4}aT^4 = \sigma T^4, \tag{2.58}$$

其中 $\sigma = ca/4$ 称为斯特藩常数. (2.58) 式就是著名的斯特藩-玻尔兹曼定律. 斯特藩-玻尔兹曼定律的一个应用是可以来确定一些不便直接测量的辐射体 (例如遥远的恒星) 的表面温度[8].

作为一个宏观理论, 热力学可以方便地推导出平衡热辐射的能量密度与温度的关系. 但是, 如果我们对更为细致的问题, 比如能量按照辐射频率的分布感兴趣, 那么仅利用热力学理论就不那么容易讨论了. 这些问题需要利用统计物理的方法来进行研究, 参见第 34 节中的讨论. 正如大家所熟知的, 黑体辐射的研究直接导致了著名的普朗克公式和量子论的诞生.

---

[8] 各种非接触型红外测温设备也是利用了这个原理.

相关的阅读

均匀单元系的热力学性质是所有热力学教科书中的主要内容. 从这里开始, 读者应当逐步熟悉热力学分析和处理问题的方法. 王竹溪先生的书, 即参考书 [1] 对这些内容有较为详尽的论述. 历史上玻尔兹曼是首先运用热力学理论来讨论辐射场的人, 这也是他的得意之作. 此外, 参考书 [6] 中有许多非常不错的例子, 从中读者可以感受到将热力学与电动力学结合起来的魅力. 我们这里仅讨论了其中比较有代表性且简单的例子.

习 题

1. **能流与能量密度的关系**. 证明关于辐射场中能流和能量密度的关系 (2.57).
2. **范氏气体的定容热容量**. 证明范氏气体的定容热容量仅是温度的函数, 不依赖于体积.
3. **范氏流体的对比物态方程和热力学函数**. 考虑 1 mol 范氏方程描写的流体, 本题将研究它的各种热力学行为. 首先我们利用对比物态方程的形式将其物态方程写为
$$\left(p + \frac{3}{v^2}\right)\left(v - \frac{1}{3}\right) = \frac{8}{3}t, \tag{2.59}$$
其中 p, v, t 分别是实际流体的压强、体积、温度以相应的临界值为单位的测量值 (即对比压强、对比体积、对比温度). 系统的临界点为 $p = v = t = 1$.
   (1) 给出系统的内能、熵的表达式, 用 v 和 t 来表达.
   (2) 计算系统的化学势 μ. 利用物态方程, 将化学势视为压强和温度的函数 (以体积 v 为参数).
4. **绝热膨胀与节流过程**. 对于相同的压强下降来说, 证明气体在绝热膨胀中的温度改变比节流过程中要大.
5. **焦汤系数**. 某种流体在节流过程中的焦汤系数 (1.21) 对温度的依赖为 $\mu = a/T^n$, 其中 a 和 $n > 0$ 都是常数, 同时该流体在压强趋于零时的定压热容量为常数: $\lim_{p \to 0} C_p = C_p^0$.
   (1) 求出流体的定压热容量 C_p 并确定物态方程.
   (2) 确定流体的焓和内能.
   (3) 给出流体的熵的表达式.

第三章 单元系的复相平衡

本章提要

- 热力学系统的平衡判据(11)、平衡条件(12.1)和稳定条件(12.2)
- 相图、克拉珀龙方程(13)
- 范氏气体的相变(14)
- 曲面分界面时的气液相变、液滴的形成(15)
- 相变的朗道理论(16)
- 连续相变的标度理论(17)

前面两章建立了热力学的基本理论框架并讨论了单元单相系的热力学平衡态性质,本章中我们将讨论单元系与相变相关的热力学. 我们首先会从单元系的相变开始, 介绍热力学系统达成复相平衡的条件, 包括平衡条件和稳定条件. 随后我们会讨论相变中的几个经典的例子. 最后我们对相变的朗道理论进行简要的介绍.

11 平衡判据

热力学系统的平衡是一种热动平衡. 熵增加原理告诉我们, 当一个孤立系经绝热过程到达热动平衡时, 系统的熵永不减少, 即平衡态时系统的熵达到极大值. 因此, 我们有如下的熵判据.

熵判据 一个孤立系在其内能和总体积不变时, 对于各种可能的虚变动来说, 平衡态的熵最大.

在其他一些情况下,我们还会用到如下的自由能判据和吉布斯函数判据.

自由能判据 一个系统在温度和体积不变时,对于各种可能的虚变动来说,平衡态的自由能最小.

吉布斯函数判据 一个系统在温度和压强不变时,对于各种可能的虚变动来说,平衡态的吉布斯函数最小.

这些平衡判据都可以通过熵判据推导出来 (留作习题),具体利用哪一个判据,要视具体问题而定.

上面几个判据中提到的所谓虚变动,是指描述系统的某些态变量与约束条件兼容的假想变动,这个概念是分析力学中虚位移概念的推广. 为了区别一个虚变动和真实的变动,我们用符号 δ 来标记某个热力学量的无穷小虚变动,亦称为变分,以区别于 d 或 đ 所代表的系统热力学量在一个真实过程中的无穷小微分.

在数学上,熵判据可以表达为:在固定内能和体积时,系统熵的一阶变分为零 (这称为平衡条件) 而二阶变分小于零 (这称为稳定条件). 由于有了约束条件,我们一般需要研究在一定约束条件下 (例如熵判据中的固定内能和体积),函数 (例如熵判据中的熵) 的极值问题. 在数学上这可以通过拉格朗日乘子 (Lagrange multiplier) 法得到. 具体地说,如果我们要求在 m 个附加条件 $\phi_\nu(x_1, x_2, \cdots, x_n) = 0$ (其中 $\nu = 1, 2, \cdots, m$) 下函数 $f(x_1, x_2, \cdots, x_n)$ 的极值,可以通过引入 m 个拉格朗日乘子 λ_ν,并且求函数

$$f(x_1, x_2, \cdots, x_n) + \sum_{\nu=1}^{m} \lambda_\nu \phi_\nu(x_1, x_2, \cdots, x_n) \tag{3.1}$$

的极值得到. 我们将用 $\bar{\delta} f$ 和 $\bar{\delta}^2 f$ 来表示上述函数 (即加上了拉格朗日乘子的函数) 的一阶和二阶变分,以区别于原来函数的变分. 对于没有引入拉格朗日乘子的函数的一阶和二阶变分,我们分别用 δf 和 $\delta^2 f$ 来表示. 如果将上式中的函数对各个拉格朗日乘子 λ_ν 变分并令其为零,则给出相应的约束条件 $\phi_\nu(x_1, x_2, \cdots, x_n) = 0$.

12　单元复相系的相平衡

我们首先推导一个单元开系的热力学基本微分方程. 开系指的是开放的均

匀系统, 它所含的物质的量可以发生变化 (例如水, 可以气化成水蒸气), 即物质的量 n 是可变的. 对于 1 mol 该物质, 它的热力学基本微分方程为

$$\mathrm{d}u = T\mathrm{d}s - p\mathrm{d}v, \tag{3.2}$$

其中 u, s 和 v 分别为 1 mol 该物质的内能、熵和体积, 分别称为摩尔内能、摩尔熵和摩尔体积. 那么对于物质的量为 n 的该物质,

$$\begin{aligned}\mathrm{d}U &= \mathrm{d}(nu) = u\mathrm{d}n + n\mathrm{d}u = u\mathrm{d}n + n(T\mathrm{d}s - p\mathrm{d}v)\\ &= (u - Ts + pv)\mathrm{d}n + T\mathrm{d}(sn) - p\mathrm{d}(nv)\\ &= T\mathrm{d}S - p\mathrm{d}V + \mu\mathrm{d}n,\end{aligned} \tag{3.3}$$

其中 $S = ns$, $V = nv$, 而 $\mu = u - Ts + pv$ 为该物质的摩尔吉布斯函数 (吉布斯自由能), 即化学势 (注意在统计物理部分, 我们将称单粒子吉布斯函数为化学势). 我们后面的讨论会揭示 (第 19 节), 两相化学势的高低决定了热力学系统中化学反应和相变的进行方向. 一个开放的单元均匀系的热力学基本微分方程为

$$\mathrm{d}U = T\mathrm{d}S - p\mathrm{d}V + \mu\mathrm{d}n. \tag{3.4}$$

我们还可以对 (3.4) 式中的内能 U 进行多次勒让德变换从而得到其他相应的特性函数. 例如, 针对温度 T、体积 V 可控的开系, 可以定义巨势 $J = F - \mu n = F - G = -pV$ 作为温度 T、体积 V、化学势 μ 的函数. 读者不难验证,

$$\mathrm{d}J = -S\mathrm{d}T - p\mathrm{d}V - n\mathrm{d}\mu. \tag{3.5}$$

在统计物理部分我们会看到, 巨势与巨配分函数有着十分紧密的联系 (见第 27 节).

12.1 单元复相系的相平衡条件

本小节中我们利用平衡的熵判据来推导单元系中各相达到平衡的平衡条件. 一般的平衡条件可以分为三类: 热平衡条件、力学平衡条件、相和化学平衡条件. 对于一个单元系, 没有化学平衡的问题, 因此, 我们将研究其热、力学和相平衡条件.

我们假设单元系的几个相 (以 α 标记) 构成一个闭合系统, 其总内能、总体积、总物质的量

$$U = \sum_\alpha n_\alpha u_\alpha, \qquad V = \sum_\alpha n_\alpha v_\alpha, \qquad n = \sum_\alpha n_\alpha \tag{3.6}$$

是固定的. 于是, 利用拉格朗日乘子法, 考虑到熵判据的约束条件, 我们得到熵的一阶变分为零的条件

$$\bar{\delta} S \equiv \delta S - \frac{1}{T}\delta U - \frac{p}{T}\delta V + \frac{\mu}{T}\delta n = 0, \tag{3.7}$$

其中 $(-1/T)$, $(-p/T)$ 和 (μ/T) 是引入的三个拉格朗日乘子, 分别对应于约束条件 $\delta U = 0$, $\delta V = 0$ 和 $\delta n = 0$. 现在我们再考虑 1 mol α 相. 根据 (3.2) 式, 有

$$\delta s_\alpha = \frac{\delta u_\alpha}{T_\alpha} + \frac{p_\alpha}{T_\alpha}\delta v_\alpha, \tag{3.8}$$

其中 T_α 和 p_α 分别为相 α 的温度和压强. 这其实就是 α 相中 1 mol 物质的热力学基本微分方程, 只不过微分换成了变分. 也就是说, 我们假设对于每一个相 α 来说, 它的基本热力学量的变分仍然满足热力学基本微分方程. 将 (3.6) 和 (3.8) 式代入 (3.7) 式, 就得到了系统总的熵 $S = \sum_\alpha n_\alpha s_\alpha$ 加拉格朗日乘子后的一阶变分

$$\begin{aligned}\bar{\delta} S = &\sum_\alpha n_\alpha \left(\frac{1}{T_\alpha} - \frac{1}{T}\right)\delta u_\alpha + \sum_\alpha n_\alpha \left(\frac{p_\alpha}{T_\alpha} - \frac{p}{T}\right)\delta v_\alpha \\ &+ \sum_\alpha \left(s_\alpha - \frac{u_\alpha}{T} - \frac{pv_\alpha}{T} + \frac{\mu}{T}\right)\delta n_\alpha.\end{aligned} \tag{3.9}$$

由于引入了拉格朗日乘子, δu_α, δv_α 和 δn_α 现在可以看成独立的变量, 于是, 在达到平衡时的熵判据 ($\bar{\delta} S = 0$) 就给出复相平衡条件:

$$\begin{aligned}\frac{1}{T_\alpha} - \frac{1}{T} &= 0, \\ \frac{p_\alpha}{T_\alpha} - \frac{p}{T} &= 0, \\ s_\alpha - \frac{u_\alpha}{T} - \frac{pv_\alpha}{T} + \frac{\mu}{T} &= 0.\end{aligned} \tag{3.10}$$

(3.10) 式中第一个条件为热平衡条件, 它指出在复相平衡时, 各相的温度相等; 第二个条件是力学平衡条件, 它指出平衡时各相的压强相等; 第三个条

件是相平衡 (或称化学平衡) 条件, 它指出相平衡时, 共存各相的化学势相等. 复相平衡条件可统一写成

$$T_\alpha = T, \quad p_\alpha = p, \quad \mu_\alpha = \mu. \tag{3.11}$$

如果上述平衡条件不能满足, 那么系统会发生相应的真实的变动 (而不再是虚变动), 这个真实的变动的方向是使系统的总熵的变化大于零. 具体来说:

(1) 如果热平衡条件不满足, 那么系统会向 $\sum_\alpha n_\alpha \left(\dfrac{1}{T_\alpha} - \dfrac{1}{T}\right) \Delta u_\alpha > 0$ 的方向变动. 也就是说, 如果某一个 $T_\alpha > T = T_{\beta \neq \alpha}$, 则与之相应的 $\Delta u_\alpha < 0$, 即能量会从温度较高的相 α 传向其他相.

(2) 如果力学平衡条件没有满足①, 那么系统会向 $\sum_\alpha n_\alpha \left(\dfrac{p_\alpha}{T_\alpha} - \dfrac{p}{T}\right) \Delta v_\alpha > 0$ 的方向变动. 也就是说, 如果某个相的压强较大, $p_\alpha > p = p_{\beta \neq \alpha}$, 则与之相应的 $\Delta v_\alpha > 0$, 即该相的体积会膨胀.

(3) 如果化学平衡条件没有满足, 那么系统会向 $\sum_\alpha \left(-\dfrac{\mu_\alpha}{T_\alpha} + \dfrac{\mu}{T}\right) \Delta n_\alpha > 0$ 的方向变动. 也就是说, 如果某个相的化学势较高, $\mu_\alpha > \mu = \mu_{\beta \neq \alpha}$, 则与之相应的 $\Delta n_\alpha < 0$, 即该相的物质的量会减少, 物质会从化学势较高的相相变到化学势较低的相, 就像水往低处流一样. 这也就是化学势这个名称的由来.

12.2 平衡的稳定条件

上一小节中我们利用熵判据, 得到了单元复相系平衡的条件, 这个条件体现为熵的一阶变分为零. 这仅保证了熵 (在相应的约束条件下) 取极值, 而不一定是按照熵判据所要求的极大值. 要确保这个极值是极大值, 就必须研究熵的二阶变分, 这就是本小节要讨论的内容.

现在我们假定上一节中讨论的平衡条件都已经得到满足了, 我们来进一步讨论这个平衡稳定的条件. 平衡的稳定性是由系统的熵的二阶变分决定的 (由平衡条件, 它的一阶变分已经为零). 系统的熵为一个稳定的极大的条件是 (引入了相应于约束条件的拉格朗日乘子后的) 熵的二阶变分小于或等于零:

$$\bar{\delta}^2 S \equiv \delta^2 S - \frac{1}{T}\delta^2 U - \frac{p}{T}\delta^2 V + \frac{\mu}{T}\delta^2 n \leqslant 0. \tag{3.12}$$

---
①为简单起见, 我们假定热平衡条件已经满足并且没有表面相, 参见第 15 节.

由于 $\delta S = \sum_\alpha (n_\alpha \delta s_\alpha + s_\alpha \delta n_\alpha)$，因此熵的二阶变分可以写为

$$\delta^2 S = \sum_\alpha \left(n_\alpha \delta^2 s_\alpha + 2\delta n_\alpha \delta s_\alpha + s_\alpha \delta^2 n_\alpha \right). \tag{3.13}$$

对内能和体积我们也有类似的表达式. 将 (3.6) 和 (3.13) 式代入 (3.12) 式，并且利用平衡条件 [(3.11) 式] 进行计算 (具体过程留作习题)，我们最终可以得到

$$\bar{\delta}^2 S = \sum_\alpha \frac{n_\alpha}{T_\alpha} \left(\delta p_\alpha \delta v_\alpha - \delta T_\alpha \delta s_\alpha \right). \tag{3.14}$$

平衡稳定性要求 (3.14) 式对于任意的 n_α 都要小于或等于零，因此我们得到对于每一个均匀相 (略去角标 α) 都必须有

$$\delta p \delta v - \delta T \delta s \leqslant 0. \tag{3.15}$$

这就是我们要求的单元复相系平衡的稳定条件.

利用平衡的稳定条件 (3.15)，我们可以得到一系列热力学不等式. 例如，如果我们选取 T 和 v 为独立变量，可以把 δp 和 δs 表示为 T 和 v 的变分，再利用麦克斯韦关系 [(2.6) 式]，可得

$$\frac{c_v}{T}(\delta T)^2 - \left(\frac{\partial p}{\partial v}\right)_T (\delta v)^2 > 0. \tag{3.16}$$

δT 和 δv 是独立的变量，因此我们看到，平衡稳定性要求

$$c_v > 0, \qquad -\left(\frac{\partial p}{\partial v}\right)_T > 0, \tag{3.17}$$

即定容摩尔热容量 c_v 和等温压缩系数 $\kappa_T = -v^{-1}(\partial v/\partial p)_T$ 都是正的. 这个事实我们前面曾经提到过 (见第 7 节末尾)，实际上也很容易从物理上来理解.

平衡稳定性的条件还可以用其他变量来表达并得到一系列热力学不等式. 例如我们可以证明：定压摩尔热容量 c_p 和绝热压缩系数 κ_S 也是正的，定压摩尔热容量 c_p 一定不小于定容摩尔热容量 c_v 等等，这些热力学不等式的证明留作练习.

13 相图和克拉珀龙方程

当一个 pVT 系统的两相达到平衡时，温度和压强满足一定的关系，这个关系确立了 (T, p) 平面上的一条曲线，它把 (T, p) 平面分成两个区域，分别

对应于两相，这样的图称为相图. 我们日常见到的物质的相可以分为气相 (或称非凝聚相) 和凝聚相，凝聚相又包括液相和固相，其中液相又可以称为软凝聚相.

一种物质的气相只能有一个相，固相一般可以有多个相存在，它们往往对应于不同的晶格结构或对称性. 液相通常情况下也只有一个相，但有些特殊的物质可以有多个液相 (比如液氦、液晶). 我们在图 3.1 中示意性地画出了一个典型的相图，图中的三条曲线将图上的二维平面分为三个区域，分别对应于固相、液相和气相.

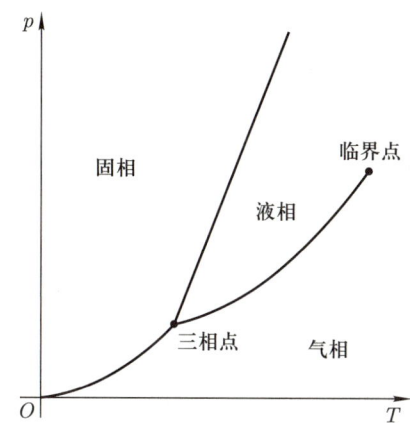

图 3.1 一个典型的相图，由固相、液相和气相组成

当两相 (我们把它们分别记为 α 相和 β 相) 达到平衡时，根据平衡条件有

$$T_\alpha = T_\beta = T, \quad p_\alpha = p_\beta = p, \quad \mu_\alpha(T,p) = \mu_\beta(T,p). \tag{3.18}$$

原则上讲，(3.18) 式完全确定了两相平衡时的温度与压强的关系. 但是由于化学势对温度和压强的函数关系一般在理论上并不容易得到，多数情况下相变曲线还是由实验给出. 利用热力学理论，可以对相变曲线的斜率做出预言，这就是著名的克拉珀龙方程. 假定 (T,p) 和 $(T+\mathrm{d}T, p+\mathrm{d}p)$ 为相变曲线上临近的两个点，有

$$\mathrm{d}\mu_\alpha = \mathrm{d}\mu_\beta. \tag{3.19}$$

对于两相分别利用热力学关系

$$\mathrm{d}\mu = -s\mathrm{d}T + v\mathrm{d}p, \tag{3.20}$$

其中 s 和 v 分别为系统的摩尔熵和摩尔体积，我们得到

$$\frac{dp}{dT} = \frac{s_\beta - s_\alpha}{v_\beta - v_\alpha} = \frac{\lambda}{T(v_\beta - v_\alpha)}, \tag{3.21}$$

其中 $\lambda = T(s_\beta - s_\alpha)$ 为相变潜热. 这就是克拉珀龙方程. 它是克拉珀龙首先得到的，只是他当时是从错误的热质说出发的. 克劳修斯首先运用正确的热力学理论导出了这个方程，因此它也称为克拉珀龙–克劳修斯方程.

在克拉珀龙方程 [(3.21) 式] 中，我们引入了相变潜热

$$\lambda = T(s_\beta - s_\alpha) = h_\beta - h_\alpha. \tag{3.22}$$

它标志了 1 mol 物质从 α 相变化到 β 相时所需要吸收的热量. 摩尔焓 $h_\alpha = \mu_\alpha + Ts_\alpha$，对于熔解等相变，两相的化学势 μ 相等，而熵通常并不相等，所以一般情况下相变潜热不等于零[②]，同时两相的摩尔体积一般也不同[③]. 也就是说，系统在发生相变时，它的熵和体积会有一个跃变，这样的相变称为一级相变. 如果注意到摩尔吉布斯函数 (即化学势) 在相变时是连续的 [(3.18) 式], 熵和体积是吉布斯函数的一阶导数，因此一级相变是吉布斯函数连续而它的一阶导数不连续的相变.

在一级相变的相变曲线上，可能存在这样的点，称为临界点，当相变曲线上的点趋于这个点时，一级相变的熵和体积跃变会逐渐趋于零，相应的相变潜热和摩尔体积跃变也趋于零. 在图 3.1 中我们示意性地显示了这样一个点，它是一级相变的终点. 这里系统将经过一个所谓的高级相变. 按照埃伦菲斯特 (Ehrenfest) 的分类，吉布斯函数及其一阶导数都连续，但吉布斯函数的二阶导数不连续的相变称为二级相变，吉布斯函数及其一、二阶导数都连续，但吉布斯函数的三阶导数不连续的相变称为三级相变，以此类推. 目前，实验上已经发现许多二级相变，但实际上它们与埃伦菲斯特的定义并不十分符合，

[②] 从微观角度来说，系统的熵是它混乱度的体现. 一般来说，固体的混乱度小于液体和气体，所以固体的摩尔熵也低于液体和气体. 因此，由固体相变为液体要吸收热量 (熔解热), 由固体相变到气体时也要吸收热量 (升华热). 液体的熵虽较固体大，但仍然小于气体，所以液体转变到气体时，也要吸收热量 (气化热).

[③] 固体和液体的摩尔体积总是小于气体，而固体的摩尔体积通常也小于液体 (也有例外，比如冰的摩尔体积大于水). 由固体、液体相变为气体时体积要膨胀, 所以固体–气体和液体–气体的两相的分界线的斜率总是正的, 固体–液体的两相分界线的斜率通常也是正的.

因为在多数已经发现的二级相变中,吉布斯函数的二阶导数实际上在相变点附近是发散的.

在下面几个例子中,我们将讨论克拉珀龙方程的一些简单应用.

例 3.1 潜热随温度的变化.

解 如果我们将方程 (3.22) 两边对温度求导数,就可以得到相变潜热随温度的变化关系

$$\frac{\mathrm{d}\lambda}{\mathrm{d}T} = c_p^\alpha - c_p^\beta + \left[\left(\frac{\partial h_\alpha}{\partial p}\right)_T - \left(\frac{\partial h_\beta}{\partial p}\right)_T\right]\left(\frac{\mathrm{d}p}{\mathrm{d}T}\right). \tag{3.23}$$

利用热力学关系 $\left(\frac{\partial h}{\partial p}\right)_T = v - T\left(\frac{\partial v}{\partial T}\right)_p$ 和克拉珀龙方程 [(3.21) 式],我们得到

$$\frac{\mathrm{d}\lambda}{\mathrm{d}T} = c_p^\alpha - c_p^\beta + \frac{\lambda}{T} - \left[\left(\frac{\partial v_\alpha}{\partial T}\right)_p - \left(\frac{\partial v_\beta}{\partial T}\right)_p\right]\frac{\lambda}{v_\alpha - v_\beta}. \tag{3.24}$$

近似地把蒸气看成理想气体,并且忽略凝聚系的摩尔体积(因为它远小于蒸气的摩尔体积),我们得到

$$\frac{\mathrm{d}\lambda}{\mathrm{d}T} = c_p^\alpha - c_p^\beta. \tag{3.25}$$

当热容量近似为常数时,相变潜热大约线性地依赖于温度.

例 3.2 蒸气压方程.克拉珀龙方程的另一个应用是来求饱和蒸气压方程,它是描述蒸气与固体或液体达到平衡时的压强随温度的变化关系的方程.这个方程在化学、气象学等多个领域都十分有用.

解 根据克拉珀龙方程 [(3.21) 式],近似地把蒸气看成理想气体 ($pv = RT$),并忽略凝聚相的摩尔体积 v_α,我们得到

$$\frac{1}{p}\frac{\mathrm{d}p}{\mathrm{d}T} = \frac{\lambda}{RT^2}. \tag{3.26}$$

如果我们把相变潜热看成常数[④],那么对 (3.26) 式积分可以得到

$$p = p_0 \mathrm{e}^{-\frac{\lambda}{RT}}, \tag{3.27}$$

由此可见饱和蒸气压随温度的增加是指数型的 (图 3.1 的相图线是示意性的).

[④] 这个近似并不好,更好一些的近似是利用上面例子中得到的相变潜热随温度的变化关系,这样会得到基尔霍夫 (Kirchhoff) 的蒸气压方程 $\ln p = A - B/T + C\ln T$.

14　范氏气体气液两相的转变

范氏气体的物态方程是 (为方便起见，我们取 1 mol 范氏气体)

$$\left(p + \frac{a}{v^2}\right)(v-b) = RT, \tag{3.28}$$

其中参数 a 和 b 分别反映了气体分子的相互吸引和固有体积的排斥效应（见第 39 节）. 范氏气体的物态方程可以同时描写液体和气体及其相互间的相变.

范氏气体的等温线具有如下特性 (见图 3.2)：如果温度高于某个临界温度，在整条等温线上都满足平衡稳定条件 $\left(\frac{\partial p}{\partial v}\right)_T < 0$，即压强是体积的单调递减函数；如果温度低于临界温度，等温线上有一段不满足平衡稳定条件 $\left(\frac{\partial p}{\partial v}\right)_T < 0$. 显然等温线的右段对应于气体，左段对应于液体，而中间不满足平衡稳定条件的一段实际上是不能实现的，它对应于相变时气体、液体两相共存的情况. 范氏气体的临界点显然满足

$$\left(\frac{\partial p}{\partial v}\right)_T = 0, \quad \left(\frac{\partial^2 p}{\partial v^2}\right)_T = 0. \tag{3.29}$$

图 3.2 和图 3.3 中标有 T_c 的那条线上，其拐点是临界点，满足 (3.29) 式，气相和液相的区别消失，系统经历一个二级相变. 如果温度高于 T_c，范氏气体将只能以气态存在. 如果温度低于 T_c，图 3.2 中的线存在不稳定区域.

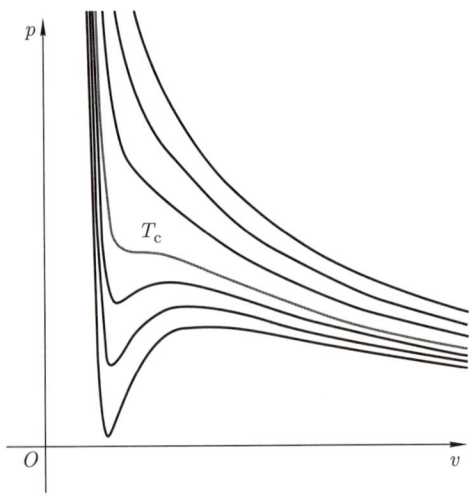

图 3.2　范氏气体的等温线示意图. 在某个临界温度以上时，压强是体积的单调递减函数. 在温度低于临界温度时，等温线中间有一段不稳定的区域

14 范氏气体气液两相的转变

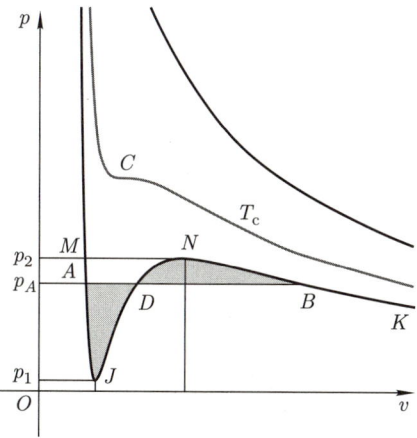

图 3.3 范氏气体的等温线示意图. 温度低于临界温度的曲线中显示了麦克斯韦的等面积法则

为了说明相变时的情况，我们在图 3.3 中专门画出了当温度低于临界温度时，等温线上若干重要的点. 当气液相变发生时，系统的温度和压强将保持恒定. 所以，我们将利用平衡态吉布斯函数 (由于我们讨论 1 mol 范氏气体，它的吉布斯函数也就是化学势) 最小原理来探讨相变时的稳定平衡态问题. 当温度一定时，化学势的微分为 $\mathrm{d}\mu = v\mathrm{d}p$. 于是我们可以 (保持温度固定，或沿等温线) 积分得到

$$\mu = \mu_0 + \int_{p_0}^{p} v\mathrm{d}p. \tag{3.30}$$

实际上化学势的改变量 [即 (3.30) 式右面的积分] 在 p-V 图上有着非常清晰的几何意义，它就是压强界于 p_0 和 p 之间的等温线与压强轴之间区域的面积. 为了确定起见，我们取积分的起始点为图 3.3 中的 K 点. 当我们沿着等温线从 K 点出发并向左移动时，压强会逐渐增加，于是 (3.30) 式告诉我们化学势也会增加. 当我们沿着等温线到达 N 点时，化学势将达到极大. 这时，如果我们继续沿着等温线由 N 点移向 J 点，则化学势反而会减小，与此同时压强也由 p_2 减小到 p_1. 在 J 点，化学势会达到一个极小. 如果我们继续沿等温线从 J 点移向 A 点和 M 点，则压强将再次增加，化学势也将继续增加. 这个化学势随压强变化的过程也可以用化学势 μ 和压强 p 的图来表示，如图 3.4 所示. 图 3.4 中标记的各个点，都与图 3.3 中的相应点对应，其中化学势的 $p \in (0, p_2)$ 和 $p \in (p_1, \infty)$ 的两段的交点，对应于图 3.3 中的水平线段 BA. 由于这两个点对应于同样的压强，而且它们的化学势也相等，所以在 μ-p 图上

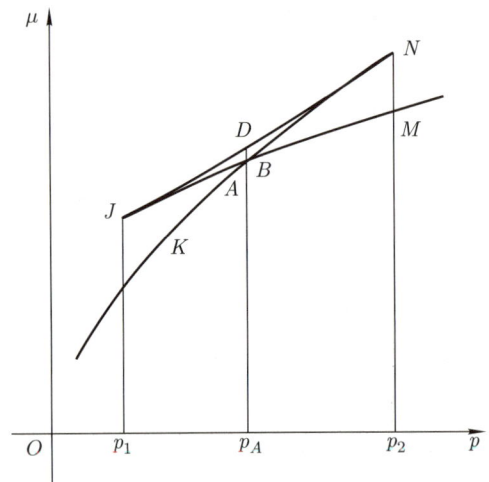

图 3.4 范氏气体的化学势在温度固定时，随压强变化的示意图，其中的温度低于临界温度. 图中各个点的标记与图 3.3 一致

就缩为一个点了. 按照吉布斯函数最小原理，真实的稳定平衡态应当取图 3.4 中 $KB(DA)M$ 线段上的各个点，它们对应于固定温度和不同压强下的稳定状态. 在线段 KB 上，系统完全处于气态，在线段 AM 上，系统则完全处于液态. 在水平线段 BDA 上，系统实际上处于气液混合共存的状态. 点 A 和 B 应当满足条件 $\mu_A = \mu_B$. 按照 (3.30) 式，这就是说，闭合曲线 AJD 的面积与闭合曲线 BND 的面积恰好相等. 这就是著名的麦克斯韦等面积法则. 越过水平线段 BDA 而仍能满足平衡稳定性的两段 (即 BN 和 AJ 两段)，分别对应于过冷气体和过热液体. 它们是所谓的亚稳态. 也就是说，它们对于很小的变动是稳定的，但并不是吉布斯函数最小的状态，一旦有了足够大的扰动，它们就会变成更稳定的状态——气液混合状态. 图 3.3 中 A 和 B 之间的水平横线对应于气液两相共存的相变区域. 具体来说，最左边的点 A 对应于完全的液态，最右边的点 B 则对应于完全的气态. 中间的任意一点，依赖于其距离两端的距离的比例而具有相应比例的液态/气态，气液混合相的摩尔体积可以表达为

$$v = x v_A + (1-x) v_B, \tag{3.31}$$

其中 x 为液相比例，$1-x$ 为气相比例，v_A 和 v_B 分别为液相和气相的摩尔体积（分别对应于图 3.3 中 A 和 B 点的横坐标）. (3.31) 式又称为杠杆法则.

因此，当一个无限稀薄的范氏气体被逐渐等温地压缩并发生相变时，它实际上是沿着图 3.4 中下沿的曲线行进的，即从 K 到 B/A，这里 B 对应于完全是气体而 A 对应于完全是液体，然后经过这个气液混合的阶段之后，再从 A 变向 M. 系统一般不会经历从 B 到 N，再从 N 经 D 到 J，再到 A 这些不稳定或亚稳定的状态.

15　曲面分界时的平衡条件和液滴的形成

当液相和气相达到平衡而两相的分界面是曲面时，由于表面张力和表面相的存在，前面讨论的力学平衡条件需要进行修正. 热平衡条件仍然是各相 (包括表面相) 的温度相同. 我们用 α 表示液相，β 表示气相，γ 表示 (没有体积的) 表面相. 我们同时假设液相和气相的总体积保持不变. 于是整个系统具有固定的温度和体积，我们可以利用亥姆霍兹自由能判据来推导平衡条件. 三相的自由能的变分分别为

$$\begin{aligned}
\delta F_\alpha &= -p_\alpha \delta V_\alpha + \mu_\alpha \delta n_\alpha, \\
\delta F_\beta &= -p_\beta \delta V_\beta + \mu_\beta \delta n_\beta, \\
\delta F_\gamma &= \sigma \delta A,
\end{aligned} \quad (3.32)$$

其中我们假定表面相是纯粹的几何面，所以物质的量为 0(这是很好的近似). 由于系统有固定的总体积和总物质的量，我们有 $\delta V_\alpha = -\delta V_\beta$ 和 $\delta n_\alpha = -\delta n_\beta$. 为了简单起见，我们假设液滴的形状是球形的，半径为 r，于是显然有 $\delta V_\alpha = 4\pi r^2 \delta r$ 以及 $\delta A = 8\pi r \delta r = 2\delta V_\alpha / r$. 所以，我们得到系统总自由能的变分为

$$\delta F = -\left(p_\alpha - p_\beta - \frac{2\sigma}{r}\right)\delta V_\alpha + (\mu_\alpha - \mu_\beta)\delta n_\alpha. \quad (3.33)$$

由于 δV_α 和 δn_α 是任意的，我们立刻得到如下的平衡条件:

$$\begin{aligned}
p_\alpha &= p_\beta + \frac{2\sigma}{r}, \\
\mu_\alpha(p_\alpha, T) &= \mu_\beta(p_\beta, T).
\end{aligned} \quad (3.34)$$

我们看到，由于表面相的存在，力学平衡条件发生了变化. 相平衡条件虽然还是两相化学势相等，但要注意的是，两相的化学势是在不同压强处的化学势.

下面我们利用平衡条件 (3.34) 来讨论液滴能否形成的问题. 当一个球形液滴与压强为 p'、温度为 T 的蒸气达到平衡时, 有

$$\mu_\alpha\left(p' + \frac{2\sigma}{r}, T\right) = \mu_\beta(p', T). \tag{3.35}$$

另一方面, 当液体和蒸气在温度 T 和平面分界面的情形下达到平衡时, 有

$$\mu_\alpha(p, T) = \mu_\beta(p, T). \tag{3.36}$$

(3.36) 式决定了平面分界面时的饱和蒸气压 $p(T)$. 我们假设液体的性质随压强变化不大, 这样可以围绕 p 做泰勒 (Taylor) 展开 $[v = (\partial \mu/\partial p)_T]$:

$$\mu_\alpha\left(p' + \frac{2\sigma}{r}, T\right) = \mu_\alpha(p, T) + \left(p' - p + \frac{2\sigma}{r}\right)v_\alpha, \tag{3.37}$$

其中 v_α 为液体的摩尔体积. 同时, 假定蒸气可以用理想气体来近似, 其化学势

$$\mu_\beta(p', T) = \mu_\beta(p, T) + RT \ln \frac{p'}{p}. \tag{3.38}$$

这样我们就可以根据 (3.35) 和 (3.36) 式得到

$$p' - p + \frac{2\sigma}{r} = \frac{RT}{v_\alpha} \ln \frac{p'}{p}. \tag{3.39}$$

(3.39) 式确定了与半径为 r 的液滴在温度为 T 时平衡的蒸气的压强 p' 与平面饱和蒸气压 p 之间的关系. 对于多数情形, $p' - p \ll 2\sigma/r$, 因此我们可以进一步简化 (3.39) 式为

$$\frac{2\sigma v_\alpha}{r} = RT \ln \frac{p'}{p}. \tag{3.40}$$

反过来说, 如果给定蒸气的压强 p', 则可以由此定义一个临界半径

$$r_c = \frac{2\sigma v_\alpha}{RT \ln \frac{p'}{p}}. \tag{3.41}$$

如果液滴的半径大于临界半径 r_c, 液相的化学势 $\mu_\alpha\left(p' + \frac{2\sigma}{r}, T\right)$ 会小于气相的化学势 $\mu_\beta(p', T)$, 则该液滴会增大 (即蒸气会相变成液滴); 反之如果液滴的半径小于临界半径 r_c, 液相的化学势 $\mu_\alpha\left(p' + \frac{2\sigma}{r}, T\right)$ 会大于气相的化学势 $\mu_\beta(p', T)$, 则该液滴会减小直至消失 (即液滴会气化成蒸气). 由此可见,

如果蒸气十分纯净而没有足够大的凝结核 (液滴半径 r 小于 r_c)，则即使蒸气压大大超过平面时的饱和蒸气压，液滴就算生成也会气化. 这种情形就是所谓过饱和蒸气，它对应于一种亚稳态. 在粒子物理和核物理实验中广泛运用的威尔逊 (Wilson) 云室恰恰就是利用过饱和蒸气的性质，当外来带电粒子通过蒸气时，才能产生足够大的凝结核形成液滴，由此可以观察出粒子的路径.

16 相变的朗道理论

朗道 (Landau) 在 1936 年建立了一套关于二级相变的热力学唯象理论 (phenomenological theory). 所谓唯象理论，区别于从系统微观图像出发的统计物理理论，主要是指基于一些基本的物理假设，然后运用热力学的基本原理得到的理论. 本节中我们将介绍这种理论的概况. 我们将首先介绍一下朗道关于二级相变的理论，然后再简单讨论一下朗道关于一级相变和三临界点 (tricritical point) 的理论. 需要指出的是，朗道理论还可以从统计物理的角度去探讨，见第八章，本节中我们将仅从热力学的角度来考虑.

二级相变，又称为连续相变，是一大类重要的现象. 它可以在许多系统中发生，例如顺磁-铁磁相变、临界点附近的气液相变、超导相变等等. 因此这类现象又称为临界现象. 二级相变的最大特点是，当系统接近相变的临界区域时 (这可以通过调节系统的参数来实现，最常见的是使系统的温度趋于它的临界温度)，系统中的特征关联长度趋于无穷大. 在实验上，如果让光线通过系统，会出现所谓临界乳光现象，这是由系统中密度涨落发散导致的对入射光的强烈的分子散射现象. 与此对应，很多物理量，如热容量、磁化率等在临界点也会出现跃变或幂次发散的现象.

在临界点附近具有奇异性的物理量的行为可以用所谓的临界指数来描写. 以铁磁系统为例，如果二级相变的相变温度为 T_c，我们定义 $t = (T - T_c)/T_c$，那么当 $t \to 0$ 时，系统将发生二级相变. 实验表明，这时系统中的特征关联长度 ξ 将发散：

$$\xi \sim |t|^{-\nu}, \qquad |t| \to 0, \qquad (3.42)$$

这里 ν 称为与关联长度相应的临界指数 (critical index). 类似地，对于热容量 C_V、磁化率 χ 也可引入相应的临界指数：

$$C_V \sim |t|^{-\alpha}, \qquad |t| \to 0,$$
$$\chi \sim |t|^{-\gamma}, \qquad |t| \to 0, \qquad (3.43)$$

它们分别称为热容量临界指数和磁化率临界指数.

二级相变的微观本质是系统的对称性发生了自发破缺, 系统从高于 T_c 时具有较高对称性的相破缺到低于 T_c 时具有较低对称性的相. 朗道提出, 可以引入一个描写系统对称性的变量, 称为序参量 (order parameter). 序参量可以是正常态–超导态相变中的 ψ 或顺磁–铁磁相变中的磁化强度 m, 它在不同的相中取不同的数值.

铁磁系统的特点是, 当温度低于临界温度 (称为铁磁体的居里温度) 时, 系统会出现自发磁化. 也就是说, 即使外磁场为零, 系统的磁化强度矢量的大小 $\mathcal{M}$ 也不为零. 在临界点附近, 系统的自发磁化强度 $m \equiv \mathcal{M}(t, \mathcal{H}=0)$ 由另一个临界指数 β 刻画:

$$m \sim (-t)^\beta, \qquad t \to 0^-. \qquad (3.44)$$

这个临界指数称为序参量临界指数, 描写了序参量对温度的依赖关系. 当温度高于临界温度 (即 $t > 0$), 并且也没有外加磁场时, 序参量恒等于零. 当温度连续地从高于临界温度变化到临界温度及以下时, 序参量逐渐从零连续地变为非零[⑤]. 在低于临界温度的临界区域内序参量则由 (3.44) 式中的临界指数 β 描写.

如果系统正好处于临界点上, 那么它的自发磁化为零. 这时如果加上一个微小的外磁场 $\mathcal{H}$, 则系统的磁化强度 m 会依赖于外磁场并且可用另一个临界指数 δ 描写:

$$m \sim \mathcal{H}^{1/\delta}, \qquad \mathcal{H} \to 0. \qquad (3.45)$$

这个临界指数 δ 称为序参量对外磁场的临界指数, 它反映了系统处于临界点时序参量对外场的响应程度.

此外, 前面提及的关联长度 ξ 实际上是源自临界区域内系统内部序参量的涨落之间的关联函数的特性. 在临界点 T_c 附近, 实空间中位于原点处的序参量涨落 $\delta m(0)$ 与位于另一个空间点 $\boldsymbol{x}$ 处的涨落 $\delta m(\boldsymbol{x})$ 之间的关联函数定

[⑤] 正因为如此, 二级相变也称为连续相变.

义为
$$C(\boldsymbol{x}) = \langle \delta m(\boldsymbol{x}) \delta m(0) \rangle, \tag{3.46}$$
这个函数随着距离 $|\boldsymbol{x}| \to \infty$ 是指数趋于零的,其临界行为可表征为
$$C(\boldsymbol{x}) \sim \frac{\mathrm{e}^{-|\boldsymbol{x}|/\xi}}{|\boldsymbol{x}|^{d-2+\eta}}, \qquad |\boldsymbol{x}| \to \infty, \quad |t| \to 0, \tag{3.47}$$
其中的 ξ 就是 (3.42) 式中已经提及的关联长度. 只要 $t \neq 0$,ξ 就是有限大的,此时 (3.47) 式分子的指数衰减是主导的. 但当 $t = 0$ 时,也就是说系统恰好位于临界点时, $\xi \to \infty$,此时关联函数将不再是随距离 $|\boldsymbol{x}|$ 而指数衰减,而仅仅是幂次衰减的,其中分母的幂次中出现的临界指数 η 反映了位于临界点上的关联函数随着距离幂次衰减的快慢. 对多数临界系统的临界指数而言,η 都是比较小的. 事实上,对于下面要介绍的朗道理论而言,$\eta = 0$. 因此,在临界点上,系统的关联函数基本上按照 $1/|\boldsymbol{x}|^{d-2}$ 而衰减,对于三维系统来说,这就是 $1/|\boldsymbol{x}|$ 的衰减. 这是典型的库仑 (Coulomb) 型长程衰减. 此时我们一般称系统具有长程关联,或者说具有长程序.

以上主要是对于二级相变以及相关临界指数概念的介绍,下面我们着重介绍朗道关于连续相变 (就是二级相变) 的理论⑥. 朗道理论主要的假设包括如下三点:

(1) 二级相变的两个相可以用一个序参量 m 来刻画. 在高温相中序参量 $m = 0$,在低温相中,$m \neq 0$. 在临界点序参量连续地从零变为非零 (在临界点处一定有 $m = 0$).

(2) 在临界点附近,系统的自由能 (被视为序参量 m 的函数) 可以展开成序参量 m(在临界点附近系统的序参量是一个小量) 的幂级数.

(3) 系统在平衡时其序参量的真实取值对应于系统自由能的极小值.

需要指出的是,实验和理论都证明了,朗道理论的这些基本假设往往并不成立. 尽管如此,朗道理论仍然为我们理解相变提供了十分有意义的信息,而且它可以作为更正确的理论 (比如重整化群理论) 的一个出发点. 为了区别于热力学讨论中的其他自由能,我们将称朗道相变理论中的自由能为朗道自由能.

---

⑥下面会看到,这个理论框架事实上也可以讨论一级相变以及三临界点附近的行为.

16.1 二级相变的朗道理论

我们首先讨论顺磁–铁磁相变的情形. 这是一个典型的二级相变. 在没有加外磁场的情形下, 我们假设系统的朗道自由能具有 $m \leftrightarrow -m$ 的对称性, 并且在临界点附近, 系统的朗道自由能 f 可以展开为 m 的偶次幂[⑦]:

$$f(m) = f_0 + \frac{a(T)}{2}m^2 + \frac{b(T)}{4}m^4 + \cdots. \tag{3.48}$$

我们进一步假定, 在临界点附近 (即 $T \approx T_c$ 时), 上面展开式中的系数 $a(T)$ 会发生一个符号的变化, 即假设相变的临界点是它的一个零点: $a(T) = a_0(T - T_c)$, 其中 a_0 为一正数. 我们同时假定系数 $b(T)$ 在临界点附近永远是正的.

按照朗道理论的基本假设, 系统真实平衡态的序参量的取值由朗道自由能极小条件来确定:

$$\left(\frac{\partial f}{\partial m}\right)_T = 0 = a(T)m + b(T)m^3 + \cdots. \tag{3.49}$$

于是我们发现: 当 $T > T_c$ 时, 由于 $a(T) > 0$, 从而使自由能极小的解为 $m = 0$, 也就是说, 这时系统的序参量为零, 对应于没有自发磁化. 而当 $T < T_c$ 时, 由于 $a(T) < 0$, 从而使自由能极小的解为

$$m = \sqrt{-a(T)/b(T)} \sim (T_c - T)^{1/2}, \quad T < T_c. \tag{3.50}$$

这时系统的序参量不为零, 对应于有自发磁化的情形. (3.50) 式告诉我们, 朗道相变理论预言了系统序参量临界指数 $\beta = 1/2$.

如果我们加上一个小的外磁场 $\mathcal{H}$, 那么可以研究系统对于外场的响应, 这时朗道自由能应当写为

$$f(m) = f_0 - m\mathcal{H} + \frac{a(T)}{2}m^2 + \frac{b(T)}{4}m^4 + \cdots, \tag{3.51}$$

而自由能极小的条件也应当改为

$$\mathcal{H} = a(T)m + b(T)m^3 + \cdots. \tag{3.52}$$

[⑦] 这里我们用 f 来表示单位体积的朗道自由能.

所以在临界点附近有 $m \sim \mathcal{H}/|T - T_c|$，这意味着系统的磁化率临界指数为 $\gamma = 1$. 如果我们考虑温度正好等于临界温度，那么系数 $a(T) = 0$，于是，我们发现 $\mathcal{H} \sim m^3$，这说明序参量对外磁场的临界指数 $\delta = 3$.

综合以上讨论我们发现：对于一个二级相变，朗道理论可以得到一系列临界指数的结果. 这些结果实际上与统计物理中平均场近似的结果一致：

$$\beta = \frac{1}{2}, \qquad \gamma = 1, \qquad \delta = 3. \tag{3.53}$$

我们在第 44 节中将说明，朗道理论从微观上讲其实就是一种平均场理论. 当然，这两种方法 (本质上是一致的) 得到的结果往往与实际的情况不符. 这也说明了，朗道理论 (或平均场近似) 只是一个定性或半定量的唯象理论，不是一个精确的理论.

16.2 一级相变的朗道理论

考虑另外一种可能性. 我们假定系统的朗道自由能按照序参量 m 展开为

$$f(m) = f_0 + \frac{a(T)}{2}m^2 + \frac{b(T)}{4}m^4 + \frac{c(T)}{6}m^6 + \cdots, \tag{3.54}$$

但是系数 $b(T)$ 不是正的，而是负的. 为了使得系统仍然有稳定的状态，我们假定系数 $c(T) > 0$ 永远成立. 这时，系统中可以出现一个一级相变. 也就是说，在某个温度 $T_c^{(1)}$ 时[⑧]，系统的序参量 m 可以发生一个有限的跃变. 这个临界温度由下列两式联合确定：

$$\begin{aligned} \left.\frac{\partial f}{\partial m}\right|_{m_0} &= 0 = am_0 + bm_0^3 + cm_0^5, \\ f(m_0) - f(0) &= 0 = \frac{a}{2}m_0^2 + \frac{b}{4}m_0^4 + \frac{c}{6}m_0^6. \end{aligned} \tag{3.55}$$

这个方程的解为

$$m_0^2 = -\frac{3b(T_c^{(1)})}{4c(T_c^{(1)})}, \tag{3.56}$$

而系统一级相变的临界温度满足

$$a(T_c^{(1)}) = \frac{3b(T_c^{(1)})^2}{16c(T_c^{(1)})}. \tag{3.57}$$

[⑧]这里我们用 $T_c^{(1)}$ 来表示一级相变的临界温度，以区别于前面讨论的二级相变的临界温度.

我们发现：在一级相变的临界温度处，仍然有 $a(T_\mathrm{c}^{(1)}) > 0$，即一级相变的临界温度高于二级相变的临界温度 $T_\mathrm{c}^{(2)}$. 由于我们假定系数 $b(T)$ 在温度 $T_\mathrm{c}^{(1)}$ 附近是负的，所以系统在发生一级相变时，它的序参量会在临界点以下从 $m = 0$ 跃变到不为零的

$$m = m_0 = \pm\sqrt{-3b(T_\mathrm{c}^{(1)})/4c(T_\mathrm{c}^{(1)})}. \tag{3.58}$$

16.3 三临界点的朗道理论

上一小节我们看到，系统发生一级相变时，一般来说系数 $a(T)$ 仍是正的。如果在一级相变发生时，系数 $a(T)$ 也恰好等于零，这时一级和二级相变将同时发生。一般来讲，事情不会这么巧，特别是在系数 a，b，c 等仅是温度的函数时。但是，如果这些系数还依赖于另外一个参量⑨，比如说称为 Δ，那么，只要适当调节参量 Δ，就有可能使得在某个温度 T_t 和 Δ_t 时满足 $a(T_\mathrm{t}, \Delta_\mathrm{t}) = b(T_\mathrm{t}, \Delta_\mathrm{t}) = 0$，这时我们称系统处于一个三临界点 (tricritical point). 在三临界点附近，系统的临界性质会表现出与一级或二级相变不同的性状. 朗道理论也可以用来定性地讨论系统在三临界点附近的行为.

引入新的控制参量 Δ 后，系统一级相变的曲线满足 [(3.57) 式]

$$a(\Delta, T) - \frac{3b^2(\Delta, T)}{16c(\Delta, T)} = 0, \tag{3.59}$$

而二级相变的临界点由 $a(\Delta, T) = 0$ 给出. 这两条曲线在 Δ-T 平面的交点就是三临界点. 两条曲线的斜率可以按照下面的方法求出. 对于二级相变曲线 $a(\Delta, T) = 0$，斜率

$$\left.\frac{\mathrm{d}\Delta}{\mathrm{d}T}\right|_{(2)} = -\frac{\partial a/\partial T}{\partial a/\partial \Delta} \equiv -\frac{a_T}{a_\Delta}, \tag{3.60}$$

其中我们用简化的符号 a_T 和 a_Δ 来分别代表函数 $a(\Delta, T)$ 对于温度 T 和参量 Δ 的偏导数. 而对于一级相变 [(3.59) 式]，我们得到曲线的斜率

$$\left.\frac{\mathrm{d}\Delta}{\mathrm{d}T}\right|_{(1)} = -\frac{a_T c + c_T a - \frac{3}{8}bb_T}{a_\Delta c + c_\Delta a - \frac{3}{8}bb_\Delta}. \tag{3.61}$$

---

⑨这些另外的参量可以是外磁场、外电场、压强等.

于是我们看到，在两根曲线相交的三临界点附近，由于 $a(\Delta,T) \to 0$ 且 $b(\Delta,T) \to 0$，一、二级相变的相变曲线的斜率在三临界点附近也变得相同：

$$\left.\frac{\mathrm{d}\Delta}{\mathrm{d}T}\right|_{(1)} = \left.\frac{\mathrm{d}\Delta}{\mathrm{d}T}\right|_{(2)} = -\frac{a_T}{a_\Delta}. \tag{3.62}$$

这就意味着，在三临界点不仅一级相变的 (3.59) 式和二级相变的 $a(\Delta,T)=0$ 这两条曲线相交，而且它们是光滑联结在一起的 (导数也相同).

在 T-Δ 二维平面上选取三临界点 $(T_\mathrm{t}, \Delta_\mathrm{t})$ 为原点并定义无量纲的矢量

$$\boldsymbol{x} = \begin{pmatrix} (T-T_\mathrm{t})/T_\mathrm{t} \\ (\Delta-\Delta_\mathrm{t})/\Delta_\mathrm{t} \end{pmatrix},$$

那么三临界点意味着 $\boldsymbol{x} \to \boldsymbol{0}$，系统的临界性质依赖于 $\boldsymbol{x}$ 如何趋于原点. 为了考察不同的可能性，我们假定 a, b 在原点附近都线性地依赖于 $\boldsymbol{x}$：

$$a(T,\Delta) = \boldsymbol{a} \cdot \boldsymbol{x} + \cdots, \qquad b(T,\Delta) = \boldsymbol{b} \cdot \boldsymbol{x} + \cdots, \tag{3.63}$$

其中 $\boldsymbol{a}, \boldsymbol{b}$ 为两个非零的二维矢量. 另一个系数 $c(T,\Delta)$ 基本可以认为是常数. 将 (3.63) 式代入自由能 [(3.54) 式] 的极值条件 $\partial f/\partial m = a + bm^2 + cm^4 = 0$，得到

$$(\boldsymbol{a} \cdot \boldsymbol{x}) + (\boldsymbol{b} \cdot \boldsymbol{x})m^2 + cm^4 = 0. \tag{3.64}$$

在三临界点附近，$\boldsymbol{x} \to \boldsymbol{0}$，因此一定有 $m^2 \to 0$，但是其具体的行为将依赖于 $\boldsymbol{x}$ 如何趋于 $\boldsymbol{0}$. 前面提到，$\boldsymbol{a}, \boldsymbol{b}$ 是两个一般的二维矢量 (既不平行也不垂直)，那么对于 $\boldsymbol{x} \to \boldsymbol{0}$ 且 $\boldsymbol{x} \perp \boldsymbol{b}$，我们有 $m^4 \sim |\boldsymbol{x}|$，或者

$$m(T,\Delta) \sim |\boldsymbol{x}|^{1/4}. \tag{3.65}$$

但在 T-Δ 平面上也存在使 $\boldsymbol{x}$ 在垂直于 $\boldsymbol{a}$ 的情况下趋于零的可能，这种情况下我们就得到

$$m(T,\Delta) \sim |\boldsymbol{x}|^{1/2}. \tag{3.66}$$

因此我们看到，在三临界点附近，按照不同的方式趋于三临界点，我们可以得到不同的临界指数. 一般来讲，趋于三临界点的方式分为两类：$\boldsymbol{x} \perp \boldsymbol{b}$ 的 (3.65) 式表征的一组临界指数用下标 t 表示；$\boldsymbol{x} \perp \boldsymbol{a}$ (3.66) 式表征的一组临界指数用下标 u 表示. 因此我们发现，朗道理论预言三临界点附近的临

界指数

$$\beta_t = 1/4, \beta_u = 1/2, \qquad \gamma_t = 2, \gamma_u = 1. \tag{3.67}$$

最后我们再次指出，从统计物理的微观角度来看，朗道理论作为一个热力学理论实际上等价于统计物理中的平均场理论，一般只能对临界现象做出定性或半定量的解释，对临界指数的预言往往是不准确的[⑩]. 真正的精确理论计算需要利用其他方法，例如重整化群方法、蒙特卡罗 (Monte Carlo) 数值模拟等等. 这部分内容更详细的讨论将在本书统计物理部分的第八章中进行.

17 连续相变的标度理论

前一节我们看到，一个热力学系统在其连续相变的临界区域内由一系列的临界指数所描写. 这些临界指数刻画了系统的热力学量的行为，例如热容量临界指数 α 刻画系统对温度变化的响应，序参量临界指数则刻画序参量本身在临界点的行为，磁化率临界指数刻画序参量对外磁场的响应等等. 这些临界指数实际上并不是完全独立的，它们满足一系列的关系，这些关系被称为临界指数的标度律 (scaling laws). 人们通过研究发现，这些标度律背后所体现的实际上是热力学系统在临界区域的自由能，或者更准确地说是其自由能的发散部分会表现出标度行为. 本节将介绍这些临界指数的标度律是如何从一个普遍的标度假设而获得的.

我们仍然以前面讨论的顺磁-铁磁相变的二级相变为例来说明标度律的基本假设. 这个系统可以用两个无量纲的约化参量——约化温度 $t = (T - T_c)/T_c$ 和约化磁场 $h = \mathcal{H}$ 来刻画，其中当 $h = 0$ 时二级相变的临界点为 T_c. 相变系统的自由能在 $t \to 0, h \to 0$ 的临界区域内会发散. 标度理论假设：相变系统自由能 $f(t, h)$ 的发散部分，记为 $f_s(t, h)$，在临界区域具有如下的广义齐次函数的形式[⑪]：

[⑩]一个令人吃惊的结果是，尽管朗道理论往往对于临界指数的预言与实验并不相符，但对超导相变的预言是很好的. 此外，朗道理论对于三临界点附近的临界指数(那些带有下标 t 的临界指数) 的预言几乎是严格的.

[⑪]由于自由能的发散部分在无限接近临界点的临界区域内会趋于无穷大，因此它基本上就是系统自由能的主要部分. 换句话说，自由能的非发散部分的贡献在整个自由能内部所占的比重随着系统趋于临界点将越来越可忽略.

$$f_s(t,h) \sim t^{2-\alpha} g_f\left(\frac{h}{t^\Delta}\right), \qquad (t,h) \to (0,0), \tag{3.68}$$

其中 $g_f(x)$ 是一个一元函数. 这意味着原来的二元函数 $f(t,h)$ 在临界区域内,实际上由一个特定的一元函数 $g_f(x)$ 所确定, 其宗量一定是 t 和 h 的某个幂次的比值, 这里选为 h/t^Δ. 除此以外, 整个函数仍然可以依赖于其中一个参量 (这里选为 t) 的某个幂次. 因此, 标度假设引进了两个参数 Δ (又被称为差异指数) 和 $2-\alpha$, 前者告诉我们 t 和 h 进入函数 $g_f(x)$ 的比率, 后者则告诉我们函数 $f_s(t,h)$ 总体的发散程度.

现在我们可以考察系统的内能 U 在临界点附近的行为了. 它往往也是发散的, 其发散部分记为 U_s, 由 $\partial f_s/\partial t$ 给出

$$\begin{aligned} U_s &\sim \frac{\partial f_s}{\partial t} \sim (2-\alpha)t^{1-\alpha}g_f(h/t^\Delta) - \Delta h t^{1-\alpha-\Delta}g'_f(h/t^\Delta) \\ &\sim t^{1-\alpha}\left[(2-\alpha)g_f(h/t^\Delta) - \Delta(h/t^\Delta)g'_f(h/t^\Delta)\right] \sim t^{1-\alpha}g_E(h/t^\Delta). \end{aligned} \tag{3.69}$$

这里最后的 $g_E(x)$ 是类似于 (3.68) 式的另一个齐次函数, 具体到这个例子, $g_E(x) = (2-\alpha)g_f(x) - \Delta x g'_f(x)$. 运用完全类似的逻辑, 如果我们对温度 t 再求一次导, 就可以获得系统的热容量的发散部分 C_s:

$$C_s \sim -\frac{\partial^2 f_s}{\partial t^2} \sim t^{-\alpha}g_C(h/t^\Delta), \tag{3.70}$$

其中 $g_C(x)$ 是另一个一元函数. 在上式中如果令 $h=0$, 那么在 $t \to 0$ 时, 系统的热容量发散的临界指数为 α:

$$C_s \sim t^{-\alpha}g_C(0) \sim t^{-\alpha}, \qquad t \to 0, \quad h = 0. \tag{3.71}$$

这意味着, 本节引入的标度假设 (3.68) 中的参数 α, 实际上就是第 16 节中引入的热容量临界指数 α[见 (3.43) 式].

为了看清标度假设 (3.68) 中另一个差异指数 Δ 的物理含义, 我们需要考察临界区域内的磁化强度 $m(t,h)$(或者说序参量) 的临界行为, 它由自由能在温度固定时对外磁场的偏微商给出:

$$m \sim \frac{\partial f_s}{\partial h} \sim t^{2-\alpha-\Delta}g_m(h/t^\Delta). \tag{3.72}$$

如果我们考虑无外场的行为, 上式就给出序参量的临界行为:

$$m(t, h=0) \sim t^{2-\alpha-\Delta} \sim t^\beta, \qquad \beta = 2-\alpha-\Delta. \tag{3.73}$$

而如果考察在临界点处序参量对外场的依赖，我们需要假定函数 $g_m(x)$ 在 $x \to \infty$ 时的行为是 x^p，其中的 p 可以是正的，也可以是负的. 此时我们得到

$$m(t \sim 0, h) \sim t^{2-\alpha-\Delta}(h/t^\Delta)^p \sim h^{1/\delta}, \quad p\Delta = (2 - \alpha - \Delta), \tag{3.74}$$

其中最后一步我们运用了 δ 的定义 (3.45). 于是我们得到关系

$$\delta = \frac{\Delta}{2 - \alpha - \Delta} = \Delta/\beta. \tag{3.75}$$

同时，将 m 对 h 再求一次导数就可以获得磁化率 χ 的临界行为

$$\chi(t, h = 0) \sim t^{2-\alpha-2\Delta}, \quad \gamma = 2\Delta - 2 + \alpha. \tag{3.76}$$

至此，我们已经获得了四个临界指数，它们完全由两个出现的标度假设 (3.68) 中的参数 α 和 Δ 所确定. 因此，$\alpha, \beta, \gamma, \delta$ 这四个临界指数中实际上只有两个是独立的. 两个比较著名的关系是:

$$\alpha + 2\beta + \gamma = 2, \quad \delta - 1 = \frac{\gamma}{\beta}. \tag{3.77}$$

前者称为拉什布鲁克 (Rushbrooke) 关系 (等式)，后者则称为威登 (Widom) 关系 (等式). 对于前面讨论的朗道理论而言，相当于取 $\alpha = 0$ 和 $\Delta = 3/2$. 读者不难验证上述各式完全重复了朗道理论的结果.

上述讨论仅仅涉及热力学量，并没有涉及关联函数和关联长度. 我们知道热力学量的发散实际上源于在临界区域的关联长度发散. 这需要另外一个标度假定:

$$\xi(t, h) \sim t^{-\nu} g_\xi\left(\frac{h}{t^\Delta}\right). \tag{3.78}$$

若 $h = 0$, $t \to 0$ 时，关联长度 $\xi(t, h = 0) \sim t^{-\nu}$，因此 ν 就是 (3.42) 式中引进的关联长度的临界指数. 另一方面，在临界区域中，如果 $g_\xi(x) \sim x^p$（类似于上面的讨论，其中 p 可能小于零），那么我们可以得到

$$\xi \sim t^{-\nu}(h/t^\Delta)^p = t^{-\nu-\Delta p} h^p \sim h^{-\nu_h}.$$

由此得

$$-p = \nu_h = \nu/\Delta. \tag{3.79}$$

所以，如果在临界点处，$t = 0$，关联长度按照磁场的发散行为是 $\xi \sim h^{-\nu_h}$，其中 $\nu_h = \nu/\Delta$.

下面将关联长度的临界指数 ν 以及热容量临界指数联系起来. 为了明确起见，我们考虑定义在晶格上的一个自旋磁矩系统. 这些磁矩位于晶格为 a 的简单立方晶格的格点之上，系统的总的尺度为 L. 因此整个系统的总自旋数目正比于磁矩的数目 $(L/a)^d$，其中 d 是系统的维数. 连续相变发生在热力学极限之下，即 $(L/a) \to \infty$ 的情况下. 我们上面提及的各种临界现象的发散行为也都是在所谓热力学极限下才体现出来的. 如果是一个有限大的系统，其热力学自由能实际上会是光滑的函数.

系统的自由能作为一个广延量一定是正比于系统的总自由度的. 在临界区域内，我们可以将大的系统划分为边长大约为关联长度 ξ 的正方体 (或者正方形、超立方体). 于是我们可以认为无量纲的热力学自由能 $\tilde{F}$ 可以写为

$$\tilde{F}(t,h) = \left(\frac{L}{\xi}\right)^d g_1(t,h) + \left(\frac{L}{a}\right)^d g_2(t,h), \tag{3.80}$$

其中 g_1 和 g_2 是两个无量纲的函数，它们依赖于无量纲的温度 t 和磁场 h. 在热力学极限 $(L/a)^d \to \infty$ 下，如果 ξ 也趋于无穷，但仍然保持 $L \gg \xi \gg a$，那么系统中单位体积自由能的发散部分将只来源于 (3.80) 式的第一项：

$$f_s \sim \frac{\tilde{F}}{L^d} \sim t^{d\nu} g_f(h/t^\Delta), \tag{3.81}$$

其中我们运用了关联长度的发散规则 (3.78). 将 (3.81) 式与 (3.68) 式进行比较，我们就得到了著名的约瑟夫森 (Josephson) 关系

$$d\nu = 2 - \alpha. \tag{3.82}$$

(3.80) 式中的假设常常被称为超标度 (hyperscaling) 假设，它涉及系统的维数 d. 由此衍生出的标度关系，例如上面的约瑟夫森关系，则称为超标度关系.

如果愿意，我们还可以运用超标度假设寻找磁化率临界指数 γ 与超标度关系中的 ν 的关系. 这里还涉及临界点上序参量 (自旋) 关联函数 $C(\boldsymbol{x}\,t,h)$ 对距离 $\boldsymbol{x}$ 的幂次衰减的另一个临界指数 η[见 (3.47) 式]. 具体来说，有

$$C(\boldsymbol{x}; t = 0, h) \sim \frac{1}{|\boldsymbol{x}|^{d-2+\eta}}, \tag{3.83}$$

其中的 η 是 (3.47) 式中定义的临界指数. 由于磁化率可以与关联函数 $C(\boldsymbol{x})$ 在全空间的体积分联系起来, 因此我们发现

$$\chi \sim \int \mathrm{d}^d \boldsymbol{x} C(\boldsymbol{x}; t=0, h) \sim \int^\xi \frac{\mathrm{d}^d \boldsymbol{x}}{|\boldsymbol{x}|^{d-2+\eta}} \sim \xi^{2-\eta} \sim t^{-\nu(2-\eta)}, \tag{3.84}$$

其中在第二步我们运用了在临界区域 $\xi \to \infty$ 从而全空间的积分可以用半径为 ξ 的球内的积分来替代, 在球内我们可以直接令 $\xi = \infty$, 只保留 $C(\boldsymbol{x})$ 中幂次的衰减. 于是我们发现

$$\gamma = \nu(2-\eta). \tag{3.85}$$

这被称为菲舍尔 (Fisher) 关系.

值得注意的是, 超标度假设以及由此导出的各个超标度关系往往直接涉及临界系统的维数 d, 这一点是与实验观测一致的. 凝聚态系统的相变行为与其维度密切相关. 但是, 这个实验结论并不与朗道理论一致. 换句话说, 朗道理论 (以及与其等价的统计物理中的平均场近似) 的临界指数并不遵从这里介绍的超标度关系 (3.82), 尽管它们仍然遵从一般的标度关系, 例如前面的拉什布鲁克关系和威登关系 (3.77). 关于这些方面更加深入的讨论, 读者可以参考后面统计物理部分的第 45 节和第 47 节中更详细的讨论.

相关的阅读

相变的热力学理论是热力学的精华所在, 更是物理学家的最爱. 这主要是因为对于各种相变的研究一直是凝聚态物理和统计物理的核心内容. 我们这里仅仅介绍了相变的若干例子, 还有其他一些非常有意思的例子, 例如液氦的超流相变、超导相变等, 也都有相关的热力学理论. 有兴趣的读者可以阅读参考书 [5, 6, 10]. 此外, 关于二级相变的朗道理论, 这里是从纯粹热力学角度进行表述的. 我们在统计物理部分还将再次讨论同一问题 (特别是第八章), 只不过会从统计物理的角度加以处理. 那里我们将说明, 作为热力学唯象理论的朗道相变理论本质上与统计物理的平均场近似等价. 同样地, 关于二级相变中的标度现象, 我们后面也会从统计物理的角度再一次讨论到.

习 题

1. 试从熵判据出发，导出第 11 节中给出的两个自由能判据.

2. 熵的二阶变分的推导. 完成熵的二阶变分公式 (3.14) 的推导.

3. 蒸气压方程. 从 (3.25) 式出发并假定流体两相的热容量之差 $\Delta c_p = c_p^\alpha - c_p^\beta$ 为常数，导出饱和蒸气压随温度的变化关系，即所谓的基尔霍夫蒸气压方程.

4. 液滴的形成. 第 15 节中考虑液滴的形成时并没有考虑液滴可能带有静电. 本题将考虑这种情况. 为了简化讨论，假定核心是一个半径为 a 的导体球，其电量 e 完全分布于表面，而液滴是半径 $r > a$ 的球体.

    (1) 首先计算静电相互作用引起的液滴的自由能.

    (2) 讨论此时的力学平衡条件.

    (3) 仿照得出 (3.41) 式的逻辑，讨论此时液滴的临界半径问题.

5. 范氏流体的相结构. 本题将直接接续上一章范氏流体的讨论，运用其对比物态方程 (2.59) 讨论系统在临界区域的相的行为. 令 $p = 1 + \pi$, $n \equiv 1/v = 1 + \nu$ 和 $t = 1 + \tau$. 临界区域意味着 $\pi, \nu, \tau \ll 1$. 首先考虑临界区域内，在给定 π 和 τ 的情况下 ν 的行为，并说明在 (π, τ) 平面上的原点附近，哪些区域会/不会存在气液两相共存的情况.

6. 范氏流体与麦克斯韦等面积法则. 承上题，进一步研究范氏流体临界区域的气液共存区中压强的行为以及相应的麦克斯韦等面积法则.

    (1) 在临界区域内的两相共存区，确定压强的极大值和极小值的近似数值.

    (2) 在临界区域，即给定 $\tau < 0$，但 $|\tau| \ll 1$，同时系统处于两相共存的区域内，近似讨论麦克斯韦等面积法则所确定的压强的数值. 确定 π_0 的近似数值使得它满足麦克斯韦等面积法则.

    (3) 如果定义序参量为气液两相密度的差，试确定序参量的临界指数 β.

7. 三临界点附近的临界指数. 验证 (3.65) 式中三临界点附近的指数 γ_t 和 γ_u 的数值.

第四章　多元系的相和化学平衡

本 章 提 要

- 多元系的热力学方程 (18)
- 多元系的相平衡条件、吉布斯相律 (19)
- 化学反应和质量作用定律 (20)
- 混合理想气体 (21)
- 理想溶液 (22)
- 热力学第三定律 (23)

这一章中，我们将讨论一般的多元复相系，而且不同的化学组元之间还可能发生化学反应. 我们将首先从一个单相但多元的系统出发，讨论它的基本热力学方程. 随后我们将讨论多元系的相平衡和化学平衡条件，这还会涉及部分热化学的内容. 我们还将给出混合理想气体和理想溶液的热力学理论. 在本章的最后，我们将讨论热力学第三定律.

18　多元均匀系的热力学基本微分方程

本节我们讨论多元均匀系 (即有多个化学组元但只有一个均匀相的系统) 的热力学性质. 我们假定系统由 k 个组元构成. 系统的状态除了温度 T、压强 p 以外，还必须引入各个组元的物质的量 $n_1, n_2, \cdots, n_k$ 作为表征其平衡态的参量. 为了简化讨论，我们暂时假定各个组元之间不会发生化学反应，从而各个组元的物质的量都是常数.

一个多元均匀系 (即多元单相系) 的三个最基本的热力学函数可以取为体积、内能和熵, 它们可以表达为温度、压强和各个组元物质的量的函数:

$$\begin{aligned} V &= V(T, p, n_1, n_2, \cdots, n_k), \\ U &= U(T, p, n_1, n_2, \cdots, n_k), \\ S &= S(T, p, n_1, n_2, \cdots, n_k). \end{aligned} \quad (4.1)$$

(4.1) 式中第一行公式就是系统的物态方程. 这三个热力学函数 V, U, S 都是所谓广延量, 即如果保持系统的温度和压强不变, 将系统的各个组元的物质的量都变为原来的 λ 倍时, 系统的体积、内能和熵也变为原来的 λ 倍①:

$$V(T, p, \lambda n_1, \lambda n_2, \cdots, \lambda n_k) = \lambda V(T, p, n_1, n_2, \cdots, n_k),$$

$$U(T, p, \lambda n_1, \lambda n_2, \cdots, \lambda n_k) = \lambda U(T, p, n_1, n_2, \cdots, n_k),$$

$$S(T, p, \lambda n_1, \lambda n_2, \cdots, \lambda n_k) = \lambda S(T, p, n_1, n_2, \cdots, n_k).$$

与广延量相对应的是所谓强度量, 例如温度、压强等, 它们与物质的量无关. 从数学上讲, 广延量的性质说明 V, U, S 是各个组元摩尔数的一次齐次函数. 应用齐次函数的欧拉 (Euler) 定理可得

$$\begin{aligned} V &= \sum_{i=1}^{k} n_i \left(\frac{\partial V}{\partial n_i} \right)_{T,p,n_j}, \\ U &= \sum_{i=1}^{k} n_i \left(\frac{\partial U}{\partial n_i} \right)_{T,p,n_j}, \\ S &= \sum_{i=1}^{k} n_i \left(\frac{\partial S}{\partial n_i} \right)_{T,p,n_j}, \end{aligned} \quad (4.2)$$

其中偏导数 $(\partial V/\partial n_i)_{T,p,n_j}$ 中的下标 n_j 代表除了 n_i 以外的所有其他的物质

---

① 这里我们不考虑所谓的非广延热力学系统. 一般来说, 只要构成系统的微观粒子之间的相互作用不是长程的, 它们的统计一定导致如内能之类的热力学量是广延的. 对非广延热力学系统, 有兴趣的读者可以参考相关的文献.

的量 n_j 保持不变. 我们定义 V, U, S 的偏摩尔物理量

$$v_i = \left(\frac{\partial V}{\partial n_i}\right)_{T,p,n_j},$$
$$u_i = \left(\frac{\partial U}{\partial n_i}\right)_{T,p,n_j}, \tag{4.3}$$
$$s_i = \left(\frac{\partial S}{\partial n_i}\right)_{T,p,n_j},$$

它们分别称为第 i 个组元的偏摩尔体积、偏摩尔内能和偏摩尔熵. 于是广延量体积、内能和熵可以写成

$$V = \sum_{i=1}^{k} n_i v_i, \quad U = \sum_{i=1}^{k} n_i u_i, \quad S = \sum_{i=1}^{k} n_i s_i. \tag{4.4}$$

由于吉布斯函数 G 也是广延量，因而同时也有

$$G = \sum_{i=1}^{k} n_i \mu_i, \tag{4.5}$$

其中 μ_i 是第 i 个组元的偏摩尔吉布斯函数：

$$\mu_i = \left(\frac{\partial G}{\partial n_i}\right)_{T,p,n_j}, \qquad j \neq i. \tag{4.6}$$

它也称为第 i 个组元的化学势. 这就是多元系中不同组元的化学势的基本定义. 容易验证，对于一个单元系而言，化学势其实就是 1 mol 物质的吉布斯函数，这与我们前面第 8 节中的定义 (2.22) 是完全一致的. 需要注意的是，一个多元系中第 i 个组元的化学势 μ_i 与化学纯的该物质的化学势之间一般并不相同.

对吉布斯函数 $G(T, p, n_1, n_2, \cdots, n_k)$ 取全微分，我们得到

$$dG = -SdT + Vdp + \sum_{i=1}^{k} \mu_i dn_i. \tag{4.7}$$

类似地，对于内能有

$$dU = TdS - pdV + \sum_{i=1}^{k} \mu_i dn_i. \tag{4.8}$$

这就是多元均匀系的热力学基本微分方程. 对吉布斯函数 [(4.5) 式] 求微分并与 (4.7) 式比较, 我们得到

$$SdT - Vdp + \sum_{i=1}^{k} n_i d\mu_i = 0, \tag{4.9}$$

即 $k+2$ 个强度量并不是完全独立的, 它们之间有一个关系, 这个关系一般称为吉布斯关系或者吉布斯–杜海姆 (Gibbs-Duhem) 关系.

19 多元系的复相平衡及相律

我们现在利用 11 节中引入的吉布斯函数判据来讨论多元系的复相平衡. 为了简单起见, 我们假设多元系的 k 个组元之间不发生化学反应, 并且每一个组元可以有两个相, 记为 α 相和 β 相. 我们假设第 i 个组元在 α 相和 β 相中的物质的量发生的虚变动分别为 δn_i^α 和 δn_i^β, 于是每个组元总的物质的量不变要求

$$\delta n_i^\alpha + \delta n_i^\beta = 0 \quad (i = 1, 2, \cdots, k). \tag{4.10}$$

在温度和压强保持固定时, 两相的吉布斯函数的虚变动为

$$\delta G^\alpha = \sum_{i=1}^{k} \mu_i^\alpha \delta n_i^\alpha, \qquad \delta G^\beta = \sum_{i=1}^{k} \mu_i^\beta \delta n_i^\beta, \tag{4.11}$$

于是总的吉布斯函数的虚变动为 [考虑到约束条件 (4.10)]

$$\delta G = \delta G^\alpha + \delta G^\beta = \sum_{i=1}^{k} (\mu_i^\alpha - \mu_i^\beta) \delta n_i^\alpha. \tag{4.12}$$

吉布斯函数判据告诉我们, 平衡态的吉布斯函数最小, 于是 T, p 一定时的平衡条件为

$$\mu_i^\alpha = \mu_i^\beta \quad (i = 1, 2, \cdots, k), \tag{4.13}$$

也就是说, 两相中各个组元的化学势必须分别相等.

利用这个结果, 我们来推导著名的相律. 假设多元复相系有 k 个相互无化学反应的组元, 每个组元可以有 ϕ 个相, 相律是要计算这样的系统中可以独立改变的强度量的个数, 这个数称为多元复相系的自由度, 记为 f. 我们引入各个组元的相对浓度

$$x_i^\alpha = n_i^\alpha / n^\alpha, \tag{4.14}$$

其中 n^α 为 α 相中各个组元的总物质的量. 很显然 x_i^α 满足约束条件

$$\sum_{i=1}^{k} x_i^\alpha = 1 \ (\alpha = 1, 2, \cdots, \phi). \tag{4.15}$$

也就是说, 每一个相 $(\alpha = 1, \cdots, \phi)$ 由 $k+1$ 个强度量描述:

$$T^\alpha, \quad p^\alpha, \quad x_i^\alpha \quad (i = 1, \cdots, k-1). \tag{4.16}$$

因为多元复相系有 ϕ 个相, 所以总共有 $\phi(k+1)$ 个强度量变量. 这些变量之间还必须满足热平衡条件、力学平衡条件和相平衡条件. 热平衡条件是各个相的温度相等:

$$T^1 = T^2 = \cdots = T^\phi. \tag{4.17}$$

力学平衡条件是各个相的压强相等:

$$p^1 = p^2 = \cdots = p^\phi. \tag{4.18}$$

相平衡条件是每一个组元的化学势在各相中相等:

$$\mu_i^1 = \mu_i^2 = \cdots = \mu_i^\phi \quad (i = 1, 2, \cdots, k). \tag{4.19}$$

热平衡条件、力学平衡条件和相平衡条件共有 $(k+2)(\phi-1)$ 个方程 (或者说约束条件), 因此当多元复相系达到平衡时, 它的独立的强度量的个数, 即自由度

$$f = (k+1)\phi - (k+2)(\phi-1) = k+2-\phi. \tag{4.20}$$

这就是著名的吉布斯相律. 由相律可以证明, 一个单元系 ($k=1$) 共存相的个数最大是 3. 所以在水的三相点, 系统的自由度为零, 也就是说, 系统所有的强度量都具有完全确定的值. 这就是为什么三相点可以作为一个标准点来校准压强、温度.

20 化 学 反 应

对于任何一个化学反应, 我们都可以把反应物移到生成物的一边并且改变化学反应式前系数的符号. 例如我们可以把化学反应

$$2H_2 + O_2 \to 2H_2O$$

写成如下的等式:
$$2H_2O - 2H_2 - O_2 = 0. \tag{4.21}$$

一般地讲, 任何一个化学反应总可以写成
$$\sum_i \nu_i A_i = 0, \tag{4.22}$$

其中 ν_i 为化学反应方程式的系数 (一个有理数). 按照我们的约定: 生成物的系数为正, 反应物的系数为负, 各个 A_i 是代表不同物质的化学符号. 当化学反应进行时, 各个组元的物质的量的变化一定都按特定的比例进行, 这称为道尔顿 (Dalton) 定律:
$$\Delta n_i = \nu_i \Delta n. \tag{4.23}$$

显然当多元共同的摩尔比例系数 $\Delta n > 0$ 时, 化学反应向正向进行; 当 $\Delta n < 0$ 时, 化学反应向反向进行.

化学反应的进行往往伴随着热量的吸收或放出. 我们将主要讨论在等温等压条件下进行的化学反应. 我们知道, 在等温等压条件下 $\Delta G = 0$, 因此一个过程中所吸收的热量等于过程前后焓的改变: $\Delta H = T\Delta S$. 在化学上, 把 ν_i mol(为表述简洁, 我们将 ν_i mol 也记为 ν_i) 生成物产生后所吸收的热量 $T\Delta S$ 称为 (定压) 反应热. 按照定义, 定压反应热

$$Q_p = \Delta H = \sum_i \nu_i h_i, \tag{4.24}$$

其中 h_i 为组元 i 的偏摩尔焓. 显然, 按照我们的约定, $\Delta H > 0$ 对应于吸热反应, $\Delta H < 0$ 对应于放热反应.

由于焓是态函数, 因此 ΔH 只与反应的初态和末态有关而与中间的过程无关, 所以, 如果最初的反应物先经过一个化学反应到达一个中间态, 再经过另一个化学反应到达末态, 这个过程的反应热一定是上述两个化学反应的反应热之和. 这在热化学上称为赫斯 (Hess) 定律. 反应热一般是温度的函数. 如果保持压强不变, 将反应热 Q_p 对温度求偏微商, 可以得到

$$\left(\frac{\partial \Delta H}{\partial T}\right)_p = \sum_i \nu_i c_{pi}. \tag{4.25}$$

这个方程称为基尔霍夫方程. 它告诉我们, 一旦知道了组元的摩尔定压热容量 c_{pi} 和某个温度时的反应热, 可以根据它求出其他温度时的反应热.

当化学反应在等温等压条件下进行时，利用吉布斯函数判据，我们可以得出化学反应达到平衡的条件. 为此，我们假设有一个虚变动 δn，那么在这个虚变动下，运用道尔顿定律 [(4.23) 式]，吉布斯函数的变化为

$$\delta G = \sum_i \mu_i \delta n_i = \delta n \sum_i \nu_i \mu_i. \tag{4.26}$$

平衡时要求 $\delta G = 0$，于是我们看到化学反应 (4.22) 达到平衡的条件是

$$\sum_i \nu_i \mu_i = 0. \tag{4.27}$$

如果化学平衡条件 (4.27) 没有得到满足，化学反应就会向使吉布斯函数减小 ($\Delta G < 0$) 的方向进行. 因此，按照本书对反应物和生成物的 ν_i 符号的约定，如果 $\sum_i \nu_i \mu_i < 0$，化学反应向正向进行 ($\Delta n > 0$)，如果 $\sum_i \nu_i \mu_i > 0$，化学反应向反向进行 ($\Delta n < 0$).

21　混合理想气体

我们首先来讨论混合理想气体的热力学性质. 假设混合理想气体由 k 个组元构成，每一个组元的物质的量为 $n_1, n_2, \cdots, n_k$. 实验指出，混合理想气体的压强等于各个组元的分压之和:

$$p = \sum_{i=1}^{k} p_i, \tag{4.28}$$

其中 p_i 是第 i 个组元的分压，即物质的量为 n_i 的第 i 个组元以化学纯状态存在，且与混合理想气体具有相同温度 T 和体积 V 时的压强. 这个实验定律称为道尔顿分压定律. 由理想气体物态方程知

$$p_i = n_i \frac{RT}{V}. \tag{4.29}$$

结合道尔顿分压定律，有

$$pV = (n_1 + n_2 + \cdots + n_k)RT. \tag{4.30}$$

这就是混合理想气体的物态方程.

要求出混合理想气体的内能和熵，还需要利用下列实验事实：一个能透过选择透过性膜的组元，它在膜两边的分压在平衡时相等. 注意，在热力学范畴内，这一点只能作为一个实验事实来接受，实际上它是具有统计物理基础的. 在后面统计物理的讨论中，我们将直接从混合理想气体的微观模型出发，来验证这个实验事实，参见第 38 节的讨论. 我们假设选择透过性膜的一边是混合理想气体，另一边是化学纯状态的第 i 个组元 (选择透过性膜只能透过第 i 个组元)，当达到平衡时，

$$\mu_i = \tilde{\mu}(T, p_i), \tag{4.31}$$

其中 μ_i 是第 i 个组元在混合理想气体中的化学势，$\tilde{\mu}$ 是化学纯的第 i 个组元的化学势. 由于每一个组元都是理想气体，而理想气体的化学势我们已经求出过 [参见第 8 节 (2.26) 和 (2.27) 式]，我们马上就得到了混合理想气体的化学势

$$\mu_i = RT(\phi_i + \ln p_i) = RT[\phi_i + \ln(x_i p)], \tag{4.32}$$

其中 x_i 为第 i 个组元的相对摩尔浓度. 函数 $\phi_i(T)$ 仅为温度的函数 [(2.27) 式]：

$$\phi_i(T) = -\int \frac{\mathrm{d}T}{RT^2} \int c_p(T')\mathrm{d}T' + \frac{h_{0i}}{RT} - \frac{s_{0i}}{R}, \tag{4.33}$$

这里 h_{0i} 和 s_{0i} 为第 i 个组元理想气体的焓常数及熵常数. 由此我们就得到了混合理想气体的吉布斯函数 (吉布斯自由能)

$$G = \sum_{i=1}^{k} \mu_i n_i = \sum_{i=1}^{k} n_i RT[\phi_i(T) + \ln(x_i p)]. \tag{4.34}$$

由于吉布斯函数是以 $(T, p, n_1, \cdots, n_k)$ 为独立变量的特性函数，因而有

$$V = \left(\frac{\partial G}{\partial p}\right)_{T, n_i} = \frac{\sum_i n_i RT}{p}, \tag{4.35}$$

这正是前面给出的道尔顿分压定律. 混合理想气体的熵也可以方便地求出：

$$S = -\left(\frac{\partial G}{\partial T}\right)_{p, n_i} = \sum_i n_i \left[\int c_{pi}\frac{\mathrm{d}T}{T} - R\ln(x_i p) + s_{i0}\right]. \tag{4.36}$$

注意到 (4.36) 式又可以写成

$$S = \sum_i n_i \left[\int c_{pi} \frac{\mathrm{d}T}{T} - R\ln(p) + s_{i0} \right] - \sum_i n_i \ln(x_i), \tag{4.37}$$

$$S = \sum_i n_i s_i - \sum_i n_i \ln(x_i). \tag{4.38}$$

(4.38) 式等号右边第一项是各个组元在化学纯状态下且具有混合理想气体的温度和压强时的熵 $n_i s_i$ 之和, 其中第 i 组元的摩尔熵 s_i 见 (2.24) 式. (4.38) 式等号右边第二项是各个组元的理想气体在混合后产生的熵变. 我们看到, 这个混合熵永远是正的 ($x_i < 1$), 这与气体混合是个不可逆过程和熵增加原理一致. 如果气体是相同的, 那么根据熵是广延量的性质, 混合以后的熵就是混合以前的熵的和, 也就是说相同气体混合是没有混合熵的. 这个表面上看起来与 (4.38) 式矛盾的结果称为吉布斯佯谬. 仅仅利用热力学理论, 不大可能对吉布斯佯谬给出十分清晰的解释. 这个问题的本质在于全同粒子与不同粒子有着原则性的不同. 粒子的全同性从本质上说是个量子现象. 我们将在统计物理中讨论这个问题.

下面我们来看混合理想气体的化学反应. 我们把混合理想气体的化学势 (4.32) 代入上节的化学平衡条件 (4.27), 得到

$$\sum_i \nu_i [\phi_i(T) + \ln(x_i p)] = 0. \tag{4.39}$$

我们定义定压平衡恒量 $K_p(T)$:

$$\ln K_p(T) = -\sum_i \nu_i \phi_i(T). \tag{4.40}$$

于是化学平衡条件可以写成 (分压 $p_i = x_i p$)

$$\prod_i p_i^{\nu_i} = K_p(T). \tag{4.41}$$

这个条件称为质量作用定律. 如果把 $p_i = x_i p$ 代入质量作用定律, 有

$$\prod_i x_i^{\nu_i} = K(p, T), \qquad K(p, T) = p^{-\sum_i \nu_i} K_p(T), \tag{4.42}$$

其中 $K(p, T)$ 也称为平衡恒量, 一般与压强有关. 这是质量作用定律的另外一种表达形式. 需要注意的是, 定压平衡恒量 $K_p(T)$ 虽然带一个压强的下标,

但是只与温度有关,而平衡恒量 $K(p,T)$ 除了依赖于温度之外,还可能与压强有关.

将定压平衡恒量对温度求导数,可以得到定压平衡恒量与反应热之间的关系:

$$\frac{\mathrm{d}}{\mathrm{d}T}\ln K_p(T) = -\sum_i \nu_i \frac{\mathrm{d}\phi_i}{\mathrm{d}T} = \frac{\sum_i \nu_i \left(h_{0i} + \int c_p \mathrm{d}T'\right)}{RT^2} = \frac{\Delta H}{RT^2}, \quad (4.43)$$

其中 $\Delta H = \sum_i \nu_i h_i$ 为反应热. 这个方程称为范托夫 (van't Hoff) 方程. 它把平衡恒量随温度的变化与反应热联系了起来. 因此, 如果是一个吸热反应, 即 $\Delta H > 0$, 则随着温度的增加, 平衡恒量 $K_p(T)$ 也增加. 所以在原来的化学反应达到平衡后, 随温度的增加, 平衡将被破坏, 导致 $\prod_i p_i^{\nu_i} < K_p(T)$, 也就是 $\sum_i \nu_i \mu_i < 0$, 化学反应将向正向进行, 即会吸收热量以对抗温度的增加. 反之, 对于放热反应, 则温度的增加会使反应向逆向进行, 即会吸收热量以抵消温度的增加. 这正是所谓的勒夏特列 (Le Chatelier) 原理的一个具体的实例. 勒夏特列原理是说: 把化学平衡中的某一个因素加以改变以后, 将使平衡态向抵消原来因素改变的效果的方向移动. 这实际上源于平衡态的热力学稳定性, 是热力学不等式在化学中的具体体现.

22 理 想 溶 液

一般来说, 溶液理论是一个相当复杂的理论. 本节中我们将只介绍所谓的理想溶液的理论, 它是溶液在无限稀时的极限. 溶液是指一个液态的多元均匀系. 一般如果有某一个组元的物质的量远大于其他组元的物质的量, 这样的溶液叫稀溶液. 占绝大多数的那个组元称为溶剂, 其余的组元统称为溶质. 在习惯上, 总是把溶剂标为第一组元而把溶质标为组元 $i > 1$. 如果用 $n_1, n_2, \cdots, n_k$ 代表溶液中每个组元的物质的量, 其中 n_1 是溶剂的物质的量, 那么稀溶液是指满足 $n_{i>1}/n_1 \ll 1$ 的溶液.

我们把一个稀溶液的内能记为 U, 由于内能是广延量, 所以 U/n_1 一定只

是 $n_{i>1}/n_1$ 的函数. 由于这些参数很小, 我们可以将 U/n_1 做一个泰勒展开:

$$\frac{U}{n_1} = u_1(T,p) + \sum_{i=2}^{k} u_i(T,p) \frac{n_i}{n_1} + \cdots, \tag{4.44}$$

其中我们只写出了 $n_{i>1}/n_1$ 的线性项. (4.44) 式中的 $u_i(T,p)$ 只是温度和压强的函数, 它们是泰勒展开的系数. 如果我们忽略高阶贡献, 就得到稀溶液的内能

$$U = \sum_{i=1}^{k} u_i(T,p) n_i. \tag{4.45}$$

由此我们看到, 泰勒展开系数 $u_i(T,p)$ 就是偏摩尔内能 (在溶液无限稀时的极限值). 类似地, 稀溶液的体积也可以表达为

$$V = \sum_{i=1}^{k} v_i(T,p) n_i. \tag{4.46}$$

于是, 我们可以利用热力学第二定律来求稀溶液的熵 S. 它满足微分方程

$$TdS = dU + pdV = \sum_{i=1}^{k} n_i (du_i + pdv_i). \tag{4.47}$$

我们将这个微分方程的解表达为 (目前暂时不考虑化学反应, n_i 不变)

$$S = \sum_{i=1}^{k} n_i s_i^* + C, \tag{4.48}$$

其中 C 是一个积分常数而 $s_i^*(T,p)$ 是下列微分方程的解:

$$Tds_i^* = du_i + pdv_i. \tag{4.49}$$

注意上面熵的表达式中温度和压强的依赖关系都体现在函数 $s_i^*(T,p)$ 之中了. 常数 C 与温度和压强无关, 但原则上它可以依赖于各个物质的量 n_i. 因此, 问题的关键是找到 C 对 n_i 的依赖关系. 为此, 普朗克提出: 可以假想温度很高, 稀溶液经过一个相变而变成混合理想气体, 并假定这个过程中稀溶液的性质是连续变化的 (例如采用绕过临界点的路径). 这个过程中所有 n_i 都不变, 所以常数 C 也不变. 因此, 我们只要求出混合理想气体的常数 C 就可以了. 对于混合理想气体, 这个常数 C 就是我们计算过的理想气体的混合熵 (4.38). 因此, 稀溶液的常数 C 也一定具有同样的表达式:

$$C = -R \sum_i n_i \ln(x_i). \tag{4.50}$$

这样一来我们就得到了稀溶液的熵的表达式：

$$S = \sum_{i=1}^{k} n_i(s_i^* - R\ln x_i). \tag{4.51}$$

由稀溶液的内能、体积和熵的表达式，我们得到稀溶液的吉布斯函数和化学势：

$$\begin{aligned} G &= \sum_{i=1}^{k} n_i[g_i(T,p) + RT\ln x_i], \\ g_i(T,p) &= u_i(T,p) - Ts_i^*(T,p) + pv_i(T,p), \\ \mu_i &= g_i + RT\ln x_i. \end{aligned} \tag{4.52}$$

由于吉布斯函数是以 $T, p, n_1, \cdots, n_k$ 为变量的特性函数，所以溶液的所有热力学函数都可以由化学势确定. 化学势由 (4.52) 式给出的溶液称为理想溶液. 因此我们看到，理想溶液是稀溶液无限稀时的极限情形[②].

如果溶液不再是理想溶液，化学家引入一个称为活度 (activity) 的概念来替代理想溶液中的摩尔百分浓度 x_i：

$$a_i = \gamma_i x_i, \tag{4.53}$$

这里的 a_i 即活度，而 γ_i 称为组元 i 的活度系数 (activity coefficient). 于是可以将溶液的化学势写为

$$\mu_i = g_i + RT[\ln x_i + \ln \gamma_i]. \tag{4.54}$$

显然，如果我们令 $\gamma_i = 1$，那么就回到了理想溶液的情形. 在统计物理部分我们将简要介绍强电解质溶液的德拜–胡克尔 (Debye-Hückel) 理论 (见 41 节). 那里我们将利用平均场的方法计算强电解质溶液中的活度系数. 更一般的情形往往需要实验来测定.

现在让我们考虑理想溶液与某个组元 i 的蒸气达到平衡的问题. 这实际上是实验上测定溶液中某个组元的化学势的方法. 如果我们把蒸气看成理想气体，$\mu_i^l = \mu_i^g$，则

[②] 这需要将所谓的强电解质溶液排除在外. 这类溶液由于溶质完全离解成带电的离子，因此其正负离子之间的长程库仑相互作用会使得溶液即使在非常稀的情形下，也与理想溶液有所偏离.

$$g_i + RT\ln x_i = RT[\phi_i(T) + \ln p_i], \tag{4.55}$$

其中 p_i 为蒸气中组元 i 的分压，它是温度、总压强和溶液的化学成分的函数. 于是我们得到

$$p_i = k_i x_i, \qquad \ln k_i = g_i/(RT) - \phi_i(T). \tag{4.56}$$

对于溶质 ($i>1$) 来说，这个结果反映了所谓的亨利 (Henry) 定律：在一定的温度和压强下，溶质的蒸气分压与它在溶液中的物质的量成正比. 这里比例系数 k_i 称为组元 i 的亨利系数. 对于溶剂 ($i=1$) 来说，它称为拉乌尔 (Raoult) 定律. 如果引进 p_1^0 来标记纯溶剂在温度为 T、压强为 p 时的溶剂的蒸气分压，显然有 (即令 $x_1=1$)

$$g_1(T,p) = RT[\phi_1(T) + \ln p_1^0]. \tag{4.57}$$

将 (4.57) 式减去 $i=1$ 的 (4.55) 式，可得到拉乌尔定律的表述：

$$\frac{p_1^0 - p_1}{p_1^0} = \sum_{i>1} x_i, \tag{4.58}$$

即溶剂的蒸气分压的降低与溶液中各溶质的物质的量之和成正比.

最后我们来讨论渗透压的问题. 如果有一个选择透过性膜将溶液与纯溶剂分开，这个选择透过性膜可以让溶剂的分子自由透过，但不允许任何溶质的分子透过，这时在膜的两边会形成压强差，这个压强差称为渗透压 (osmotic pressure). 纯溶剂的化学势 $\mu'(T,p)$ 与溶液中的溶剂的化学势 [$i=1$ 的 (4.55) 式] 相等：

$$\mu'(T,p) = g_1(T,p') + RT\ln x_1, \tag{4.59}$$

其中 p' 和 p 分别是溶液和纯溶剂中的压强，$p'-p$ 即为渗透压 Π. 由于在溶液很稀时，$g_1(T,p')$ 就是溶剂在 (T,p') 处的化学势 $\mu'(T,p')$，做一阶泰勒展开 ($v' = \partial\mu'/\partial p$)

$$\mu'(T,p') - \mu'(T,p) \approx v'\Pi, \tag{4.60}$$

就得到

$$v'\Pi = -RT\ln x_1 \approx RT\sum_{i>1} x_i. \tag{4.61}$$

用溶剂的物质的量 (约是总物质的量) 乘以 (4.61) 式两边得到 ($V \approx n_1 v'$)

$$\Pi V = \sum_{i>1} n_i RT. \tag{4.62}$$

这就是著名的范托夫渗透压方程. 注意 (4.62) 式的形式与理想气体物态方程很类似. 实际上范托夫最初就是利用分子假说模仿理想气体物态方程推出的这一方程. 渗透压在生物学上具有重要的意义, 因为生物体的细胞膜就是一种选择透过性膜. 由于细胞内外有渗透压 Π, 使得细胞可以吸收它所需要的化学成分, 同时也排出代谢产物. 没有渗透压, 任何生物都将无法生存.

23 热力学第三定律

能斯特 (Nernst) 在 1906 年总结了大量低温化学反应的结果后提出了一个结论, 后来这个结论称为能斯特定理.

能斯特定理 凝聚系的熵在任何等温过程中的改变, 随绝对温度趋于零而趋于零:

$$\lim_{T \to 0} (\Delta S)_T = 0. \tag{4.63}$$

1912 年, 能斯特又根据这一定理得到一个原理, 称为绝对零度不可达到原理. 这个原理现在也成为了热力学第三定律的标准表述.

热力学第三定律 不可能用有限的手段使一个物体冷却到绝对零度.

下面我们将从这一原理出发证明能斯特定理.

首先, 在温度很低时, 最有效的降温过程是绝热过程. 原因是, 如果我们试图冷却的物体在降温的过程中还吸收热量, 这个降温过程显然不是有效的, 因为按照平衡稳定性的要求, 物体的热容量为正, 所以吸收的热量将倾向于使物体升高温度. 当然如果物体温度降低的同时还放出热量, 显然对于降温来说最有效, 可是这样的过程只有在周围温度比我们要冷却的物体温度低时才是可能的. 由于我们假设要把物体的温度降到尽可能低 (比周围的物体都要低), 所以这样的过程不可能持续进行. 因此, 获得低温的最有效过程是绝热过程. 如果绝热过程不能使物体达到绝对零度, 那么任何过程都不可能使物体达到绝对零度. 这就是为什么绝热去磁的方法 (见第 9 节) 是获得低温的很有效的方法.

另外一个重要的实验事实 (在热力学范畴, 这一点仍然只能作为一个实验

事实给出，利用统计物理，我们将可以证明这一点) 是：凝聚系的热容量在温度趋于绝对零度时趋于零，即

$$\lim_{T \to 0} C_y(T) = 0, \tag{4.64}$$

其中 C_y 代表某些外参量 (例如压强、体积、磁化强度等) 不变时的热容量. 量子统计物理对于固体的热容量的低温行为的预言是：金属固体的热容量在温度很低时与温度成正比；非金属非铁磁固体的热容量在温度很低时与温度的三次方成正比. 这些理论预言都与实验结果很好地符合.

下面我们来证明能斯特定理. 在图 4.1 中我们显示了系统的熵作为温度的函数. 图 4.1 中的两条曲线分别对应于不同的两组外参量 y，我们把它们记作 y_1 和 y_2 (在绝热去磁降温过程中，y 就是磁场强度). 当温度趋于绝对零度时，能斯特定理预言，这两条曲线将相交于一点，即在任何等温过程中的熵的改变趋于零. 如果不是这样，那么我们可以通过如图 4.1 所示的过程：由 A 点经过等温的过程将物体的外参量从 y_2 变到 y_1 达到 B 点. 然后我们令物体经过一个可逆绝热过程将物体的外参量从 y_1 再变到 y_2 从而达到 C 点. 这个过程可以一直持续下去，使物体由 C 经等温过程达到 D 等等. 容易想象，如果对应于不同外参量的两条熵的曲线在温度趋于零时并不相交于一点，那么我们可以通过有限的步骤使这个物体冷却到绝对零度，从而与热力学第三定律矛盾. 因此，这两条熵曲线必定在温度趋于零时相交于一点，这就证明了能斯特定理.

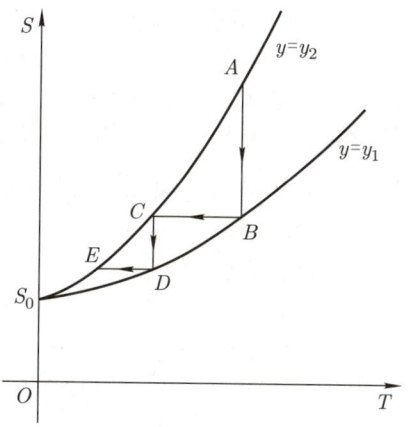

图 4.1 利用热力学第三定律证明能斯特定理. 图中显示了系统的熵随温度 T 和外参量 y 的变化规律

能斯特定理告诉我们，系统的熵在绝对零度时是一个绝对的常数，与系统的其他参量无关. 普朗克提出，可以把这个绝对的熵常数选为零，这样一来，熵的数值就完全确定了. 在统计物理中，我们可以通过计算来确定绝对熵.

相关的阅读

这一章的内容可能更容易激起化学专业同学的兴趣，因为它实际上是热化学课程中的一些主要物理内容. 当然，我们的讨论完全是侧重于物理方面的，因此，我们仅讨论了多元复相系中具有原理性的内容，而没有给出许多实际的例子. 我们对于化学反应和理想溶液的讨论也是十分简略的. 对这些方面有兴趣的读者可以参考王竹溪先生的《热力学》，即参考书 [1]. 如果想得到更详尽的讨论，可以参考热化学方面的专著，例如参考书 [17]. 此外，我们对于热力学第三定律的讨论也仅是介绍性的，并没有过多涉及当初提出这一定律的历史背景，有兴趣的读者可以阅读参考书 [3] 中的简介.

习 题

1. 理想气体的混合. 考虑一个绝热容器由一隔板分为 V_1 和 V_2 两部分，分别充入物质的量为 n_1 和 n_2 的理想气体，其温度分别为 T_1 和 T_2. 现在将隔板抽去令两部分气体混合，试求出平衡后系统的压强 p 和温度 T，并分别按照相同气体和不同气体的情形计算混合前后熵的变化，进一步验证这个熵变是大于零的.

2. 化学反应的反应度. 化学反应 $\sum_i \nu_i A_i = 0$ 进行中各个组元的物质的量可以写为

$$n_i = n_i^0 + \nu_i \Delta n \quad (i = 1, 2, \cdots, k),$$

其中 n_i^0 是第 i 个组元初始的物质的量. 任何的 Δn 必须使得所有的 n_i 保持非负. 因此，对于每个化学反应而言，它的改变量 Δn 不是随意的，而是必定介于一个极大值 Δn_a 和一个极小值 Δn_b 之间：$\Delta n_b \leqslant \Delta n \leqslant \Delta n_a$. 因此我们可以定义所谓的反应度

$$\varepsilon = \frac{\Delta n - \Delta n_b}{\Delta n_a - \Delta n_b}.$$

这样定义的 ε 在反应正向完全进行时为 1，而在其逆向完全进行时为 0. 将所有气体视为理想气体，讨论氨气 (NH_3) 分解为氢气 (H_2) 和氮气 (N_2) 的反应中的反应度 ε 与平衡恒量 $K_p(T)$、压强等之间的关系.

第二部分

统计物理

关于统计物理

"若在一杯水中滴入一滴酒,无论主宰液体内部运动的规律是什么,我们都将很快看到液体变成均匀的粉色,并且从那时起,无论我们如何搅动容器,都会发现酒和水再不能分开. 麦克斯韦和玻尔兹曼曾对此给出过解释,但对这一现象的最清楚的阐述,源于吉布斯的那本因为难懂而太少人阅读的《统计力学原理》."

——庞加莱 (Poincaré)

第五章 统计系综

本章提要

- 统计系综的概念 (24)
- 量子统计与经典统计 (25)
- 微正则系综 (26)
- 正则系综与巨正则系综 (27)
- 热力学公式 (28)
- 涨落的准热力学理论 (29)
- 近独立子系的统计分布 (30) 与涨落 (32)

统计物理研究的对象也是由大量微观粒子构成的宏观系统的性质,从研究的对象来说与热力学是一致的,只不过它的出发点完全不同. 统计物理基于一个最基本的事实:宏观客体都是由大量微观粒子组成的. 尽管这个事实在现代看来已经是常识性的知识了,但是历史上它的完全确立并不是一帆风顺的. 1859 年,麦克斯韦基于高斯由概率论导出的误差律建立了气体分子的速度分布律. 1869 年,玻尔兹曼推广了麦克斯韦速度分布律,确认了麦克斯韦提出的气体分子运动自由度的概念,从现在的眼光看,这就基本上确立了经典的麦克斯韦–玻尔兹曼统计.

原子论远在古希腊的哲学中已经被提出,在 19 世纪被道尔顿等人在化学中复活为近代原子论. 但事实上直到 20 世纪初,特别是在佩林对爱因斯坦布朗运动的论文的实验验证之后,原子论的思想才真正被普罗大众所广泛接受,包括那些极端反对原子论的唯能论者 [典型代表是奥斯特瓦尔德 (Ostwald)]. 基于宏观系统是由大量微观粒子构成的事实，如果我们对其组成的每个粒子的微观运动状态都可以"准确地"描述 (无论是用经典的牛顿力学或是量子力学)，那么整个宏观系统的各种热力学性质原则上都可由微观粒子的运动状态的某种统计平均给出. 这是贯穿于统计物理的一条主线. 统计物理大致可以分为平衡态统计物理和非平衡态统计物理. 本书将主要讨论以系综理论 (ensemble theory) 为代表的平衡态统计物理 (第五、六、七和八章)，在最后一章 (第九章) 也会简要介绍以玻尔兹曼方程和输运现象为代表的非平衡态统计物理.

在统计物理发展的初期，人们往往集中于较为简单的系统，特别是气体系统. 这时期发展的理论我们现在一般称为气体分子动理论 (kinetic theory of gases). 后来麦克斯韦、玻尔兹曼和吉布斯等人将其拓展，提出了平衡态统计物理的基本理论，这就是统计系综理论. 系综理论的建立标志着气体分子动理论向统计物理的过渡. 系综理论是平衡态统计物理的普遍理论，不仅适用于无相互作用的系统 [这类系统在统计物理中称为近独立子系 (almost independent sub-systems)]，而且可以用来研究普遍的、有相互作用的系统. 在系综理论建立的初期，人们总是试图从纯力学的原理出发导出统计物理的系综理论. 后来人们逐渐认识到，这种纯力学的出发点实际上是一种误导，统计物理的系综理论应当以统计物理所特有的基本原理 (而不是纯力学原理) 为基础.

系综理论还完全可以与随后发展起来的量子力学兼容. 虽然本书的讲述将主要集中于经典 (或半经典) 统计系综理论，但在这个理论框架中讨论无相互作用的所谓量子理想气体是没有任何问题的. 我们会看到，这样的框架只是无法处理量子效应主导的、有相互作用的系统. 这类系统的正确处理方法依赖于以密度矩阵 (又称为密度算符) 的引入为基础的量子统计[5, 11]. 统计物理不仅与量子力学完全兼容，而且某种程度上统计物理与经典电动力学的结合引发了量子力学的诞生，毕竟我们知道黑体辐射的研究和量子观念的提出正是始发于当时统计物理的进步. 本书对于统计物理的讨论将从最基本的系综理论出发，首先建立常用的三种系综，即微正则系综、正则系综和巨正则系综的统计理论. 本章中建立起来的统计系综的理论框架将在随后的几章中加以应用.

24 经典系综理论的基本概念

我们首先回顾一个经典的多自由度力学系统的描述方法. 在经典分析力学的理论框架下, 一个由 N 个全同粒子组成的、有相互作用的力学系统的自由度 $f = Nr$, 其中 r 是每个粒子的自由度. 该经典系统在任意时刻的运动状态可以由该时刻的 f 个广义坐标 $q_1, \cdots, q_f$ 以及与之共轭的广义动量 $p_1, \cdots, p_f$ 来描述.

以 $q_1, \cdots, q_f; p_1, \cdots, p_f$ 这 $2f$ 个变量为 "坐标" 可以构成一个 $2f$ 维的参数空间, 我们称之为系统的相空间[①]、Γ 空间或者相流形 (phase manifold). 系统任意时刻的运动状态可以用相空间 (相流形) 中的一个点来描述, 称为系统运动状态的代表点. 当系统运动状态随时间变化时, 其代表点就在 $2f$ 维的相空间中随时间的变化而划出一条轨道, 这条轨道称为系统的相轨道.

在经典分析力学中, 系统的运动遵从经典的哈密顿正则方程[②]:

$$\dot{q}_i = \frac{\partial H}{\partial p_i}, \quad \dot{p}_i = -\frac{\partial H}{\partial q_i}, \qquad i = 1, 2, \cdots, f, \tag{5.1}$$

其中 $H(q,p)$ 为系统的哈密顿量[③]. 在给定初始条件下, 正则方程完全确定了系统的相轨道. 在运动过程中, 系统不显含时间的哈密顿量 $H(q,p)$ 是一个守恒量:

$$H(q,p) = E, \tag{5.2}$$

其中 E 为系统的总能量[④]. (5.2) 式在系统的 $2f$ 维相空间中确定了一个 $2f-1$ 维的超曲面, 称为该系统相空间中的能量曲面. 如果系统能量严格守恒, 则系统的相轨道将始终处于能量曲面上. 还有一个非常重要的性质, 那就是相轨道不可能出现相交的情况. 这主要来源于正则方程作为常微分方程的解的唯一性定理. 但真实系统的能量并不是严格守恒的, 而是被限制在 E 到 $E + \Delta E$ 之间, 那么系统的相轨道也将处在

[①] 有的书中称之为相宇.

[②] 如果读者没有接触过哈密顿力学, 可以将这套运动方程想象成力学系统的经典牛顿运动方程.

[③] 为了使符号尽量简化, 我们将用一个 q 和一个 p 来分别代替一系列的 $q_1, \cdots, q_f$ 和一系列的 $p_1, \cdots, p_f$, 这样, 系统的哈密顿量 $H(q_1, \cdots, q_f; p_1, \cdots, p_f)$ 就简记为 $H(q,p)$. 平衡态统计中 H 一般不显含时间.

[④] 从数学上讲, 这个方程实际上给出了哈密顿方程 (5.1) 的一个初积分.

$$E \leqslant H(q,p) \leqslant E + \Delta E \tag{5.3}$$

所确定的能壳之内. 一般说来, 系统还可能有其他的守恒量, 例如平动动量、角动量等. 但是如果我们取特殊的参照系, 比如取没有整体平移和转动的系统, 同时忽略出现偶然简并的可能性, 那么唯一的守恒量就是系统的总能量. 正因为如此, 系统的能量在统计物理中起着特别重要的作用.

假设考虑大量粒子组成的一个宏观力学系统, 当我们测量一个达到平衡的宏观系统的某个宏观物理量时, 这个测量一般会持续一段时间, 比如说 $t_0 < t < t_0 + \tau$, 其中 τ 是一个宏观短而微观长的时间间隔[5]. 所谓宏观短, 是指在这个测量所持续的时间间隔内, 处于平衡态的系统待测宏观物理量还没有发生任何可观测的变化; 而所谓微观长, 是指从微观角度看, 在该时间间隔内, 系统的微观运动状态 (具体来说就是它的代表点) 实际上已经在相空间中沿着相轨道发生了很明显的变化. 如果我们要测量的宏观物理量的微观对应为 $B(q,p)$, 麦克斯韦和玻尔兹曼认为: 我们对于该宏观物理量的测量值实际上是其相应微观量在这一段时间中的平均值:

$$\bar{B}(t_0) = \frac{1}{\tau} \int_{t_0}^{t_0+\tau} dt\, B(q(t), p(t)). \tag{5.4}$$

由于测量的时间间隔 τ 对于微观粒子的运动来讲已经足够长了, 为了数学上的方便, 在实际的计算中往往取 $\tau \to \infty$. (5.4) 式虽然物理意义十分明确, 但在实际应用中却很难给出任何有意义的结论, 原因就在于我们往往无法得到一个宏观系统的相轨道的明确表达式. 因此 (5.4) 式基本上只能停留在定义的层面上, 不大可能进行真正明确的计算.

至此, 我们仅涉及了系统的纯力学性质. 我们发现, 由于宏观系统的复杂性, 很难从纯力学上继续对它的宏观物理量进行任何具体的计算[6]. 为了能

---

[5]这些概念是麦克斯韦和玻尔兹曼等人首先提出的. 玻尔兹曼是统计物理的创始人之一, 他的观点一直是从纯力学的概念出发来推导统计物理的结论. 他还首先提出了遍历假设 (ergodic hypothesis) 和微正则系综.

[6]由于近年来计算机的发展, 人们可以对于一个自由度相当大的系统 (尽管仍然不是无限大) 进行直接具体的计算, 这种方法称为分子动力学 (molecular dynamics) 方法. 在这类方法中, 人们可以真正地运用数值方法去解系统的运动方程, 然后通过进行时间平均来计算系统的各种物理量. 这也许是最接近麦克斯韦和玻尔兹曼当年原始想法的处理手段. 关于这一点可以参考第 40.2 小节中的讨论.

够进一步得到系统的宏观统计性质,玻尔兹曼意识到必须引入统计物理的假设.这个假设有多种引入方法,其中最为著名的是所谓的遍历假设.用不太严格的数学语言来说,这个假设是说在足够长的时间内,系统的代表点将会在系统的能量曲面上的各个区域停留相同的时间.很显然,如果遍历假设成立,那么我们可以定义一个系统的代表点在系统能量曲面上各点出现的概率密度 $\rho(q,p,t)$,它的物理意义是:$\rho(q,p,t)\mathrm{d}q\mathrm{d}p$ 代表在时刻 t,相空间中的点 (q,p) 附近的相体积元 $\mathrm{d}q\mathrm{d}p$ 内系统代表点出现的概率.那么我们可以将宏观物理量写为相空间中的加权平均:

$$\bar{B}(t_0) = \int \mathrm{d}q\mathrm{d}p\, \rho(q,p,t_0)\, B(q,p). \tag{5.5}$$

像 (5.5) 式这样的平均值称为系综平均值.需要注意的是,随着遍历假设的引入,我们实际上已经转换了考察系统的视角.具体地说,我们已经从一个纯力学的视角变为一个具有某种"统计"意义的视角.因为,当我们在说系统的代表点在相空间出现的概率时,我们实际上已经不是在考虑一个宏观力学系统了,而是在考虑大量具有同样宏观性质的系统的集合.这种具有相同宏观性质的系统的集合就称为系综,它也可以看成一个系统在不同时刻的代表点的集合.用概率统计的语言来说,从这样大量的系统样本中取样,就可以确定系统代表点出现的概率.不难想象,如果遍历假设成立,那么一个宏观系统物理量的时间平均值与其系综平均值是等价的[7].

在统计物理发展初期,许多物理学家和数学家都致力于遍历理论的研究,试图证明遍历假设[8],从而将统计物理放在纯力学的基础之上.但是研究的结果却与人们的初衷并不一致.人们通过分析力学和数学发现了一些可以严格证明遍历的系统,同时也发现了一些不遍历的系统.最为糟糕的是,能够完成严

---

[7] 这一点数学上可以严格证明,当然是在严格定义了遍历概念之后.
[8] 我们这里仅提出了著名的遍历假设.实际上,遍历假设只是统计物理假设中出现比较早、讨论比较广泛的一个,还存在一些其他的相关假设,例如所谓的混合假设.这个假设是说:在能量曲面上的一个紧致的点集,经过运动方程的演化,会弥散于整个能量曲面的各个部分,但按照分析力学中的刘维尔 (Liouville) 定理,其总体积并不变化.形象地说,就像是在面团上撒一点糖,然后运动方程就像揉面过程一样,经过一段时间,起初撒的糖便弥散到整个面团了.从现代力学的观点看,这说明系统的运动是混沌的.混合在数学上又分为强、弱两种.可以证明强混合导致弱混合,而弱混合导致遍历,但反过来不一定正确.

格证明的往往是一些极为简化的系统，这与统计物理所要研究的复杂宏观系统形成了鲜明对照. 另一方面，如果我们撇开统计物理的纯力学基础问题，直接利用统计物理理论可以得到十分丰富的物理结果，这些结果可以被大量物理实验证实. 逐渐地，另一种观念开始占了上风，这就是以吉布斯为代表的，我们可以称之为"纯统计"的观点. 这种观点认为，既然从纯力学的角度出发来建立统计物理是困难的，甚至在不引入假设时几乎是不可能的，我们不如承认，统计物理有它自身的特殊规律，是独立于纯力学规律的统计规律. 具体地说，吉布斯建议从一开始就假设系统的宏观物理量是相应的微观物理量的系综平均值. 也就是说，吉布斯假设，统计物理的出发点就是公式 (5.5)，而统计物理的主要任务就是确定系综的概率分布 $\rho(q,p,t)$ 的具体形式. 至于系综平均值是否与时间平均值相同，则是另一个值得探讨的问题，但应当由力学和数学，而不是统计物理来回答. 这是一种完全不同于玻尔兹曼的观念，它完全摆脱了统计物理中机械的因素，或者说隐去了对纯力学的不必要的依赖. 统计物理结论的正确性将由大量实验来直接验证，而不必通过纯力学的推导来间接验证.

当然，上面的讨论并不意味着研究遍历理论是没有物理意义的. 恰恰相反，这个领域近年来在数学中仍然相当活跃. 它将有助于澄清统计物理的许多基础问题，这当然是有意义的，但这只是统计物理基础的一个方面[9]. 另一方面，实际上近些年对于遍历理论的研究更多地是为了加深对于纯力学，特别是非线性力学和混沌性的认识，而不再单单是为统计物理的基础进行铺垫了. 原因也十分简单：统计物理已经被无数实验所证实，人们对它的正确性已经毫不怀疑了. 因此，研究从力学规律如何过渡到统计规律的过程本身变得更为重要和吸引人，而不是其最终的结果. 作为统计物理的教程，我们的侧重点将放在统计物理本身的理论和应用上，不会过多地讨论统计物理的力学基础问题，有兴趣的读者可以去参考相应的书籍和文章.

25　量子统计与经典统计

前面对统计物理的讨论均基于纯经典力学，本节中我们将简单介绍量子力

---

[9]这方面的阶段性成果可以从伯克霍夫 (Birkhoff) 和冯·诺伊曼 (von Neumann) 的定理中得到概括，有兴趣的读者可以阅读参考书 [18] 的第一章.

学对于统计物理的影响[11]. 量子力学对于统计物理的影响是十分重要且深远的. 从量子力学出发系统地处理统计物理问题的理论需要从量子力学的密度矩阵 (又称为密度算符) 表述出发, 这超出了本教程的范围, 将会在其他课程 (例如量子统计物理) 中讨论. 本书将仅涉及量子化的基本概念, 不会涉及具体的量子动力学.

25.1 量子力学对系统的描述及对统计物理的影响

从原则上讲, 量子力学对于统计物理的影响主要体现在两个方面: 一是物理量的量子化 (量子性); 二是量子的全同性原理的作用 (全同性). 下面我们分别从量子性和全同性这两个方面更加具体地来考察量子力学对于系统统计性质的影响.

首先, 在量子力学中系统的物理量, 如能量、动量、角动量、磁矩 (自旋) 等, 原则上讲都只能取一系列分立的数值, 因此, 物理量都由其相应的量子数来描写. 虽然每一个物理量都有相应的量子数, 当一个力学量取定一个量子数时, 也就具有确定的数值, 但并不是所有的物理量都可以同时具有确定的数值, 或者说, 并不是所有物理量都可以同时测量. 量子力学中十分著名的海森堡不确定关系告诉我们: 量子系统的任意一个广义坐标 q_i 与它的共轭动量 p_i 都是不可能同时被确定的. 如果广义坐标的不确定度为 Δq_i, 相应的广义动量的不确定度为 Δp_i, 那么一定有

$$\Delta q_i \Delta p_i \approx h, \tag{5.6}$$

其中 h 是普朗克常数. 也就是说, 在量子力学的描述中, 一个力学系统的状态不可能完全指定它的所有物理量的量子数, 而只能同时确定其中的一部分物理量的量子数. 最大可能的可以同时确定的、独立的物理量所对应的量子数在量子力学中称为该系统的一套好量子数 (即与守恒量对应的量子数, 往往包含了与哈密顿量对应的能量量子数). 这套独立的量子数的数目与系统的自由度相同. 这就是量子力学对于一个力学系统的描述方法.

---

[11]我们不要求读者已经熟悉量子力学. 我们将利用的量子力学知识是比较初步的, 即能量、动量等物理量的量子化, 波粒二象性 [以及相应的海森堡 (Heisenberg) 不确定关系] 和全同性原理等. 当然, 对于量子力学更深入的了解将会使得本课程中的某些讨论更易理解.

不确定关系 (5.6) 实际上意味着：一个由量子力学描写的系统在任意一对共轭变量的子相空间 (也就是 q_i 和 p_i 所张成的二维空间) 中的投影实际上不能用一个几何的点，只能用一个"面积"大约是 h 的小"马赛克"(面积元) 来描述. 因此，对于一个具有 $f = Nr$ 个自由度的量子力学系统，它的一个量子状态在其相空间中对应于一个 (超) 体积为 h^{Nr} 的小 (超) 立方体. 也就是说，按照量子力学的观点[1]，每一个量子化的轨道 (或者说量子态) 对应于其经典相空间 ($2f = 2Nr$ 维) 中大小为 $\Delta q \Delta p \approx h^{Nr}$ 的一个体积元. 相应地，力学系统的整个相空间被分割为各个体积为 h^{Nr} 的相体积元的集合. 按照量子力学的观点，只能说系统的代表点存在于相空间的某个点附近的、体积为 h^{Nr} 的超体积元中，而不可能更精确地确定此代表点在小体积元中更具体的位置. 或者说，任何试图更精确地确定系统代表点在相空间中位置的做法都是量子力学的基本原理所不允许的. 这就是物理量的量子性 (分立性) 对于系统统计性质最主要的影响.

与量子不确定关系相应，第 24 节讨论的经典系统物理量的系综平均值 (5.5) 在量子力学情形下必须用相空间中分立的求和 (而不是积分) 来替代：

$$\bar{B}(t_0) = \sum_{p,q} \Delta q \Delta p \, \rho(q, p, t_0) \, B(q, p). \tag{5.7}$$

量子力学对于系统统计性质的影响除了上述物理量的量子化以外，还体现在量子力学的全同性原理上. 这个原理指出：微观全同粒子是不可分辨的，一个由全同粒子组成的力学系统中，如果将两个粒子所处的量子状态对换，系统的微观运动状态 (或者说量子态) 并不发生改变. 全同性原理还决定了构成系统的粒子的统计性质可以分为两大类：玻色子和费米子. 用量子力学的语言来说，一个全同玻色子系统的波函数，对于交换任意两个粒子是对称的；一个全同费米子系统的波函数，对于交换任意两个粒子是反对称的. 不失任意性地交换第 1, 2 个粒子，量子态变为

$$\Psi(\xi_1, \xi_2, \cdots, \xi_N) = \pm \Psi(\xi_2, \xi_1, \cdots, \xi_N), \tag{5.8}$$

其中 $\Psi(\xi_1, \xi_2, \cdots, \xi_N)$ 表示 N 个全同粒子系统的量子力学波函数，ξ_i 标记了每个粒子的全部自由度信息 (包括自旋)，± 分别对应于玻色子/费米子系

---

[1]确切地说，这是量子力学中准经典近似 [又称为温策尔-克拉默斯-布里渊 (Wentzel-Kramers-Brillouin, WKB) 近似] 下的结论.

统. 一种微观粒子究竟属于费米子还是玻色子取决于这种粒子的内禀角动量——自旋.

量子力学中的角动量与经典力学的角动量的最大区别在于, 任何一个量子力学的角动量 $\boldsymbol{J}$ 的三个分量 (J_x, J_y, J_z) 中的任意两个都不可能同时被确定, 正像一个坐标与相应的动量不能同时确定一样. 但是, 我们可以同时确定角动量的平方 $\boldsymbol{J}^2$ 和角动量的任意一个分量 (通常取为 J_z). 量子力学的分析指出, 它们的取值都是分立的:

$$\boldsymbol{J}^2 = j(j+1)\hbar^2, \quad J_z = m\hbar, \tag{5.9}$$

这里 $j = 0, \frac{1}{2}, 1, \frac{3}{2}, 2, \cdots$ 称为这个角动量的量子数, $m = -j, -j+1, \cdots, j$ 称为角动量分量的磁量子数. 因此, 对于一个给定的角动量量子数 j, 相应的磁量子数可以取从 $-j$ 到 $+j$, 相间为 1 的一共 $2j+1$ 个不同的值. 注意, 量子力学的基本对易关系决定了任何角动量的量子数 j 只能取整数或半整数.

任何微观粒子, 即使它没有任何相对于某个取定点的运动, 也可以具有内禀的 (在量子力学意义上确定的) 角动量, 这称为该微观粒子的自旋角动量, 或简称为自旋. 作为角动量, 任何微观粒子的自旋角动量 $\boldsymbol{S}$ 一定也满足

$$\boldsymbol{S}^2 = s(s+1)\hbar^2, \quad S_z = m_s\hbar, \tag{5.10}$$

这里 s 称为自旋角动量的量子数, 通常又简称为该粒子的自旋[12], 也只能是整数或半整数. 给定了一定种类的微观粒子, 它的自旋量子数 s 就完全确定了. 粒子自旋的磁量子数 $m_s = -s, -s+1, \cdots, s$ 仍然可以取 $2s+1$ 个不同的值.

在量子力学中, 一个微观粒子的角动量是与它的磁矩密切联系在一起的[13]. 一般来说, 如果一个微观粒子同时具有轨道角动量 $\boldsymbol{L}$ 和自旋角动量 $\boldsymbol{S}$, 那么它的磁矩可以写成

$$\boldsymbol{\mu} = \mu_\mathrm{B}(g_s \boldsymbol{S} + g_l \boldsymbol{L}), \tag{5.11}$$

其中 $\mu_\mathrm{B} = |e|\hbar/(2mc)$ 是所谓的玻尔磁子 (Bohr magneton)[14], g_s 和 g_l 分别

---

[12] 例如, 对于 $s = 1/2$ 的粒子, 我们通常称其具有 1/2 的自旋. 大家熟悉的电子就具有 1/2 的自旋.

[13] 这一点实际上在经典电动力学中也是如此.

[14] 这里假定粒子的质量 m 取电子质量. 对于核子, 相应的核玻尔磁子约为电子玻尔磁子的 1/2000.

称为该粒子自旋角动量和轨道角动量的回转因子 (gyro-factor)[15]. 如果我们在空间加一个均匀磁场 $\boldsymbol{B}$，一个磁矩与磁场的相互作用能量可以写为

$$H_{\text{Zeeman}} = -\boldsymbol{\mu} \cdot \boldsymbol{B} = -\mu_{\text{B}}(g_s \boldsymbol{S} + g_l \boldsymbol{L}) \cdot \boldsymbol{B}. \tag{5.12}$$

这个能量称为塞曼能量 (Zeeman energy).

我们之所以要关注微观粒子的自旋，是因为一个微观粒子的自旋量子数 s 与该微观粒子的统计性质有着一一对应的关系，这个关系称为自旋-统计定理. 具体来说，这个定理告诉我们[16]：自然界中的微观粒子可以按照其自旋或统计性质分为两类，一类称为费米子，另一类称为玻色子. 费米子的自旋量子数 s 一定是半整数，它们遵从所谓的泡利不相容原理，即在同一个微观量子态上只允许有至多一个相同的费米子占据. 我们称这种统计法为费米-狄拉克 (Fermi-Dirac) 统计. 全同费米子系统的波函数对于两个粒子的交换是反对称的. 玻色子的自旋量子数 s 一定是整数，它们不受泡利不相容原理的限制，在同一个微观量子态上允许占据任意多个玻色子. 人们称这种统计法为玻色-爱因斯坦 (Bose-Einstein) 统计. 全同玻色子系统的波函数对于两个粒子的交换是对称的. 有关微观粒子的分类和基本性质，参见表 5.1.

表 5.1 微观粒子统计性质的分类

分类	粒子的自旋量子数	泡利不相容原理	两粒子交换时波函数性质
玻色子	整数	不遵从	对称
费米子	半整数	遵从	反对称

自然界已发现的基本粒子中，电子、μ 子、τ 子、中微子、夸克都是费米子，而光子、胶子、$W^{\pm}$ 中间玻色子、Z^0 中间玻色子、希格斯 (Higgs) 粒子都是玻色子. 其他的微观粒子都是上述粒子的复合粒子. 由偶数个费米子复合而成的粒子具有整数自旋量子数[17]，是玻色子，如 π 介子、K 介子、^{4}He 原

---

[15] 回转因子简称 g 因子. 对电子这样电荷为负的基本粒子，$g_s = -2$, $g_l = -1$.

[16] 自旋-统计定理的理论证明需要用到相对论性量子场论的知识. 目前发现的基本粒子按照自旋 s 可分为三类：$s = 0, 1/2$ 和 1. 自旋 1/2 的粒子由旋量场描述，其基本产生、湮灭算符满足反对易关系 [自动保证了泡利 (Pauli) 不相容原理]，属于费米子；自旋是 0 或 1 的粒子分别由标量场和矢量场描述，其基本产生、湮灭算符满足对易关系，属于玻色子.

[17] 如前面所说，有时我们又将"自旋量子数"简称为"自旋"，所以也可以说玻色子具有整数自旋，费米子具有半整数自旋.

子等. 由奇数个费米子复合而成的粒子具有半整数自旋量子数, 是费米子, 如质子、中子、^{3}He 原子等. 而由任意多个玻色子组成的复合粒子仍具有整数自旋, 从而仍是玻色子.

在统计物理研究的全同粒子构成的系统中, 将会遇到两类情况. 在一类系统中, 任意两个全同粒子所对应的"粒子云"(量子力学的波函数的一种形象化的描述) 可以发生重叠 (例如气体), 这时我们必须考虑全同性原理的影响. 这类系统我们称之为非定域系. 在另一类系统中, 粒子所对应的"粒子云"不会重叠. 这时我们实际上可以用它们的位置来区分不同的粒子 (例如固体中原子在其平衡位置附近的小振动), 这时我们可以不考虑全同性原理的影响. 这类系统我们称之为定域系. 这种区别将会影响我们对于一个宏观系统的微观态的计数, 从而进一步影响系统的熵常数的确定. 这种区别对于通常的热力学过程其实并没有大的影响, 但是对于某些特殊的过程, 如果不加以正确的考虑会引起一些不必要的佯谬 (例如吉布斯佯谬).

从统计物理发展的历史来看, 人们首先研究的是服从经典力学的定域系的统计, 这就是著名的麦克斯韦–玻尔兹曼统计. 麦克斯韦和玻尔兹曼最初的统计法忽略了构成系统的微观粒子的一切量子效应: 既忽略了量子动力学效应, 即用经典力学描述粒子的运动 (从而所有物理量都是连续的, 而不是分立的), 又忽略了量子全同性的统计效应 (如费米子、玻色子的区别). 麦克斯韦–玻尔兹曼统计又称为经典统计. 与之相对应的是所谓量子统计. 量子统计包括费米–狄拉克统计和玻色–爱因斯坦统计.

这里我们特别提请读者注意所谓经典统计这个词语的用法. 如前所述, 在麦克斯韦与玻尔兹曼的年代, 他们的统计法是真正意义上的经典统计, 忽略了一切量子效应 (物理量的分立性和微观粒子的全同性). 我们或许应当称之为纯经典统计. 事实上, 在目前许多的统计物理书籍中, 麦克斯韦–玻尔兹曼统计除了包括上述纯经典统计以外, 还包括了不忽略物理量的分立性但是忽略微观粒子全同性的统计方法. 这种统计方法我们或许可以称之为量子的麦克斯韦–玻尔兹曼统计. 按照这种理解, 所谓经典统计或 (量子的) 麦克斯韦–玻尔兹曼统计与量子统计的区别就在于是否考虑微观粒子的全同性.

25.2 量子统计向经典统计的过渡

由于量子力学对于统计物理的影响主要体现在物理量的量子性和微观粒子的全同性两个方面，因此量子统计要过渡到经典统计也需要涉及这两个方面的条件。这些条件被统称为经典极限条件，下面我们分别讨论之．

(1) 如果系统典型的量子力学能级间隔 ΔE 比起与温度 T 相应的热激发能 k_BT 小得多，即 $\Delta E \ll k_BT$ 时，系统能量的分立性变得不重要．如果同时其他相关物理量的分立性也可以忽略，则系统的所有相关物理量可以看成准连续的．这时像 (5.7) 式所给出的量子力学的系综平均 (分立的求和) 可以相当精确地用经典力学的系综平均 (5.5)(积分) 来替代．这个条件又称为准连续条件．

(2) 如果组成系统的微观粒子的统计性质 (即是玻色子还是费米子) 对于系统而言并不重要，这时无论玻色统计还是费米统计都过渡到麦克斯韦-玻尔兹曼统计，这个条件又称为非简并条件．由于费米子与玻色子的典型区别在于是否允许多个全同的粒子占据同一个量子态，因此这个过渡往往发生在粒子可占据的量子态数远远多于典型的粒子数的情形下．这时候两个粒子占据同一个量子态的可能性很小．

对于准连续条件，由于在相邻的相体积元中系统的物理量 (特别是能量) 的改变很小，可以看成准连续的，因此，前面提到的由量子性带来的相空间中的求和可以很好地用相空间中的积分来近似，其中 $2f$ 维相空间中的体积元 $\mathrm{d}\Omega$ 与相应的量子态数 (或者称为简并度) 有下列简单的对应关系：

$$\mathrm{d}\Omega \equiv \prod_{i=1}^{Nr}(\mathrm{d}q_i\mathrm{d}p_i) \quad \longleftrightarrow \quad \frac{\mathrm{d}\Omega}{h^{Nr}} \text{个量子态}. \tag{5.13}$$

这是我们在后面处理准连续经典极限时经常要用到的关系．它实际上给出了量子态在相空间中的密度，因此称为态密度 (density of states, DOS)．在以后的统计物理应用中，我们会更具体地分析准连续极限的适用条件．

我们强调：只有准连续条件和非简并条件这两个条件同时得到满足时，系统的统计性质才真正能够用纯经典统计来处理，这时我们就得到纯经典的统计物理的结果．还有相当多的系统只满足上述两个条件中的一个，这时系统的统计性质应当说是受到量子效应影响的，不能用纯经典的麦克斯韦-玻尔兹曼统计来处理. 具体来说, 如果系统满足准连续条件而不满足非简并条件, 那么必须用玻色统计或费米统计来处理, 但其物理量仍然可以看成准连续的, 也就是说, 在计算物理量的系综平均值时可以用积分来代替分立的求和[18]. 同样, 如果系统满足非简并条件而不满足准连续条件, 那么系统可用量子的麦克斯韦-玻尔兹曼统计来处理, 其中的物理量必须看成量子化的[19]. 当然, 也有的系统上述两个条件都不满足, 这时必须完全用量子统计的方法来处理, 既需要考虑微观粒子的全同性, 又需要考虑物理量的分立性.

26 微正则系综

考虑一个经典的孤立系所对应的系综. 当系统达到平衡时一切宏观物理量都将不依赖于时间, 所以概率分布密度一定也是与时间无关的. 孤立系的能量是守恒的, 所以系统的代表点一定在其能量曲面上. 即便如此, 系统所能够取的微观态还是大量的. 要确定孤立系的概率密度, 实际上需要一个统计物理中的基本原理, 这个原理称为等概率原理. 这个原理认为: 对于处于平衡态的孤立系, 系统各个可能的微观态出现的概率相等[20]. 因此, 对于能量严格守恒的孤立系而言, 有

$$\rho(q,p,t) = C\,\delta(H(q,p) - E), \tag{5.14}$$

其中 C 是一个归一化常数. 也就是说, 概率密度在能量曲面以外都是零, 而在能量曲面上是一个常数. 有时为了方便计算, 我们假设系统的能量并不是严格等于一个恒定的常数, 而是可以处在一个小的能量区间内, 这时概率分布密度为

$$\rho(q,p) = C, \qquad E \leqslant H(q,p) \leqslant E + \Delta E, \tag{5.15}$$

而在其他能量区域 $\rho = 0$. (5.15) 式中分布所描写的系综称为微正则系综 (microcanonical ensemble). 如果可以运用准经典近似, 那么在能壳 $[E, E + \Delta E]$ 之内的系统的微观态数为

$$\Omega(E) = \frac{1}{N!h^{Nr}} \int_{E \leqslant H(q,p) \leqslant E+\Delta E} \mathrm{d}q\mathrm{d}p, \tag{5.16}$$

---

[18]具体的例子就是第三章中所讨论的量子理想气体 (光子气、自由电子气、声子气等).

[19]最典型的例子是第 37.2 小节中关于双原子分子理想气体热容量的讨论.

[20]本书采用了更标准的称呼 "概率" (probability) 以替代以往的 "几率" 一词.

其中我们已经考虑了粒子的全同性，如果是定域系，那么上式中的因子 $N!$ 应当去掉．为了对于一个宏观系统的微观态数有个数量级的概念，我们来计算一下由 N 个 (全同的) 单原子分子组成的理想气体的微观态数[21]．该系统的哈密顿量可以写成

$$H = \sum_{i=1}^{N} \frac{\boldsymbol{p}_i^2}{2m}, \tag{5.17}$$

因此，系统的微观态数 $\Omega(N,E,V)$ 作为粒子数 N、系统能量 E 和体积 V 的函数[22] 可以由下列积分算出：

$$\Omega(N,E,V) = \frac{V^N}{N! h^{Nr}} \int_{E \leq H \leq E+\Delta E} \mathrm{d}^3\boldsymbol{p}_1 \cdots \mathrm{d}^3\boldsymbol{p}_N. \tag{5.18}$$

这个积分正是 $3N$ 维空间中半径从 $\sqrt{2mE}$ 到 $\sqrt{2m(E+\Delta E)}$ 的两个球面之间的球壳的体积．高维空间的球体的体积 $\mathcal{V}_n$ 和立体角可以运用高斯积分的技巧获得 (见下面的例 5.1)．于是针对 (5.23) 式中的 $\mathcal{V}_n$ 令 $n=3N$ 并对半径 R 求微分可得

$$\Omega(N,E,V) = \frac{3N}{2E} \left(\frac{V}{h^3}\right)^N \frac{(2\pi mE)^{3N/2}}{N! \left(\frac{3N}{2}\right)!} \Delta E. \tag{5.19}$$

由此可见，微观态数随系统的能量的增加非常快速地增长 (记住 N 的量级是 10^{23} 左右)．

例 5.1 计算 n 维空间半径为 R 的球体体积 $\mathcal{V}_n$．

解 显然，这个球体体积可以写为 (其中对于 $x \in \mathbb{R}^n$ 而言，$x^2 = \sum_{i=1}^{n} x_i^2$ 表示其欧氏模方)

$$\mathcal{V}_n = \int_{x^2 \leq R^2} \mathrm{d}^n x = \int_0^R r^{n-1} \mathrm{d}r \mathrm{d}\Omega_n = \frac{R^n \Omega_n}{n},$$

其中 Ω_n 是 n 维空间的立体角．要获得 Ω_n 对 n 的具体依赖关系，我们利用高斯积分的两种计算方法．定义

$$I_n = \int \mathrm{d}^n x \, \mathrm{e}^{-x^2}, \tag{5.20}$$

---

[21]这是极少的能严格计算的例子了．
[22]其实系统的微观态数还依赖于我们所选取的能壳的宽度 ΔE(正比于 ΔE)．但是，正如我们下面要看到的，我们感兴趣的是系统微观态数的对数，而 $\ln \Delta E$ 的贡献与其他部分比较是可以忽略的 [见下面的熵的公式 (5.25) 后的讨论]．所以，我们在 Ω 中没有明显地写出对于 ΔE 的依赖．

显然它就是 n 个一维标准高斯积分 $\int \mathrm{d}x\, \mathrm{e}^{-x^2} = \sqrt{\pi}$ 的乘积,因此我们有 $I_n = (\sqrt{\pi})^n = \pi^{n/2}$. 另一方面,运用球坐标,它又可以写成

$$I_n = \int_0^\infty r^{n-1} \mathrm{e}^{-r^2} \mathrm{d}r \mathrm{d}\Omega_n = \Omega_n \int_0^\infty r^{n-1} \mathrm{e}^{-r^2} \mathrm{d}r = \pi^{n/2}. \tag{5.21}$$

(5.21) 式最后的等号左边的积分可以表达为标准的 Γ 函数,

$$\int_0^\infty r^{n-1} \mathrm{e}^{-r^2} \mathrm{d}r = \frac{1}{2} \Gamma(n/2). \tag{5.22}$$

于是综合以上各式我们可得 n 维空间的立体角和半径为 R 的球体积:

$$\Omega_n = \frac{2\pi^{n/2}}{\Gamma(n/2)}, \qquad \mathcal{V}_n = \frac{R^n \pi^{n/2}}{\Gamma(n/2+1)}. \tag{5.23}$$

现在我们定义该系统的熵 $S(N,E,V)$ 为

$$S = k_\mathrm{B} \ln \Omega(N,E,V). \tag{5.24}$$

这个定义其实就是著名的玻尔兹曼关系. 将单原子分子理想气体的微观态数 (5.19) 代入,并且利用大宗量的斯特林 (Stirling) 公式,我们就得到了经典单原子分子理想气体的熵

$$S = Nk_\mathrm{B} \ln \left[\left(\frac{4\pi mE}{3Nh^2} \right)^{3/2} \frac{V}{N} \right] + \frac{5}{2} Nk_\mathrm{B}, \tag{5.25}$$

其中我们已经忽略了诸如 $\ln(\Delta E/E)$ 和 $\ln(3N/2)$ 的项,仅保留了 $O(N)$ 的项. 由于粒子数 N 是非常巨大的 (大约是 10^{23} 的量级),所以对于一般的 $(\Delta E/E)$,其对数都远远小于其他正比于 N 的项. 同时,正比于 $\ln N$ 的项与正比于 N 的项相比,也是可以忽略的. 于是我们发现:上面定义的微正则系综的熵是一个广延量,它正比于粒子数 N(在所有强度量不变的情况下),同时,系统的熵对于微正则系综的能壳宽度 ΔE 的依赖也趋于零[23]. 细心的读者这时可以将我们从微正则系综理论得到的单原子分子理想气体的熵的表达式 (5.25) 与以往在热力学中得到的结果进行一下比较. 如果我们代入单原子

---

[23] 如果我们在计算微观态数 (5.16) 的时候没有放入 $1/N!$ 的因子,那么由此得到的熵将不满足广延量的要求. 这个问题仅出现在熵常数中. 它对于通常的热力学过程不会造成影响,但是在讨论气体的混合这样的不可逆过程时,会造成所谓的吉布斯佯谬. 具体的讨论参见第 38 节.

分子理想气体的内能表达式 $E = 3Nk_BT/2$, 会发现两者是完全一致的. 这从一个方面说明了熵的定义 (5.24)(至少对单原子分子理想气体这样简单的系统而言) 是与热力学理论体系中对熵的定义完全一致的. 下面我们还要更为普遍地来阐明这一点.

为了说明按照玻尔兹曼关系 (5.24) 定义的熵的合理性, 我们考虑两个系统, 分别称为系统 1 和系统 2. 原先它们各自是达到平衡的孤立系. 现在, 我们让两个系统接触, 使它们之间可以交换能量[24], 但每一个系统的粒子数和体积仍保持不变. 显然, 这时两个系统各自都不再构成孤立系. 但是如果我们将两个系统总体看作一个系统, 这个总系统的能量 E_0 仍然是守恒的, 仍可以用微正则系综来描写. 也就是说, 总系统的能量 $E_0 = E_1 + E_2$ 是一个守恒的常数. 而且, 这时总系统的微观态数 Ω_0 就是两个有热交换的独立子系统的微观态数的乘积:

$$\Omega = \Omega_1(N_1, E_1, V_1)\, \Omega_2(N_2, E_2, V_2). \tag{5.26}$$

由于两个子系统可以交换能量, 因此在达到平衡以后, 两个系统的能量的平均值 (期望值) 将分别达到一个平衡的值 $\bar{E}_1$ 和 $\bar{E}_2$, 它们满足约束条件 $\bar{E}_1 + \bar{E}_2 = E_0$, 所以其中一个的取值就确定了另一个. 按照孤立系的熵增加原理, 总系统达到平衡时 $\bar{E}_1$ 的取值应当使得总系统的熵取极大值. 为此将 (5.26) 式取对数并对 E_1 求导, 令其为零就得到

$$\left(\frac{\partial S_1(N_1, E_1, V_1)}{\partial E_1}\right)_{N_1, V_1}\bigg|_{E_1=\bar{E}_1} = \left(\frac{\partial S_2(N_2, E_2, V_1)}{\partial E_2}\right)_{N_2, V_2}\bigg|_{E_2=E_0-\bar{E}_1}, \tag{5.27}$$

其中我们利用了能量的约束条件 $E_0 = E_1 + E_2$. (5.27) 式告诉我们, 当两个任意系统通过能量交换达到平衡时, 它们具有相同的 $\left(\frac{\partial S(N, E, V)}{\partial E}\right)_{N, V}$ 数值. 将这个结论与热力学第零定律和第二定律比较, 我们发现这个相同的值可以定义为绝对温度的倒数:

$$\frac{1}{T} = \left(\frac{\partial S(N, E, V)}{\partial E}\right)_{N, V}. \tag{5.28}$$

---

[24] 原则上, 我们要求这两个系统的能量交换过程进行得足够缓慢. 用热力学的语言, 就是这个交换过程是一个准静态过程. 否则, 下面的 (5.26) 式原则上会变成一个不等式 (熵增加).

类似地，如果我们讨论的两个系统可以交换粒子数，同时也可以发生体积改变 (但是总粒子数和总体积保持不变)，结合热力学中两个系统达到平衡的条件，我们就可以验证

$$\frac{p}{T} = \left(\frac{\partial S(N,E,V)}{\partial V}\right)_{N,E}, \qquad \frac{\mu}{T} = -\left(\frac{\partial S(N,E,V)}{\partial N}\right)_{E,V}, \qquad (5.29)$$

其中 p 和 μ 分别是系统的压强和化学势. 总结以上的讨论，我们实际上已经建立了一个孤立系的热力学基本微分方程:

$$dS = \frac{1}{T}dE + \frac{p}{T}dV - \frac{\mu}{T}dN, \qquad (5.30)$$

其中的熵 S 由玻尔兹曼关系 (5.24) 给出. 因此，从微正则系综理论出发我们说明了: 如果我们利用玻尔兹曼关系 (5.24) 来定义系统的熵并将其视为系统能量 E、体积 V 和粒子数 N 的函数，那么可以得到与热力学理论完全一致的结果. 注意我们这里的讨论是相当普遍的，没有涉及任何具体系统的性质. 所以我们可以说，玻尔兹曼关系是自然界的一个普遍关系. 实际上不仅对平衡态，即使对于非平衡态，玻尔兹曼关系也是熵的唯一合理的统计定义. (5.30) 式告诉我们: 微正则系综中通过系统微观态数所确立的熵，实际上是以系统的内能 E、体积 V 和粒子数 N 为独立变量的特性函数. 或者说，对于一个固定内能、体积和量子数的系统，与之自然对应的系综是微正则系综，与之对应的特性函数是熵 (或者等价地说是系统的微观态数). 一旦求出了系统的熵 (微观态数)，系统的所有热力学性质就可以很容易地得到了. 因此，这一套公式可以视为微正则系综下的热力学公式，它允许我们利用统计物理的方法来获得宏观系统的平衡态热力学性质. 读者不难验证，把 (5.25) 式代入 (5.28) 和 (5.29) 式，可得下列单原子分子经典理想气体的熟知结果:

$$E = \frac{3}{2}Nk_{\mathrm{B}}T, \qquad pV = Nk_{\mathrm{B}}T,$$
$$\mu = k_{\mathrm{B}}T \ln\left[\frac{p}{k_{\mathrm{B}}T}\left(\frac{h^2}{2\pi m k_{\mathrm{B}}T}\right)^{3/2}\right]. \qquad (5.31)$$

27　正则系综与巨正则系综

上一节中讨论的微正则系综是对应于固定能量 E、体积 V 和粒子数 N 的系综. 一旦系统微观态数 (或者说系统的熵) 计算出来以后，我们就可以得

到系统的所有热力学性质. 但是微正则系综在实际运用上并不十分便利, 在多数实际应用中, 往往需要知道系统在固定温度和粒子数时的热力学性质, 这就对应于本节要讨论的正则系综 (canonical ensemble).

正则系综的分布函数可以通过让系统与一个固定温度的大热源接触来导出. 为此我们仍然考虑两个系统, 一个是我们要研究的系统, 另一个是具有恒定温度 T 的大热源[25]. 我们现在关心的是, 当两系统达到热平衡时, 我们所研究的系统处在一个指定的量子态 S 的概率 ρ_S 是多少. 我们很快就会发现, 这个概率实际上只依赖于系统所处的量子态 S 的能量 (能级)E_S[26]. 按照等概率原理, 系统处在这个指定的量子态的概率一定正比于这时的总系统 (也就是我们所考虑的系统加上大热源) 的总微观状态数. 由于所考虑的系统已经处在一个被指定的量子态 S, 所以总系统的微观状态数就是大热源具有能量 $E_0 - E_S$ 时热源的微观态数 $\Omega(E_0 - E_S)$. 所以总系统的概率为

$$\rho_S \propto \Omega_{\text{total}} = \mathrm{e}^{\ln \Omega(E_0 - E_S)}. \tag{5.32}$$

同时, 假设热源比系统大很多, 所以一定有 $E_S \ll E_0$, 可以围绕 E_0 做级数展开:

$$\ln \Omega(E_0 - E_S) = \ln \Omega(E_0) - E_S \left(\frac{\partial \ln \Omega(E)}{\partial E} \right)_{E=E_0} + \cdots . \tag{5.33}$$

利用前一节的结果 (5.28), 上式中的偏微商正是大热源的绝对温度的倒数:

$$\left(\frac{\partial \ln \Omega(E)}{\partial E} \right)_{E=E_0} = \frac{1}{k_{\mathrm{B}}T} \equiv \beta. \tag{5.34}$$

将 (5.34) 式代入 (5.33) 式, 然后再代入 (5.32) 式, 可以看到我们所考虑的与温度为 T 的大热源接触并达到平衡的系统处于一个指定量子态 S 的概率为

$$\rho_S = \frac{1}{Z} \mathrm{e}^{-\beta E_S}, \tag{5.35}$$

其中 $\beta = 1/(k_{\mathrm{B}}T)$, E_S 是我们所指定的系统量子态的能量, Z 则由归一化条件确定. 这就是著名的吉布斯正则分布. 具有这样概率分布的系综称为正则系

---

[25]即热容量趋于无穷大的系统.
[26]这里 S 标记了可非简并地确立一个量子态的所有量子数. 如何确定这个态的能量 E_S 是一个纯粹的量子力学问题, 不是一个统计物理问题, 因此在我们统计物理的讨论中, 都将假设对于任意一个给定的量子态 S, 它的能量 E_S 是已知的.

综. 对能量依赖的因子 $\exp(-\beta E_S)$ 又常常称为玻尔兹曼因子, 因为是玻尔兹曼首先在他的著作中多次利用了这个因子. 吉布斯分布中的归一化常数 Z 由下式给出:

$$Z(T,V) = \sum_S e^{-\beta E_S}, \tag{5.36}$$

其中求和遍及系统所有可能的量子态 S. 它称为正则系综的配分函数 (partition function), 实际上是温度 T、粒子数 N 和体积 V 的函数[27]. 我们下面将会看到, 一旦得到了系统的配分函数, 系统的所有的平衡态热力学性质就完全确定了[28]. 显然, 正则系综是对应于固定温度、体积和粒子数的系综.

与正则分布的讨论类似, 我们还可以讨论系统一个与大热源兼大粒子源 (它因此具有固定的温度和化学势) 接触的系统的统计性质. 这时系统可以与源交换能量和粒子数, 所以只有总能量 E_0 和总粒子数 N_0 是守恒的. 如果要求出我们所考虑的系统处在具有指定的粒子数 N 的一个指定的 N 粒子量子态 S 的概率 $\rho_{N,S}$[29], 完全可以仿照正则系综的讨论得到与温度为 T、化学势为 μ 的大热源兼大粒子源接触的总系统的概率:

$$\rho_{N,S} \propto \Omega_{\text{total}} = e^{\ln \Omega(E_0 - E_S^{(N)}, N_0 - N)}, \tag{5.37}$$

其中 S 是具有 N 个粒子的系统可能的一个量子态, $E_S^{(N)}$ 是这个量子态的能量. 仍然可以假定系统远小于热源兼粒子源, $E_S^{(N)} \ll E_0$ 且 $N \ll N_0$, 于是可以将微观态数的对数 (熵) $\ln \Omega(E_0 - E_S^{(N)}, N_0 - N)$ 进行展开, 并利用 (5.28) 和 (5.29) 式得到

$$\rho_{N,S} = \frac{1}{\Xi} e^{-\beta E_S^{(N)} - \alpha N}, \tag{5.38}$$

其中 $\beta = 1/(k_B T)$, 而 $\alpha = -\mu/(k_B T)$ 与源的温度和化学势有关. 上面公式中

---

[27]这里指的是最简单的 pVT 系统, 否则的话, 体积应当换为相应的广义位移.

[28]配分函数的符号 Z 是首先由普朗克使用的. 玻尔兹曼用 "zustandsumme" (状态求和) 来称呼配分函数 (其实玻尔兹曼的名称倒更贴切一些), 所以普朗克建议用 Z 来代表配分函数.

[29]严格来说, N 粒子量子态 S 也是依赖于 N 的, 不过为了简化记号, 我们就把它记为 S.

的归一化常数 Ξ 称为系统的巨配分函数，它由归一化条件定出：

$$\Xi(T,V,\mu) = \sum_N e^{-\alpha N} \sum_S e^{-\beta E_S^{(N)}}. \qquad (5.39)$$

(5.38) 式称为巨正则分布，满足 (5.38) 式的系综称为巨正则系综 (grand canonical ensemble). 巨正则系综是对应于固定温度 T、体积 V 和化学势 μ 的系综.

上面关于巨正则分布的讨论中我们假定了系统只包含一种化学组分. 如果我们所考虑的系统中有 k 种化学物质，并且假定各化学组分之间没有化学反应，同时我们假定要考虑的系统可以与热源兼粒子源交换所有组分的粒子，这时，(5.38) 式显然应推广为

$$\rho_{N_1,N_2,\cdots,N_k;S} = \frac{1}{\Xi} e^{-\beta E_S^{(\{N_i\})} - \sum_{i=1}^{k} \alpha_i N_i}, \qquad (5.40)$$

其中 $\alpha_i = -\mu_i/(k_B T)$ 与源的温度 T 和第 i 种组元的化学势 μ_i 有关. 这时，巨配分函数 Ξ 将依赖于温度、体积和所有组元的化学势，并且仍然由归一化条件定出：

$$\Xi(T,V,\mu_1,\cdots,\mu_k) = \sum_{S,\{N_i\}} e^{-\beta E_S^{(\{N_i\})} - \sum_{i=1}^{k} N_i \alpha_i}. \qquad (5.41)$$

这个分布我们会在讨论混合理想气体时用到 (参见第 38 节).

28 热力学公式

所谓热力学公式是指将处于平衡态的系统的热力学量与系统的统计配分函数联系起来的公式. 我们首先以正则分布为例来推导热力学公式. 正则系综所对应的系统是一个具有固定粒子数 N、体积 V(或一般的一个广义位移 y) 和温度 T 的宏观系统. 利用系统的内能是系统微观总能量的系综平均值，我们首先得到系统内能的热力学公式

$$U = \bar{E} = \frac{1}{Z} \sum_S E_S e^{-\beta E_S} = -\frac{\partial}{\partial \beta} \ln Z. \qquad (5.42)$$

类似地，对于广义力 Y，如果它所对应的广义位移是 y，系统的能级 E_S 会依赖于广义位移 y. 与特定的态 S 相应的广义力的平均值由 $\partial E_S(y)/\partial y$ 给

出[30]. 对整个系统而言，需要对其各个可能的态进行加权平均，因此广义力

$$Y = \frac{1}{Z}\sum_S \frac{\partial E_S}{\partial y}\mathrm{e}^{-\beta E_S} = -\frac{1}{\beta}\frac{\partial}{\partial y}\ln Z. \tag{5.43}$$

这个公式的一个重要特例就是关于简单 pVT 系统的压强公式 (取 $y = V$, $Y = -p$)：

$$p = \frac{1}{\beta}\frac{\partial}{\partial V}\ln Z. \tag{5.44}$$

在正则系综中要获得系统熵的统计表达式，需要与热力学第二定律进行比较. 首先注意到我们引入的系统正则配分函数是 β(也就是温度 T) 和广义位移 y 的函数 (假定粒子数恒定)，所以一定有

$$\mathrm{d}\ln Z(\beta, y) = \frac{\partial \ln Z}{\partial \beta}\mathrm{d}\beta + \frac{\partial \ln Z}{\partial y}\mathrm{d}y, \tag{5.45}$$

因此，将 (5.45) 式代入内能和广义力的 (5.42) 和 (5.43) 式，我们得到

$$\frac{1}{k_\mathrm{B}}\mathrm{d}S = \beta(\mathrm{d}U - Y\mathrm{d}y) = \mathrm{d}\left(\ln Z - \beta\frac{\partial \ln Z}{\partial \beta}\right). \tag{5.46}$$

(5.46) 式说明 β 是微分式 $\mathrm{d}U - Y\mathrm{d}y$ 的一个积分因子. 将其与我们熟知的热力学中的态函数熵比较，我们可以获得熵与正则配分函数的关系

$$S = k_\mathrm{B}\left(\ln Z - \beta\frac{\partial \ln Z}{\partial \beta}\right). \tag{5.47}$$

因此，对于一个给定粒子数 N、体积 V、温度 T 的系统，只要求出它的正则配分函数 Z，就可以完全确定它的所有热力学函数，系统的热力学性质也就完全确定了. 给定 N, V, T 即可确定系统的热力学性质这个特性与亥姆霍兹自由能 $F = U - TS$ 是类似的. 事实上，利用前面推导出来的热力学公式，很容易直接证明

$$F = -k_\mathrm{B}T\ln Z. \tag{5.48}$$

这说明正则系综的配分函数与系统的亥姆霍兹自由能完全等价.

---

[30]正如我们在热力学中曾经强调过的，只有在进行足够缓慢的准静态过程中外界对系统做的功才能写成 $Y\mathrm{d}y$ 这样的形式，因此我们可以假定广义位移 y 是足够缓慢变化的. 这对应于量子力学中的所谓绝热变化. 这时有 $\langle \partial H/\partial y\rangle = \partial E_S/\partial y$，其中 H 是系统的量子力学哈密顿量，$\langle \cdot \rangle$ 则表示在态 S 中的期望值. 这个结论在量子力学中称为赫尔曼–费曼 (Hellman-Feynman) 定理.

巨正则系综所对应的系统是一个具有固定化学势 μ、体积 V(或一般的一个广义位移 y) 和温度 T 的宏观系统. 它的热力学公式的推导与正则系综的情形完全类似, 我们不再重复其推导, 只是列出最后得到的热力学公式. 下列公式中巨配分函数的对数 $\ln \Xi(\alpha, \beta, y)$ 被视为 $\alpha = -\mu/(k_B T)$, $\beta = 1/(k_B T)$ 和广义位移 y 的函数:

$$\bar{N} = -\frac{\partial}{\partial \alpha} \ln \Xi, \tag{5.49}$$

$$U = -\frac{\partial}{\partial \beta} \ln \Xi, \tag{5.50}$$

$$Y = -\frac{1}{\beta}\frac{\partial}{\partial y} \ln \Xi, \tag{5.51}$$

$$S = k_B \left(\ln \Xi - \alpha \frac{\partial \ln \Xi}{\partial \alpha} - \beta \frac{\partial \ln \Xi}{\partial \beta} \right), \tag{5.52}$$

因此, 对于一个给定化学势 μ、体积 V、温度 T 的系统, 只要求出它的巨正则配分函数 Ξ, 就可以完全确定系统的热力学性质. 这个特性与热力学中的巨势 $J = F - \mu N = -pV$ 是类似的. 利用上面的热力学公式, 很容易直接证明巨势

$$J = -k_B T \ln \Xi. \tag{5.53}$$

服从正则分布的系统具有固定的温度, 但是它可以与大热源发生能量交换, 所以系统的能量并不是固定的, 而是可以在其平均值附近涨落. 正则系综的能量涨落可以利用前面的热力学公式计算, 结果为 (过程留作习题)

$$\langle (E - \bar{E})^2 \rangle = -\frac{\partial \bar{E}}{\partial \beta} = k_B T^2 C_V. \tag{5.54}$$

我们看到, 系统的能量的涨落直接与温度以及系统的热容量有关. 一个服从正则分布的系统的能量相对涨落的平方为

$$\frac{\langle (E - \bar{E})^2 \rangle}{\bar{E}^2} = \frac{k_B T^2 C_V}{\bar{E}^2}. \tag{5.55}$$

由于 C_V 和 $\bar{E}$ 都是广延量, 它们与系统的总粒子数 N 成正比, 因此 (5.55) 式实际上与系统的总粒子数 N 成反比. 对于一个宏观的热力学系统, N 的数量级是 10^{23}, 而能量的相对涨落与 $1/\sqrt{N}$ 成正比, 因此在热力学极限下, 我们往往可以忽略这些涨落的影响.

类似地，对于巨正则分布的系统，其粒子数也可以有涨落. 可以得出 (留作习题)，巨正则系综的系统粒子数相对涨落的平方为

$$\frac{\langle (N-\bar{N})^2 \rangle}{\bar{N}^2} = \frac{k_\mathrm{B} T}{\bar{N}^2} \left(\frac{\partial \bar{N}}{\partial \mu} \right)_{T,V}. \tag{5.56}$$

运用热力学的关系可以证明，上式可化为

$$\frac{\langle (N-\bar{N})^2 \rangle}{\bar{N}^2} = \frac{k_\mathrm{B} T}{V} \kappa_T, \tag{5.57}$$

其中 $\kappa_T = -\frac{1}{V}\left(\frac{\partial V}{\partial p}\right)_T$ 是系统的等温压缩系数. 由于 V 是广延量，我们再次看到：对于一个宏观热力学系统，只要等温压缩系数不是很大，系统粒子数的相对涨落就会非常小，与 $1/\sqrt{N}$ 成正比. 只有在系统趋近于它的临界点时，系统的等温压缩系数 κ_T 将趋于无穷，这时系统内的粒子数涨落才可以很强. 有关系统在临界点附近的涨落问题，我们后面 (第 45 节) 还会更详细地讨论.

由上面的讨论我们得知：当构成宏观系统的微观粒子数很大时，正则系综或巨正则系综的系统中能量、粒子数等物理量的涨落都是非常小的，其相对涨落一般按照 $1/\sqrt{N}$ 的行为趋于零. 如果忽略掉这些涨落效应，那么微正则系综、正则系综和巨正则系综都给出对一个宏观系统等价的统计描述. 也就是说，如果忽略涨落效应，用不同系综计算出来的宏观系统的热力学量将是一致的，选取不同的统计系综来处理，只不过相当于选取不同的热力学特性函数. 当然，如果系统的涨落不能忽略 (例如对于比较小的介观系统)，那么不同的统计系综的结果可能是不等价的.

29 涨落的准热力学理论

在上一节中我们简单讨论了正则系综中的能量涨落以及巨正则系综中的粒子数涨落，实际上我们可以讨论任意一个热力学量的涨落. 这个理论称为涨落的准热力学理论，是爱因斯坦首先提出的. 我们考虑一个热力学系统，它与一个大的热源接触，热源具有确定的温度 T 和压强 p. 我们所考虑的系统与热源一起组成的复合系统是一个孤立系，所以当系统的能量和体积发生一个涨落 ΔE 和 ΔV 时，热源的能量与体积也相应地发生一个变化 ΔE_r 和 ΔV_r，它们满足

$$\Delta E + \Delta E_\mathrm{r} = 0, \qquad \Delta V + \Delta V_\mathrm{r} = 0. \tag{5.58}$$

当系统的能量与体积取其最概然值 (同时也是平均值) $\bar{E}$ 和 $\bar{V}$ 时，复合系统的熵具有最大值 $\bar{S}^{(0)}$，它与复合系统的微观态数之间的关系由玻尔兹曼关系描述. 由于每个微观态都是等概率地出现的，所以系统的能量和体积出现 ΔE 和 ΔV 的涨落的概率

$$W \propto \exp\left(\frac{S^{(0)} - \bar{S}^{(0)}}{k_\mathrm{B}}\right). \tag{5.59}$$

由于 $\Delta S^{(0)} = S^{(0)} - \bar{S}^{(0)} = \Delta S + \Delta S_\mathrm{r}$，热源的熵涨落

$$\Delta S_\mathrm{r} = (\Delta E_\mathrm{r} + p\Delta V_\mathrm{r})/T = -(\Delta E + p\Delta V)/T, \tag{5.60}$$

其中我们运用了约束条件 (5.58)[31]. 于是我们得到系统涨落的概率

$$W \propto \exp\left(\frac{T\Delta S - \Delta E - p\Delta V}{k_\mathrm{B} T}\right). \tag{5.61}$$

在一阶近似下，按照热力学公式有 $T\Delta S - \Delta E - p\Delta V = 0$，因此需要将 (5.61) 式展开为二阶涨落，这可以利用 ΔE 的表达式以及热力学第二定律得到：

$$\Delta E - T\Delta S + p\Delta V = \frac{1}{2}\left(\frac{\partial^2 E}{\partial S^2}(\Delta S)^2 + 2\frac{\partial^2 E}{\partial S \partial V}(\Delta V \Delta S) + \frac{\partial^2 E}{\partial V^2}(\Delta V)^2\right) + \cdots$$

$$= \frac{1}{2}(\Delta S \Delta T - \Delta p \Delta V) \quad (\text{忽略更高阶项}). \tag{5.62}$$

特别要注意的是，(5.62) 式的最后一行中我们已经将整个系统的熵的变化表达为一般的形式. 这个形式已经可以运用到更普遍的情形 (例如，系统的温度和压强不一定固定的情形). 因此我们最终得到系统涨落概率的普遍表达式

$$W \propto \exp\left(-\frac{\Delta S \Delta T - \Delta p \Delta V}{2 k_\mathrm{B} T}\right). \tag{5.63}$$

(5.63) 式可以有多种用途，我们可以取任何我们感兴趣的两个独立变量来研究其涨落. 例如，如果以体积 V 和温度 T 为独立变量，我们得到

$$\Delta S = \frac{C_V}{T}\Delta T + \left(\frac{\partial p}{\partial T}\right)_V \Delta V,$$

$$\Delta p = \left(\frac{\partial p}{\partial T}\right)_V \Delta T + \left(\frac{\partial p}{\partial V}\right)_T \Delta V.$$

---

[31]我们假设热源足够大，以至于其相对的热力学量的涨落可以忽略. 因此，对热源只展开到第一阶，而对于需要考虑相对涨落的系统，其涨落则展开到二阶.

代入涨落的普遍公式 (5.63)，得到

$$W \propto \exp\left(-\frac{C_V}{2k_B T^2}(\Delta T)^2 + \left(\frac{\partial p}{\partial V}\right)_T \frac{(\Delta V)^2}{2k_B T}\right). \tag{5.64}$$

(5.64) 式告诉我们，温度的涨落和体积的涨落由两个独立的高斯分布描写，所以有

$$\overline{(\Delta T)^2} = T^2 k_B / C_V, \quad \overline{(\Delta V)^2} = V \kappa_T k_B T, \tag{5.65}$$

其中 $\kappa_T = -\dfrac{1}{V}\left(\dfrac{\partial V}{\partial p}\right)_T$ 为等温压缩系数. (5.65) 式也说明，一个热力学系统如果要对于温度和体积的涨落保持稳定，它的定容热容量和等温压缩系数必定是非负的. 如果系统的粒子数保持不变，那么系统体积的涨落也可以表达成系统密度的涨落. 通过 (5.65) 式我们还看到，在临界点附近，系统的等温压缩系数趋于无穷大，系统内部的密度涨落也发散，这时原先的两相的分界面就会消失. 同时，如果有可见光入射到系统内部，会观察到所谓的临界乳光现象. 我们将在以后更详细地讨论临界点附近的涨落和关联现象 (第 45 节). 显然如果取其他变量为独立变量，也可以得到相应的涨落，留作习题.

30 近独立子系的统计分布

本节中，我们将利用前面建立起来的统计系综理论来讨论最为简单的系统：由无相互作用的子系统构成的宏观系统. 这类系统又称为近独立子系[32]. 一个近独立子系的总能量 E 可以表达为组成系统的各个子系统 (我们姑且称之为粒子) 的能量之和:

$$E = \sum_{i=1}^{N} \varepsilon_i, \tag{5.66}$$

其中 ε_i 是构成系统的第 i 个子系统 (粒子) 的能量. 近独立子系只要求构成系统的各个子系统之间没有相互作用，从而系统的总能量就是各个子系统能量之和，但是各个子系统之间可能发生瞬时的碰撞以达到平衡，也可以和外界相互作用. 我们前面介绍的统计系综理论是关于平衡态宏观系统的普遍理论，当然也可以用来处理特殊的近独立子系. 由于近独立子系的简单性，一个近独立子系的配分函数 (无论是正则系综的正则配分函数还是巨正则系综的巨配

---

[32] 之所以称为近独立子系而不是独立子系，是由于完全独立的子系统构成的系统是无法达成热平衡的.

分函数) 都可以得到简化. 本节的讨论将分为两个部分: 首先我们利用正则系综来处理经典的、不受量子全同性影响的近独立子系的统计问题, 这将导致著名的麦克斯韦–玻尔兹曼分布 (Maxwell-Boltzmann distribution, MB 分布, 简称玻尔兹曼分布). 随后我们讨论量子的近独立子系 (又称为量子理想气体) 的统计问题. 取决于构成系统的粒子是费米子还是玻色子, 这将导致半整数自旋的费米–狄拉克分布 (Fermi-Dirac distribution, FD 分布, 简称费米分布) 或整数自旋的玻色–爱因斯坦分布 (Bose-Einstein distribution, BE 分布, 简称玻色分布).

对于一个由 N 个粒子构成的近独立子系, 各个粒子是否可分辨, 或者说是否考虑量子力学全同性原理, 将直接影响我们对于这个系统状态的描述. 如果粒子是可分辨的, 也就是说粒子是经典的质点, 那么整个系统的状态 $S = (s_1, s_2, \cdots, s_N)$ 就由每一个可以分辨的粒子所处的单粒子态 s_i 所决定. 换句话说, 给定了每一个粒子所处的单粒子量子态 s_i, 就唯一地确定了整个系统的一个状态 S, 反之亦然. 但是如果粒子是不可分辨的, 量子力学的全同性原理告诉我们, 只能以每个单粒子态上的粒子数 $\{a_s : s = 1, 2, \cdots\}$ 来描述这个系统. 也就是说, 只能说在每个单粒子态 s (它遍及所有可能的单粒子态) 上有几个粒子而无法区别是哪几个粒子, 因为它们在量子力学意义下是全同的. 在表 5.2 中, 我们总结了全同性原理对于系统状态描述的影响.

表 5.2 微观粒子组成系统的状态描述以及粒子数按照量子态的平均分布

构成系统的粒子	全同性原理	整个系统状态描述	粒子数按照量子态的平均分布
可分辨	不起作用	$S = (s_1, s_2, \cdots, s_N)$	MB 分布
不可分辨	起作用	$S = (a_1, a_2, \cdots)$	FD 分布或 BE 分布

如前所述, 对于一个可分辨的粒子组成的近独立子系, 系统的量子态 S 由每个子系统所处的单粒子态 $(s_1, s_2, \cdots, s_N)$ 给出. 这里我们用符号 $(s_1, s_2, \cdots, s_N)$ 表示第一个子系统处于单粒子态 s_1, 第二个子系统处于单粒子态 $s_2 \cdots \cdots$ 第 N 个系统处于单粒子态 s_N[33]. 这时近独立子系的总能量显然

---

[33]显然, 这样一个描述本身就依赖于粒子是可以分辨的事实, 因为如果粒子是不可分辨的, 我们就无法做上述的指定, 而只能说某个单粒子态上有几个子系统占据, 无法区分这几个子系统中哪个是第一个或第二个.

就是 $E = \sum_{i=1}^{N} \varepsilon_{s_i}$，其中 ε_{s_i} 表示单粒子态 s_i 的能量. 如果我们利用正则系综, 近独立子系的正则配分函数 [(5.36) 式]

$$Z = \sum_S e^{-\beta E_S} = \sum_{s_1,s_2,\cdots,s_N} e^{-\beta \varepsilon_{s_1}} e^{-\beta \varepsilon_{s_2}} \cdots e^{-\beta \varepsilon_{s_N}}$$

$$= \left(\sum_{s_1} e^{-\beta \varepsilon_{s_1}}\right) \left(\sum_{s_2} e^{-\beta \varepsilon_{s_2}}\right) \cdots \left(\sum_{s_N} e^{-\beta \varepsilon_{s_N}}\right)$$

$$= \left(\sum_s e^{-\beta \varepsilon_s}\right)^N \equiv z^N. \tag{5.67}$$

我们在这里再次指出，在推导 (5.67) 式的时候实际上没有考虑粒子的全同性的影响. 如果对于全同费米子，那么应要求单粒子态 s_1, s_2 等不能有两个相同，而对于全同玻色子，则有若两个单粒子态同时被占据，交换两个粒子并不产生新的系统的量子态等. 无论是哪一种情形，上述推导都将不再成立. 只有在不考虑全同性影响的情形下，上述推导才是成立的. 因此，我们得到如下重要的结论: 对于不考虑全同性影响的近独立子系，其系统的正则配分函数 Z 完全由其子系配分函数 z 给出:

$$Z = z^N, \qquad z = \sum_s e^{-\beta \varepsilon_s}. \tag{5.68}$$

类似地，我们很容易求出一个粒子处于某个单粒子态 s 的概率为

$$p_s = \frac{1}{z} e^{-\beta \varepsilon_s}. \tag{5.69}$$

因此，不考虑粒子全同性的系统中单粒子态 s 上的平均粒子数

$$\bar{a}_s = N p_s = e^{-\alpha - \beta \varepsilon_s}, \qquad e^{-\alpha} = N/z. \tag{5.70}$$

这个经典的 (不考虑量子力学全同性影响的) 近独立子系的粒子所满足的分布就是著名的麦克斯韦–玻尔兹曼分布. 满足这个分布的统计有时又称为经典统计. 利用这些结论以及正则配分函数的热力学公式，我们可以将 (不考虑粒子全同性的) 近独立子系的热力学函数用系统的子系配分函数 z 表达出来. 例如，近独立子系的内能 [(5.42) 式]

$$U = -\frac{\partial}{\partial \beta} \ln Z = -N \frac{\partial \ln z}{\partial \beta}. \tag{5.71}$$

如果我们必须考虑量子力学全同性的影响，那么 (5.67) 式的推导就不能成立[34]。由于在近独立子系中，系统的总能量就是各个子系统 (粒子) 能量之和，所以一个由量子的全同粒子组成的近独立子系的统计性质将完全由各个单粒子量子态上面的粒子数所确定。具体地说，如果我们用 s 来标记单粒子的量子态，处于量子态 s 上的粒子数记为 a_s，那么一组完整的 a_s 的集合，即 $\{a_s : s = 1, 2, \cdots\}$ 称为系统粒子数按照单粒子量子态的一个分布，或简称分布。为了简化记号，我们有时也将它记为 $\{a_s\}$。对于任意的一个分布 $\{a_s\}$，考虑全同性的系统中总粒子数 N 和总能量 E 为

$$\sum_s a_s = N, \qquad \sum_s \varepsilon_s a_s = E. \tag{5.72}$$

显然系统各种分布出现的概率并不是相同的。我们感兴趣的是在某个给定单粒子量子态 s 上出现的粒子数 a_s 的平均值 $\bar{a}_s$。这样的一组平均值 $\{\bar{a}_s\}$ 称为系统粒子数按照单粒子量子态的平均分布，这是与粒子的内禀自旋有关的。

对于由全同粒子构成的近独立子系，计算系统的巨配分函数是比较方便的。按照巨正则系综的理论，系统的巨配分函数 Ξ 可以表达为 [(5.39) 式]

$$\Xi = \sum_{S,N} e^{-\beta E_S^{(N)} - \alpha N}. \tag{5.73}$$

这里的求和首先是对具有固定粒子数 N 的系统的所有量子态 S 求和，然后再对可能的总粒子数 N 求和，这就等价于对系统所有可能的量子态 S (无论粒子数为多少) 求和。同时注意到：对于理想量子气体，系统的量子态 S 是与粒子数按照单粒子量子态的分布 $\{a_s\}$ 一一对应的 (见表 5.2)，所以，对系统的所有量子态的求和就是对不同单粒子量子态分布的求和。利用总粒子数及总能量的表达式 (5.72)，巨配分函数

$$\begin{aligned} \Xi &= \sum_{\{a_s\}} \prod_s e^{-\beta a_s \varepsilon_s - \alpha a_s} \\ &= \prod_s \sum_{a_s} e^{-(\beta \varepsilon_s + \alpha) a_s}. \end{aligned} \tag{5.74}$$

---

[34]这时即使是无相互作用的近独立子系，要严格求出其正则配分函数也是不容易的，但求出系统的巨配分函数却是比较容易的。

注意 (5.74) 式中连乘和求和算符交换后, 对 a_s 的求和范围是 $0, 1$ 或 $0, \cdots, \infty$, 正好体现了全同性的效应. (5.74) 与 (5.67) 式的最大不同是: 不考虑全同性的 (5.67) 式是对单粒子态 s_i 求和, 而考虑全同性的 (5.74) 式是对单粒子态上的粒子数 a_s 求和. 也就是说, 由于全同性的影响, 我们只在乎这个单粒子态上有几个粒子, 而不在乎是哪几个粒子[35]. 需要注意的是, (5.74) 式仅对于巨正则配分函数才是严格成立的. 对于正则配分函数, 由于其总粒子数必须守恒, 因此全同性的影响会对各个 a_s 的求和加上一个额外的约束条件. 对于巨配分函数, 我们反正要对所有可能的 N 求和, 因此就没有了这个约束条件, 这使得这个求和可以更容易地求出.

现在我们需要区分两种不同的情形: 构成系统的粒子是玻色子还是费米子. 我们将分别称这两种系统为理想玻色气体和理想费米气体. 对于理想玻色气体, 它不受泡利不相容原理的限制, 所以 (5.74) 式中对 a_s 的求和可以从 $a_s = 0$ 延伸到无穷大. 对于理想费米气体, 由于受到泡利不相容原理的限制, (5.74) 式中对 a_s 的求和只能取 0 和 1 这两个可能的值. 于是我们就得到理想量子气体的巨配分函数:

$$\begin{aligned}\Xi &= \prod_s \left(1 \pm e^{-\alpha - \beta \varepsilon_s}\right)^{\pm 1}, \\ \ln \Xi &= \pm \sum_s \ln \left(1 \pm e^{-\alpha - \beta \varepsilon_s}\right),\end{aligned} \quad (5.75)$$

其中上面和下面的符号分别对应理想费米气体和理想玻色气体.

为了求出某个指定单粒子量子态 s 上的平均粒子数, 我们定义

$$\zeta_s = \pm \ln \left(1 \pm e^{-\alpha - \beta \varepsilon_s}\right), \quad (5.76)$$

那么可以证明 (留作习题), 某个单粒子量子态 s 上的平均粒子数

$$\bar{a}_s = -\frac{\partial \zeta_s}{\partial \alpha}. \quad (5.77)$$

利用 (5.77) 和 (5.76) 式可以计算得到量子统计的分布函数:

$$\bar{a}_s = \frac{1}{e^{\alpha + \beta \varepsilon_s} \pm 1}, \quad (5.78)$$

---

[35]事实上, 量子力学的全同性不允许我们区分是哪几个粒子.

其中上面和下面的符号分别对应费米子和玻色子. 这个粒子数按照量子态的分布就是著名的费米分布 (取上面的符号) 和玻色分布 (取下面的符号). 它给出了在平衡态下量子理想气体中粒子数按照单粒子量子态的平均分布函数.

(5.70) 和 (5.78) 式告诉我们: 无论对于经典的近独立子系还是对于量子的近独立子系, 一个给定单粒子量子态上粒子数的平均值只与该量子态的能量 ε_s 有关, 而与该量子态的其他量子数无关. 因此, 具有相同能量的单粒子态上的粒子数的平均值是相等的. 具体地说, 如果某个单粒子能级 ε_l 的简并度为 ϖ_l, 那么这个单粒子能级的每一个量子态上的平均粒子数都是相同的, 而处于同一能级 ε_l 上的平均粒子数为

$$\bar{a}_l^{\mathrm{MB}} = \varpi_l \mathrm{e}^{-\alpha-\beta\varepsilon_l}, \tag{5.79}$$

$$\bar{a}_l^{\mathrm{FD/BE}} = \frac{\varpi_l}{\mathrm{e}^{\alpha+\beta\varepsilon_s} \pm 1}. \tag{5.80}$$

如果费米或玻色分布中与化学势有关的参数 $\alpha = -\mu/(k_{\mathrm{B}}T)$ 满足

$$\mathrm{e}^\alpha \gg 1, \tag{5.81}$$

这时费米分布和玻色分布的区别将消失, 两者都退化为 (5.70) 式所给出的经典的麦克斯韦-玻尔兹曼分布. 这个条件称为非简并条件. 上述非简并条件也可以等价地表述为, 对于每个能级,

$$\varpi_l \gg \bar{a}_l. \tag{5.82}$$

这个公式的物理含义十分明确: ϖ_l 表示某个指定能级中可供占据的总的量子态数. 如果在每个能级上平均的粒子数远远小于可供占据的量子态数, 那么两个粒子同时占据一个量子态的概率是可以忽略的, 而恰恰是在两个粒子同时占据一个量子态时, 量子力学的全同性原理才会起作用. 因此, 如果非简并条件成立, 实际上量子力学的全同性原理所起的作用是可以忽略的, 这时当然量子统计 (费米–狄拉克统计与玻色–爱因斯坦统计) 都回到量子力学全同性原理不起作用的经典统计, 即麦克斯韦-玻尔兹曼统计.

这一节中, 我们利用普遍的系综理论导出了近独立子系粒子数按照量子态的统计分布. 对于不考虑量子力学全同性影响的经典近独立子系, 我们得到了麦克斯韦-玻尔兹曼分布 (5.70); 对于量子力学全同性起作用的量子近

独立子系 (量子理想气体)，我们得到了费米–狄拉克分布和玻色–爱因斯坦分布 (5.78). 在结束本节之前，我们对它们之间的关系和各个分布的适用范围等做如下几点评述.

(1) 我们这里的讨论只是从普遍的系综理论出发，抽象地导出了经典的近独立子系满足的麦克斯韦–玻尔兹曼分布以及量子的近独立子系的费米–狄拉克分布或玻色–爱因斯坦分布. 这些分布所对应的具体实例将在后面两章中加以详细介绍. 关于经典的麦克斯韦–玻尔兹曼分布的例子可以参考第 37, 38 节，关于玻色–爱因斯坦分布的例子可以参考第 33, 34, 35 节，关于费米–狄拉克分布的例子可以参考第 36 节.

(2) 麦克斯韦–玻尔兹曼分布、费米–狄拉克分布、玻色–爱因斯坦分布都仅对于近独立子系才严格成立. 也就是说，对于有相互作用的系统，其粒子数按照单粒子态的分布实际上是十分复杂的，相应的计算必须利用普遍的系综理论. 上面这三种分布都只是在粒子之间的相互作用可以忽略时才是真实系统分布的一个好的近似 (在达到平衡态过程中粒子间的瞬时碰撞是要考虑的). 对于服从经典力学描述的有相互作用的系统，我们将在第七章 (第 39, 40, 41 等节) 和第八章中利用普遍的系综理论进行讨论. 对于完全由量子力学描写的有相互作用的系统，其统计性质的讨论则超出了本书的范围，将会在后续课程 (量子统计课程) 中进行讨论.

这里顺便提一下统计与分布之间的区别. 统计一词的含义实际上更加广泛. 例如，对于任意有相互作用的系统，处理的方法一定是经典统计或量子统计. 当然，前者可以视为后者的经典极限. 量子统计又可以分为费米–狄拉克统计和玻色–爱因斯坦统计，它们在经典极限下退化为麦克斯韦–玻尔兹曼统计. 但是，如果系统存在相互作用 (相互关联)，那么任意情形下粒子的分布都不严格是上面提及的三种分布中的一种. 只有对于近独立子系，这三种分布才是严格成立的.

(3) 我们这里利用系综理论求出的是某个单粒子态上占据的粒子数的系综平均值 $\bar{a}_s$. 另外一种导出这些分布的方法是去计算所谓的最概然分布. 它是指使得系统微观态数取最大值的分布. 按照等概率原理，最概然分布出现的概率也是最大的. 由于可以证明最概然分布所对应的最大值对宏观系统而言实际上是一个十分尖锐的极大值，因此利用拉格朗日乘子法 (下一节将简要讨论这种方法，其余留作习题）导出的最概然分布或统计分布函数实际上与我们利用系综理论导出的平均分布是相同的. 当然，大家也可以参考如参考书 [3] 上的推导. 但需要指出的是，从推导过程来看，本节利用系综理论的推导要更严格.

(4) 对于量子的近独立子系，如果非简并条件得到满足，那么两种量子分布的区别将消失，同时它们都回到经典的麦克斯韦–玻尔兹曼分布. 非简并条件独立于前面提到的准连续条件. 换句话说，非简并条件只是保证了量子力学的全同性原理不再起明显的作用，但并不一定能保证系统的物理量是准连续的 (见第 25.2 小节的讨论).

31 统计分布的另外一种推导方法

上节曾提及，三种近独立子系的分布也可以通过计算最概然分布的方法来得到. 本节中我们就来大致分析一下这种方法.

考虑一个由大量全同的、近独立的粒子组成的孤立系，它具有固定的粒子数 N、总能量 E 和体积 V. 我们用 ε_l 来表示各单粒子态的能级，其相应的简并度用 ϖ_l 表示, 并用 $a_l, l = 1, 2, \cdots$ 来标记能级 ε_l 上的粒子数. 这样一组 a_l 称为一个粒子按照能级的分布，或简称分布. 我们用符号 $\{a_l\}$ 来表示系统的一个具体的分布. 如果系统要满足固定的粒子数和能量，那么任何可能的分布都必须满足如下约束条件：

$$\sum_l a_l = N, \quad \sum_l a_l \varepsilon_l = E. \tag{5.83}$$

很显然，当给定系统的一个分布 $\{a_l\}$ 时，系统还可以取许多不同的微观态. 下面将就定域系（定域指的是粒子的位置可分辨，对应于不考虑全同性的统计）、非定域玻色子系统和非定域费米子系统来分别讨论分布 $\{a_l\}$ 所对应的系统的微观态数.

首先对于定域系，粒子是可以分辨的. 在 a_l 个粒子占据能量为 ε_l 的 ϖ_l 个量子态时，每一个粒子都有 ϖ_l 个占据方式，所以，a_l 个粒子占据能量为 ε_l 的 ϖ_l 个量子态有 $\varpi_l^{a_l}$ 种方式，对于整个系统的一个固定的分布 $\{a_l\}$ 而言，共有 $\prod_l \varpi_l^{a_l}$ 种占据方式. 这个数还没有考虑粒子之间的交换. 定域系的粒子之间是可分辨的，所以交换任何两个粒子都给出系统不同的量子态. 如果我们将 N 个粒子进行任意的交换，相当于对它们进行全排列，共有 $N!$ 种排列方式. 但是，我们必须扣除在同一能级上各个粒子之间的交换数 $\prod_l a_l!$. 数 $N!/(\prod_l a_l!)$ 恰好就是从 N 个粒子中给出分布 $\{a_l\}$ 的不同组合数. 所以，对于定域系的一个给定的分布 $\{a_l\}$ 而言，系统所具有的微观态数

$$\Omega_{\text{MB}} = \frac{N!}{\prod_l a_l!} \prod_l \varpi_l^{a_l}, \tag{5.84}$$

其中我们用下标 MB 来表示定域系所对应的麦克斯韦–玻尔兹曼统计.

对于非定域玻色子系统，粒子是不可分辨的. 同时，玻色子不受泡利不相容原理的约束，每个量子态上可以占据多个粒子. 因此，对于一个系统给定的分布 $\{a_l\}$，在一个固定的能级 ε_l 上，所对应的微观态数就是在 ϖ_l 个不同的盒子 (量子态) 里放置 a_l 个球 (粒子) 的不同的组合数. 为了计算这个组合数，我们想象将 ϖ_l 个不同的盒子 (量子态) 编号为 $1, 2, \cdots$，并且用一个空的方框来表示，每一个球 (粒子) 用一个圆圈来表示. 我们将它们混合地排成一排，并约定每两个盒子之间的球都填充到它们左方的盒子内. 显然，这要求这一排的最左方第一个位置必须是一个盒子而不能是球. 图 5.1 中显示了系统某个能级上的一个微观态. 该微观态对应于第一个量子态上有 3 个粒子、第二个量子态上有 1 个粒子、第三个量子态没有粒子、第四个量子态上有 2 个粒子、第五个量子态上有 3 个粒子，等等. 于是，在保证最左方是盒子的前提下，这些物体的全排列数为 $(\varpi_l + a_l - 1)!$. 我们所要求的组合数必

图 5.1 玻色子系统某个能级上一个典型的微观态. 图中显示的微观态对应于第一个量子态上有 3 个粒子，第二个量子态上有 1 个粒子，第三个量子态没有粒子，第四个量子态上有 2 个粒子，第五个量子态上有 3 个粒子，等等

须从上述排列数中扣除粒子之间的交换全排列数 $a_l!$，还要扣除除了最左方盒子以外的剩下盒子的排列数 $(\varpi_l - 1)!$. 所以，对于能级 ε_l 这个组合数是 $(\varpi_l + a_l - 1)!/(a_l!(\varpi_l - 1)!)$. 将所有能级的组合数相乘，我们就得到了非定域玻色子系统在给定分布 $\{a_l\}$ 时的微观态数

$$\Omega_{\text{BE}} = \prod_l \frac{(\varpi_l + a_l - 1)!}{a_l!(\varpi_l - 1)!}, \tag{5.85}$$

其中我们用下标 BE 来表示玻色-爱因斯坦统计.

对于非定域费米子系统, 粒子是不可分辨的. 同时, 费米子受泡利不相容原理的约束, 每个量子态上最多可以占据一个粒子. 因此, 对于能级 ε_l, 这个数就是从 ϖ_l 个量子态中选出 a_l 个态来占据的组合数, 即 $\varpi_l!/(a_l!(\varpi_l - a_l)!)$. 将所有能级的组合数相乘, 就得到了非定域费米子系统在给定分布 $\{a_l\}$ 时的微观态数

$$\Omega_{\text{FD}} = \prod_l \frac{\varpi_l!}{a_l!(\varpi_l - a_l)!}, \tag{5.86}$$

其中我们用下标 FD 来表示费米-狄拉克统计.

很显然, 一个系统在给定分布 $\{a_l\}$ 时的微观态数对于组成系统的粒子的统计性质依赖很强, 费米子、玻色子和经典粒子给出完全不同的微观态数. 容易验证, 如果在玻色系统或费米系统中满足所谓的非简并条件, 即对于所有的 l,

$$\frac{a_l}{\varpi_l} \ll 1, \tag{5.87}$$

那么有

$$\Omega_{\text{BE}} = \Omega_{\text{FD}} = \frac{\Omega_{\text{MB}}}{N!}. \tag{5.88}$$

也就是说, 当非简并条件成立时, 玻色系统和费米系统在给定一个系统的分布 $\{a_l\}$ 时的微观态数都等于该分布下经典定域系统的微观态数再除以 $N!$. 这个 $N!$ 不是别的, 恰好是 N 个粒子的全排列数. 因此, 在非简并条件下, 两个量子统计的微观态数都退化到经典的、有全同性原理影响的麦克斯韦-玻尔兹曼系统的微观态数. 这可以看成量子全同性原理在经典极限下的一个"遗迹". 我们会看到 (见第 37 节), 正是这个因子使理想气体的熵函数变为广延量, 从而避免了所谓的吉布斯佯谬.

给出了系统总的可能的微观态数后, 我们可以来求出系统的所谓最概然分布. 按照等概率原理, 所有微观态出现的概率是相等的. 从能级的分布 $\{a_l\}$ 的角度来说, 能够使微观态数取最大值的那一组分布出现的概率也相应最大, 因为它对应于最多可能的微观代表态. 当然, 这个极值是在一定约束条件下的极值. 具体地说, 当系统具有固定的粒子数和能量时, 分布 $\{a_l\}$ 必须满

足 (5.83) 式. 在满足这个约束条件的前提下, 使系统微观态数取最大值的分布 $\{a_l\}$ 称为系统的最概然分布, 我们用 $\{\tilde{a}_l\}$ 来标记. 下面, 我们对麦克斯韦–玻尔兹曼系统求出定域的经典粒子组成的系统的最概然分布. 对于量子的情形 (即非定域的玻色子或费米子组成的系统), 其推导完全类似, 我们将留作习题.

对于麦克斯韦–玻尔兹曼定域系, 它的微观态数 [(5.84) 式] 的对数为

$$\ln \Omega = \ln N! - \sum_l \ln a_l! + \sum_l \ln \varpi_l^{a_l}, \tag{5.89}$$

其中为了简化符号, 我们略去了 Ω 的角标. 利用斯特林公式

$$\ln m! = m(\ln m - 1) + \frac{1}{2}\ln(2\pi m) + O\left(\frac{1}{m}\right), \tag{5.90}$$

定域系微观态数的对数

$$\ln \Omega \approx N \ln N - \sum_l a_l \ln a_l + \sum_l a_l \ln \varpi_l. \tag{5.91}$$

需要注意的是, 我们在利用斯特林公式时, 假设了 N 以及所有的 a_l 都远大于 1. 这个假设实际上有些过分强了, 但是, 这并不影响我们得到的结果的普遍性. 将 (5.91) 式取一次变分, 得到

$$\delta \ln \Omega = -\sum_l \ln \frac{a_l}{\varpi_l} \delta a_l. \tag{5.92}$$

到目前为止我们还没有考虑约束条件 (5.83). 对于约束条件取一次变分, 并且引入两个拉格朗日乘子 α 和 β, 系统微观态数取极大值的条件为

$$\delta \ln \Omega - \alpha \delta N - \beta \delta E = -\sum_l \left(\ln \frac{\tilde{a}_l}{\varpi_l} + \alpha + \beta \varepsilon_l\right) \delta a_l = 0. \tag{5.93}$$

现在我们可以令每一个 δa_l 的系数等于零, 从而得到定域系的最概然分布 $\{\tilde{a}_l\}$ 对于能级 ε_l 的依赖关系

$$\tilde{a}_l = \varpi_l e^{-\alpha - \beta \varepsilon_l}, \tag{5.94}$$

即我们前面已经求得的麦克斯韦–玻尔兹曼分布 (5.70), 其中的常数 α 和 β 由总粒子数 N 和总能量 E 的约束条件确定:

$$N = \sum_l \varpi_l e^{-\alpha - \beta \varepsilon_l}, \qquad E = \sum_l \varepsilon_l \varpi_l e^{-\alpha - \beta \varepsilon_l}. \tag{5.95}$$

容易验证，它们实际上与用系综理论给出的 (5.70) 和 (5.71) 式完全一致.

以上我们求出了经典定域系统的最概然分布 (即麦克斯韦–玻尔兹曼分布) 的形式，其中我们只利用了系统的微观态对数的一阶变分等于零 (引入拉格朗日乘子后). 我们还必须检验相应的二阶变分，说明所求得的最概然分布的确对应于系统微观态的极大值而不是极小值. 为此，考虑与最概然分布 $\{\tilde{a}_l\}$ 相差 $\{\delta a_l\}$ 的一个分布的微观态数的对数

$$\ln(\Omega + \Delta\Omega) = \ln\Omega - \frac{1}{2}\sum_l \frac{(\delta a_l)^2}{\tilde{a}_l}. \tag{5.96}$$

(5.96) 式中二阶修正项永远小于零，这说明最概然分布的确对应于一个极大值. 不仅如此，当 N 很大时，这实际上还是一个非常陡峭的极大值. 为了说明这一点，我们将上式稍加改写：

$$\ln\frac{\Omega + \Delta\Omega}{\Omega} = -\frac{1}{2}\sum_l \left(\frac{\delta a_l}{\tilde{a}_l}\right)^2 \tilde{a}_l. \tag{5.97}$$

现在，如果我们假设每个能级上粒子数的相对涨落 $(\delta a_l/\tilde{a}_l) \sim \epsilon$ 为一个小量，同时记住 $\sum_l \tilde{a}_l = N$，将得到

$$\frac{\Omega + \Delta\Omega}{\Omega} \sim \exp\left(-\frac{1}{2}\epsilon^2 N\right). \tag{5.98}$$

一般说来 $N \sim 10^{23}$，所以，即使对于 $\epsilon \sim 10^{-6}$ 的微小偏离，我们仍然有 $(\Omega + \Delta\Omega)/\Omega \sim \exp(-10^{11})$. 这个数小得惊人！也就是说，即使在最概然分布附近很小的偏离，都足以将系统的微观态数骤然减少多个数量级. 从 (5.98) 式不难看出，数量级为 $(\delta a_l/\tilde{a}_l) \sim (1/\sqrt{N})$ 的相对偏差就足以对最概然分布造成可观的指数衰减. 因此与宏观系统最概然分布对应的是一个十分陡峭的极大值. 这同时也从另一个侧面说明了，宏观系统中典型的相对涨落的数量级为何是 $1/\sqrt{N}$. 正是由于这个极大值十分尖锐，因此宏观系统的最概然分布与其平均分布几乎是完全一致的. 具体到经典的定域系统，它们都是麦克斯韦–玻尔兹曼分布.

对于量子系统 (玻色系统和费米系统) 而言，我们同样可以采用上述方法求出其最概然分布，其结果也是类似的. 我们最终获得的最概然分布仍然是费米–狄拉克分布或玻色–爱因斯坦分布. 我们将这两个任务留作习题，尽管此时运用斯特林公式来近似貌似并不合理.

32 近独立子系中粒子数分布的涨落

作为前面推导出来的近独立子系三种统计分布的一个应用，我们来讨论粒子数按照量子态分布的涨落问题.

对于量子分布 (玻色分布或费米分布)，一个给定的单粒子量子态 s，其上占据的平均粒子数为 $\bar{a}_s$，那么容易验证这个平均值的涨落可以表达为（留作习题）

$$\langle (a_s - \bar{a}_s)^2 \rangle = -\frac{\partial \bar{a}_s}{\partial \alpha}. \tag{5.99}$$

将量子统计的平均分布 [(5.78) 式] 代入 (5.99) 式，得到

$$\langle (a_s - \bar{a}_s)^2 \rangle = \bar{a}_s(1 \pm \bar{a}_s), \tag{5.100}$$

其中 + 和 − 分别对应玻色-爱因斯坦分布和费米-狄拉克分布. 我们发现，如果温度比较低，费米-狄拉克分布指出，单粒子态的平均占据数一定要么是 1 要么是 0，因此，对于费米-狄拉克系统，其分布的涨落很小. 对于玻色系统，由于没有了泡利不相容原理的限制，它的相对涨落一般要大得多. (5.100) 式可应用在黑体辐射 (光子气) 的能量涨落中[36].

讨论经典的麦克斯韦-玻尔兹曼分布的涨落反而相对要复杂一些. 为此，我们先写出一个粒子占据一个单粒子态 s 的概率 [(5.69) 式]：

$$p_s = \frac{\mathrm{e}^{-\beta \varepsilon_s}}{z}, \tag{5.101}$$

其中 $z = \sum_s \mathrm{e}^{-\beta \varepsilon_s}$ 为子系配分函数. 显然 $\sum_s p_s = 1$，此时，各个单粒子态 s 上分别有 a_s 个粒子的概率是一个多项式分布[37]：

$$P_{\{a_s\}} = \frac{N!}{\prod\limits_s a_s!} \prod_s (p_s)^{a_s}. \tag{5.102}$$

于是一个给定单粒子态上占据的粒子数的平均值

$$\bar{a}_s = \sum_{\{a_s\}} a_s P_{\{a_s\}} = p_s \frac{\partial}{\partial p_s}\left(\sum_{\{a_s\}} P_{\{a_s\}} \right), \tag{5.103}$$

---

[36] 虽然光子气的化学势为零，因此 (5.99) 式对于光子气不适用，但最终的结果 (5.100) 式仍然是成立的.

[37] 对此不熟悉的读者可以参考本书后面的附录.

其中括号内的求和是对所有可能的分布 $\{a_s\}$ 进行的,

$$\sum_{\{a_s\}} P_{\{a_s\}} = \left(\sum_s p_s\right)^N. \tag{5.104}$$

因此,我们自然由 (5.103) 式得到[38]

$$\bar{a}_s = Np_s = \frac{N}{z}e^{-\beta\varepsilon_s}. \tag{5.105}$$

这正是麦克斯韦–玻尔兹曼分布. 利用这种方法,我们可以计算出 a_s 的涨落:

$$\langle(a_s - \bar{a}_s)^2\rangle = \overline{a_s^2} - \bar{a}_s^2$$

$$= \left(p_s\frac{\partial}{\partial p_s}\right)^2 \left(\sum_s p_s\right)^N - \left[p_s\frac{\partial}{\partial p_s}\left(\sum_s p_s\right)^N\right]^2.$$

经过一些简单的计算,我们得到

$$\langle(a_s - \bar{a}_s)^2\rangle = \bar{a}_s, \tag{5.106}$$

其中假定了 $N \gg 1$. 这就是麦克斯韦–玻尔兹曼分布的涨落公式. 如果愿意,利用这种方法还可以求出 a_s 的其他幂次的期望值.

相关的阅读

这一章我们讨论了经典的系综理论,对于量子系综理论只是介绍了一下它的概念,而对于其表述方式 (密度算符的表述方式) 则没有涉及. 有一定量子力学基础的读者可以阅读参考书 [5] 中的相关讨论. 我们这里的讨论等价于对于密度算符选取了能量表象. 虽然我们没有选择通过最一般的密度算符来引入统计物理,但仍然选择了从最一般的系综理论出发来开始我们的统计物理理论框架的构建. 事实上,无论是最为经典的麦克斯韦–玻尔兹曼分布,还是量子的玻色–爱因斯坦分布或费米–狄拉克分布,都可以从近独立子系的最概然分布得到. 本书在第 31 节中也给出了推导的一个梗概. 这种推导方法甚至

---

[38]注意,在这类计算中我们必须首先计算对 p_s 的偏微商,然后再利用 p_s 的归一条件.

在一些普通物理的热学书中也都有所讨论. 如果读者希望了解更详细的讨论, 可以阅读参考书 [3] 的第六章. 我们这里的处理方法是将近独立子系的最概然分布作为普遍系综理论的一种具体应用而加以引入. 这样的处理的一个优势是可以突出系综理论作为统计物理理论的普适性, 同时具体到近独立子系的最概然分布, 可以规避另一种推导中 (特别是费米–狄拉克分布的推导中) 一些明显不合理的假设. 当然, 最后获得的分布的结果是完全相同的. 此外, 我们还讨论了三种分布中的涨落行为.

习 题

1. **量子统计中的平均分布**. 对于某个指定的量子态 s, 试证明其上的平均粒子数满足

$$\bar{a}_s = -\frac{\partial \zeta_s}{\partial \alpha},$$

其中 ζ_s 的表达式为

$$\zeta_s = \pm \ln\left(1 \pm e^{-\alpha-\beta\varepsilon_s}\right),$$

这里上面和下面的符号对应于费米子和玻色子系统.

2. **量子统计中的最概然分布**. 本题将从第 31 节的玻色子和费米子系统的微观态数 (5.85) 和 (5.86) 出发, 仿照该节中麦克斯韦–玻尔兹曼分布 (5.94) 的导出方法, 导出费米和玻色气体的最概然分布:

$$\tilde{a}_l = \frac{\varpi_l}{e^{\alpha+\beta\varepsilon_l} \pm 1}, \tag{5.107}$$

其中 + 和 − 分别对应于费米和玻色系统.

3. **微观态数、熵与最概然分布**. 本题将从第 31 节导出的系统的微观态数 (5.84)、(5.85) 和 (5.86) 出发, 统一利用玻尔兹曼关系来定义熵:

$$S = k_B \ln \Omega, \tag{5.108}$$

给出三种分布中熵与最概然分布 $\{\tilde{a}_s\}$ 之间的关系.
 (1) 对于麦克斯韦–玻尔兹曼系统, 给出 S 与最概然分布 $\tilde{a}_s$ 之间的关系.
 (2) 对于玻色–爱因斯坦系统, 给出 S 与最概然分布 $\tilde{a}_s$ 之间的关系.
 (3) 对于费米–狄拉克系统, 给出 S 与最概然分布 $\tilde{a}_s$ 之间的关系.

4. **玻尔兹曼分布中粒子数立方和四次方的平均值**. 仿照第 32 节中多项式分布的计算方法, 给出玻尔兹曼分布中 $\langle a_s^3 \rangle$ 和 $\langle a_s^4 \rangle$ 的表达式. 如果考虑的气体是量子气体, 结果如何?

5. 运动流体的玻尔兹曼分布. 如果考虑流体的总动量并不是零, 而是 $M\boldsymbol{V}_0$, 其中 M 是流体的总质量, $\boldsymbol{V}_0$ 为一常矢量, 这时候除了系统的粒子数和总能量守恒条件之外, 还需要考虑系统的总动量守恒的约束条件 (实际上是三个). 考虑了这个约束条件之后, 流体 (假定为经典的可分辨的近独立子系) 的最概然分布会有什么变化?

6. 三维自由粒子的态密度. 考虑三维非相对论性自由粒子的能量 $\varepsilon = \boldsymbol{p}^2/(2m)$ 以及 $\boldsymbol{p}$ 的量子化条件, 给出在体积 V 内, 粒子能量位于 $[\varepsilon, \varepsilon + \mathrm{d}\varepsilon]$ 内的单粒子量子态的数目 $D(\varepsilon)\mathrm{d}\varepsilon$. 函数 $D(\varepsilon)$ 称为三维非相对论性粒子的态密度. 如果将粒子变为极端相对论性的粒子, 即 $\varepsilon = cp, p = |\boldsymbol{p}|$, 结果又如何?

7. 二维自由粒子的态密度. 承上题, 讨论二维的粒子结果如何变化.

8. 正则系综的能量涨落. 验证正则系综中能量涨落的公式 (5.54).

9. 巨正则系综的粒子数涨落. 验证巨正则系综中粒子数涨落的公式 (5.56) 和 (5.57).

10. 其他物理量的涨落. 从 (5.63) 式出发, 换成以压强 p 和 S 为独立变量并计算它们的涨落 $\overline{(\Delta p)^2}$ 和 $\overline{(\Delta S)^2}$.

11. 开系中的涨落. 仿照 (5.63) 式的推导, 给出一个开系 (粒子数可变) 的涨落公式

$$W \propto \exp\left(-\frac{\Delta S \Delta T - \Delta p \Delta V + \Delta \mu \Delta N}{2k_\mathrm{B}T}\right), \qquad (5.109)$$

其中 μ 和 N 表示系统的化学势和粒子数. 讨论是否可以由此计算系统粒子数的涨落并与巨正则系综中的结果比较.

12. 量子分布中的平均分布的涨落. 验证费米分布和玻色分布中的涨落公式 (5.99).

第六章 量子理想气体

本章提要

- 理想玻色气体与玻色-爱因斯坦凝聚 (33)
- 黑体辐射 (34)
- 固体热容量 (35)
- 理想费米气体 (36)

这一章中，我们将利用前一章得到的关于量子近独立子系的一般公式来具体研究所谓的量子理想气体. 我们这里所说的量子理想气体是指满足量子统计分布 (费米分布或玻色分布) 的近独立子系. 量子理想气体的具体形态并不一定是我们日常生活中所熟悉的气体形态. 虽然说是理想气体, 不过粒子之间的瞬时碰撞, 或者粒子与外界环境的瞬时碰撞是达到热平衡所必需的. 如果构成一个量子力学系统的多个粒子之间存在相互作用, 但在某些特定的条件下其相互作用可以忽略, 这时这个系统仍然可以用量子近独立子系 (量子理想气体) 很好地近似. 当粒子之间的相互作用不可忽略时, 其统计理论就必须从普遍的量子系综理论 (密度算符描述) 出发了. 这样的系统有时又称为量子液体. 本书将只讨论量子理想气体. 按照构成系统的粒子是玻色子还是费米子, 量子理想气体可以分为理想玻色气体和理想费米气体两大类.

33 理想玻色气体

这一节中我们利用玻色-爱因斯坦分布来讨论一般的非相对论性的理想玻色气体. 我们将分为弱简并和强简并两种情况讨论. 在弱简并的情形下, 系统的性质可以与经典的理想气体进行比较. 事实上, 系统的热力学量可以表达成一个级数展开式, 这个展开式的首项就是经典理想气体所对应的热力学量, 后续的项可以看成全同性原理所造成的量子修正. 在强简并的情形, 系统则会出现所谓的玻色–爱因斯坦凝聚 (BEC) 现象. 玻色–爱因斯坦凝聚是一个纯粹的量子现象, 也是近年来理论和实验十分关注的方向.

33.1 弱简并非相对论性理想玻色气体

为了简单起见, 本小节中假设组成气体的玻色子的自旋是 0[①]. 同时, 假定这些玻色子的能量不太高, 可以利用非相对论理论来处理. 此时单粒子的能量

$$\varepsilon = \frac{\bm{p}^2}{2m}, \tag{6.1}$$

其中 m 是玻色子的质量, $\bm{p}$ 是它的平动动量. 我们考虑气体分子处在一个宏观大小的容器中, 由玻恩–卡门 (Born-Karman) 周期边界条件可以估计出每个分子典型的能级间隔大小

$$\Delta\varepsilon \sim \frac{\hbar^2}{mL^2}. \tag{6.2}$$

对于不太低的温度、宏观的尺寸 L 和典型的粒子质量而言, 我们发现都有 $\Delta\varepsilon \ll k_{\mathrm{B}}T$, 因此粒子的平动动能几乎总是可以看成准连续的. 将玻色子理想气体系统的巨配分函数的对数 [(5.75) 式] 中对量子态 s 的求和换为对动量 $\bm{p}$ 的积分, 有

$$\ln\Xi = -\sum_s \ln\left(1 - \mathrm{e}^{-\alpha-\beta\varepsilon_s}\right) = -\int \frac{V\mathrm{d}^3\bm{p}}{h^3} \ln\left(1 - \mathrm{e}^{-\alpha-\beta\varepsilon(\bm{p})}\right). \tag{6.3}$$

由于一个非相对论性粒子的动能 (无论是玻色子还是费米子) 总是具有 (6.1) 式的形式, 我们可以引入所谓的单粒子量子态的态密度的概念. 我们用 $g(\varepsilon)\mathrm{d}\varepsilon$ 来表示系统中能量处在 $[\varepsilon, \varepsilon+\mathrm{d}\varepsilon]$ 之中的单粒子量子态数. 那么对能量只与动量大小有关 [(6.1) 式] 的粒子, 态数

$$\frac{V\mathrm{d}^3\bm{p}}{h^3} = \frac{4\pi V p^2 \mathrm{d}p}{h^3} = \frac{2\pi V}{h^3}(2m)^{3/2}\varepsilon^{1/2}\mathrm{d}\varepsilon, \tag{6.4}$$

[①] 如果我们讨论的玻色子的自旋不是零, 而是 s, 那么系统的巨配分函数的对数 [(6.6) 式](以及其他由它导出的物理量) 需要乘以一个因子 $(2s+1)$.

其中第一步我们将 $\mathrm{d}^3\boldsymbol{p}$ 写到动量空间的球坐标中 ($p = |\boldsymbol{p}|$ 表示动量的大小)，而第二步利用了 $\varepsilon = p^2/(2m)$，换成用单粒子能量来表达. 对于这样的系统，态密度 $g(\varepsilon)$ 满足

$$g(\varepsilon)\mathrm{d}\varepsilon = \frac{2\pi V}{h^3}(2m)^{3/2}\varepsilon^{1/2}\mathrm{d}\varepsilon. \tag{6.5}$$

注意，这个态密度仅考虑了平动自由度相关的态密度，并没有考虑粒子的其他自由度. 例如对于自旋为 s 的粒子，这个态密度还需要乘以自旋的简并度 $(2s+1)$.

利用系统的态密度 [(6.5) 式]，进一步将 (6.3) 式中对动量的积分换为对能量的积分，并进行无量纲化 ($\beta\varepsilon \equiv x$)，得到

$$\ln \Xi = -\frac{2\pi V}{h^3}(2mk_\mathrm{B}T)^{3/2}\int_0^\infty \ln(1-\mathrm{e}^{-\alpha-x})x^{1/2}\mathrm{d}x. \tag{6.6}$$

值得注意的是，由于能态密度的式子中有因子 $\varepsilon^{1/2}$，$\varepsilon = 0$ 的能级 (即单粒子基态) 上粒子的贡献实际上被忽略了. 这在温度不是很低时是可以的，因为这时一个能级上的粒子数与总粒子数比是个小量[②]. 但如果温度很低，低于某个临界的凝聚温度，会出现所谓玻色-爱因斯坦凝聚，系统中会有宏观数目的粒子凝聚到 $\varepsilon = 0$ 的量子态上. 这时我们必须将此态单独进行考虑，这将在下一小节进行处理. 现在我们假定温度仍然高于这个凝聚温度，因此 (6.6) 式就确定了一个非相对论理想玻色气体的巨配分函数.

由于玻色子的单粒子能量从零一直准连续地延伸到正无穷，因此，对于任意一个给定的正数，在其附近总有一个无限接近它的单粒子能级存在. 这个事实实际上决定了理想玻色气体的化学势必定是非正的 (也就是说它是负数或等于零). 因为如果不是这样，我们就可以找到一个与化学势无限接近的单粒子能级，在这个能级上玻色分布的平均粒子数 [(5.78) 式] 将会任意地大，这将与所有能级上粒子数加起来是有限的矛盾. 因此，可以假定 $\alpha \geqslant 0$ (或者说 $\mu \leqslant 0$)，(6.6) 式积分中的对数函数可展开为

$$\ln(1-\mathrm{e}^{-\alpha-x}) = -\sum_{j=1}^\infty \frac{\mathrm{e}^{-j(\alpha+x)}}{j}. \tag{6.7}$$

[②] 尽管平均来讲，占据这个单粒子态 (基态) 的粒子数比占据任何一个其他单粒子态的粒子数都多.

将展开式 (6.7) 代入巨配分函数的表达式 (6.6) 并逐项积分, 得到

$$\ln \Xi = \frac{V}{h^3}(2\pi m k_B T)^{3/2} \sum_{j=1}^{\infty} \frac{e^{-j\alpha}}{j^{5/2}} \equiv \frac{V}{\lambda_T^3} g_{5/2}(z), \qquad (6.8)$$

其中 $z = e^{-\alpha} = e^{\mu/(k_B T)}$ 通常称为系统的逸度 (fugacity), 它直接与化学势 μ 相关. 我们还定义了与粒子本身热运动能量相当的德布罗意 (De Broglie) 波长

$$\lambda_T = \frac{h}{(2\pi m k_B T)^{1/2}}. \qquad (6.9)$$

同时我们引进了玻色函数

$$g_s(z) = \sum_{j=1}^{\infty} \frac{z^j}{j^s}, \quad s > 0. \qquad (6.10)$$

此函数称为多对数函数, 记为 $\text{Li}_s(z)$. 当 $z = 1$ 时, 它的函数值就是著名的黎曼 ζ 函数, 即 $g_s(1) = \zeta(s)$. 由于我们有 $\alpha \geqslant 0$, 即 $0 < z \leqslant 1$, 这导致 (6.7) 式中的级数展开是一致收敛的, 因此前面的逐项积分在数学上的确是允许的. 现在可以利用第五章中的热力学公式 (5.49) 到 (5.52) 等, 根据 (6.8) 式计算出玻色气体所有的热力学量:

$$\bar{N} = \frac{V}{\lambda_T^3} g_{3/2}(z), \qquad (6.11)$$

$$U = \frac{3}{2} k_B T \frac{V}{\lambda_T^3} g_{5/2}(z), \qquad (6.12)$$

$$pV = k_B T \frac{V}{\lambda_T^3} g_{5/2}(z) = \frac{2}{3} U, \qquad (6.13)$$

$$S = k_B \left(\frac{5}{2} \ln \Xi + \bar{N} \alpha \right). \qquad (6.14)$$

我们引入一个无量纲变量 y, 其定义为 (数密度 $n = N/V$)

$$y = \frac{Nh^3}{V}(2\pi m k_B T)^{-3/2} = n\lambda_T^3. \qquad (6.15)$$

它体现了在尺度为热波长 λ_T 的体积内平均有多少个粒子. 当变量 $y \ll 1$ 时, 我们称玻色子系统是弱简并的. 这时系统中粒子的平均距离 $\sim n^{-1/3}$, 远大于粒子本身热运动能量的德布罗意波长 λ_T. 因此, 我们预料这时量子效应是比较小的, 此时玻色–爱因斯坦量子统计会趋于经典的麦克斯韦–玻尔兹曼统计.

下面我们主要讨论系统的物态方程. 根据前面的 (6.11) 和 (6.13) 式, 我们可以将系统的物态方程写为

$$\frac{pV}{Nk_\text{B}T} = \frac{g_{5/2}(z)}{g_{3/2}(z)}. \tag{6.16}$$

但是这并不是通常的用数密度和温度等表达的物态方程的形式. 为了便于比较, 我们需要将 (6.16) 式等号右边的逸度 z 用变量 y(温度、数密度) 来表达. 根据 (6.11) 式, y 和 z 之间的关系为

$$y = g_{3/2}(z) \equiv \sum_{j=1}^{\infty} \frac{z^j}{j^{3/2}}. \tag{6.17}$$

当弱简并条件 $y \ll 1$ 成立时, 我们可以反解出逸度 z 作为 y 的级数:

$$z = y - \frac{1}{2^{3/2}}y^2 + \left(\frac{1}{4} - \frac{1}{3^{3/2}}\right)y^3 - \left(\frac{1}{8} + \frac{5}{8^{3/2}} - \frac{5}{6^{3/2}}\right)y^4 + \cdots . \tag{6.18}$$

将这个结果代回到 (6.16) 式中, 我们就得到了弱简并理想玻色气体的物态方程:

$$\frac{pV}{Nk_\text{B}T} = 1 - \frac{1}{2^{5/2}}y - \left(\frac{2}{3^{5/2}} - \frac{1}{8}\right)y^2 - \left(\frac{3}{32} + \frac{5}{2^{11/2}} + \frac{3}{6^{3/2}}\right)y^3 - \cdots . \tag{6.19}$$

我们看到, 弱简并理想玻色气体的物态方程与经典理想气体的物态方程相比有着系统的偏差. (6.19) 式就是玻色气体的物态方程当弱简并条件成立时对气体密度的一个展开, 其中量子修正 (y 的幂次) 是小的. 同时, 这种对于经典理想气体的偏差并不是动力学的相互作用引起的. 我们所研究的构成玻色气体的微观粒子之间除碰撞的瞬间外没有任何相互作用, 即便如此, 玻色气体的压强也比具有同样温度和密度的纯经典理想气体的压强要小, 仿佛玻色子之间有等效的相互吸引似的. 造成这个效应的根源是量子力学的全同性原理, 换句话说, 是由于采取了不同于经典的统计法. 因此, 我们称这种关联为统计关联. 正是统计关联使得理想玻色气体表现出一种等效的相互吸引.

33.2 玻色−爱因斯坦凝聚

下面我们讨论极端强简并的情形, 也就是 (6.15) 式中定义的 y 接近于 1 或更大时的情况. 如果温度 T 趋于零或密度 n 很大时, 按照定义 (6.15), y 的数值是可以任意大的, 但是根据 (6.17) 式, y 的数值永远不会大于

$g_{3/2}(1) = \zeta(3/2)$. 造成这个矛盾的根源是气体的数密度 n 与化学势的关系 (6.11) [它直接导致 (6.17) 式] 在温度很低时实际上是不正确的, 必须重新考虑. 正如我们在推导 (6.6) 式时提到的, 这个公式中忽略了能量为零的单粒子态上的粒子对于系统物理量的贡献. 这个近似在温度不太低时是可以的. 但是, 随着温度的降低, 化学势也不断升高[③]. 当温度降到某个临界温度 T_c 时, 化学势非常接近于零. 如果温度进一步降低, 由于化学势不可能成为正的, 因此它实际上将不再变化而是维持在零[④]. 这时, 随着温度的降低, 系统中就会有越来越多的粒子凝聚到能量最低的单粒子态 (基态) 上. 直到绝对零度时, 所有粒子都会凝聚到基态上. 这种无相互作用系统中, 宏观数量的玻色子凝聚到能量最低的单粒子态上的现象称为玻色–爱因斯坦凝聚. 玻色–爱因斯坦凝聚可以看成一种特殊的相变.

按照前面的分析, 我们必须将单粒子的基态与激发态分开处理: 玻色子的基态对于巨配分函数对数的贡献以求和的形式单独计入, 激发态的贡献仍可以用积分来替代求和. 因此, 玻色气体的巨配分函数的对数 [(6.6) 式] 应修正为

$$\ln \Xi = -\frac{2\pi V}{h^3}(2mk_BT)^{3/2}\int_0^\infty \ln(1-e^{-\alpha-x})x^{1/2}dx - \ln(1-e^{-\alpha}), \quad (6.20)$$

相应的玻色气体中的总粒子数为

$$\bar{N} = \frac{V}{\lambda_T^3}g_{3/2}(z) + \frac{z}{1-z} \equiv \bar{N}_{\varepsilon>0} + \bar{N}_{\varepsilon=0}, \quad (6.21)$$

其中 $z = e^{-\alpha}$ 为系统的逸度, 而函数 $g_{3/2}(z)$ 的定义由 (6.10) 式给出. 容易验证, (6.21) 式右边的两项分别对应位于单粒子激发态 (即 $\varepsilon > 0$ 的所有态) 和基态 (即 $\varepsilon = 0$ 的态) 上的粒子数.

玻色气体的总粒子数 [(6.21) 式] 值得我们更细致地分析. 首先, 由于逸度 z 满足 $0 < z \leqslant 1$, 又由于对宏观系统 $\bar{N} \gg 1$, 因此我们发现, 只要 z 不是非常接近于 1, (6.21) 式中的第二项, 也就是单粒子基态上的粒子数 $\bar{N}_{\varepsilon=0}$ 都是可以忽略的. 如果我们忽略第二项的贡献, 就回到了 33.1 小节得到的结

[③] 注意玻色气体的化学势永远都是非正的, 所以, 我们说它升高, 是指其绝对值趋于零.

[④] 事实上, 化学势仍然是负的, 只不过非常接近于零, 它与零的差别对于所有要考虑的物理量都不会造成实质的影响.

果，这时没有任何玻色–爱因斯坦凝聚发生. 但是，如果 $z = 1 - O(1/\bar{N})$，那么 (6.21) 式中的第二项 $\bar{N}_{\varepsilon=0}$ 就变得不可忽略了. 但是由于第一项中 $g_{3/2}(z)$ 对 z 的依赖在 $z \approx 1$ 时并不敏感，我们完全可以将其中的 z 宗量取为 1. 这时处于激发态的总粒子数 [(6.21) 式中第一项] 为

$$\bar{N}_{\varepsilon>0} = \frac{V}{\lambda_T^3} g_{3/2}(1) = \frac{V}{\lambda_T^3} \zeta\left(\frac{3}{2}\right), \tag{6.22}$$

而基态上的粒子数则由 $\bar{N}_{\varepsilon=0} = \bar{N} - \bar{N}_{\varepsilon>0}$ 给出. 基态上凝聚的粒子密度

$$n_0(T) = n\left[1 - \left(\frac{T}{T_c}\right)^{3/2}\right], \tag{6.23}$$

其中的相变临界温度可以由 (6.22) 式决定：

$$n\lambda_{T_c}^3 = \zeta\left(\frac{3}{2}\right) \approx 2.612,$$

即

$$T_c \approx \frac{2\pi}{(2.612)^{2/3}} \frac{\hbar^2}{mk_B} n^{2/3}. \tag{6.24}$$

当温度 T 接近 T_c 时，基态数密度 $n_0(T)$ 几乎是零，随温度降低，$n_0(T)$ 也增加，直到零温时，所有粒子都凝聚到基态上 $[n_0(T) = n]$ 从而形成玻色–爱因斯坦凝聚. 这是符合物理直觉的，因为没有任何理由阻止多个玻色子同时占据一个量子态. 这个现象首先是爱因斯坦经过理论分析后提出的，但实验上的验证直到 20 世纪末才真正实现.

系统发生玻色–爱因斯坦凝聚后的其他物理量也可以类似地求出，要注意的只是将基态的贡献与其他态的贡献分开考虑. 例如，利用关系 $pV = k_B T \ln \Xi$，我们可以得到理想玻色气体的压强 p. 另一方面，对非相对论性气体总是有 $pV = (2/3)U$，我们同时也得到了系统的内能. 我们将玻色气体在临界温度上下的压强统一写为

$$p = \frac{2}{3}\frac{U}{V} = \begin{cases} \dfrac{k_B T}{\lambda_T^3} g_{5/2}(z) = nk_B T \dfrac{g_{5/2}(z)}{g_{3/2}(z)}, & T > T_c, \\[2mm] \dfrac{k_B T}{\lambda_T^3} \zeta\left(\dfrac{5}{2}\right) = nk_B T \dfrac{\zeta(5/2)}{\zeta(3/2)} \left(\dfrac{T}{T_c}\right)^{3/2}, & T < T_c. \end{cases} \tag{6.25}$$

注意，对于 $T > T_c$，这里的结果与上一小节的结果完全一致，其中的逸度 z 也必须通过 (6.11) 式反解为系统数密度和温度的函数 [见 (6.18) 式处的讨论].

从系统的内能出发并对温度求导数就可以求出系统的热容量[5]：

$$\frac{C_V}{Nk_B} = \begin{cases} \dfrac{15}{4}\dfrac{g_{5/2}(z)}{g_{3/2}(z)} - \dfrac{9}{4}\dfrac{g_{3/2}(z)}{g_{1/2}(z)}, & T > T_c, \\ \dfrac{15}{4}\dfrac{\zeta(5/2)}{\zeta(3/2)}\left(\dfrac{T}{T_c}\right)^{3/2}, & T < T_c. \end{cases} \quad (6.26)$$

也就是说，当温度在临界温度以下时，系统的热容量与 $T^{3/2}$ 成正比. 实际上可以证明，在理想玻色气体的玻色–爱因斯坦凝聚相变中，T_c 处的热容量是连续的. 但是，热容量对于温度的导数在临界温度左右不相等，有一个跃变. 因此按照热力学部分第 13 节给出的埃伦菲斯特的分类，玻色–爱因斯坦凝聚是一个三级相变.

虽然在理论上，爱因斯坦早就提出了出现玻色–爱因斯坦凝聚相变的可能性，但在实验上要验证它却相当困难. 首先，它需要相当低的温度. 人们曾在液氦的超流相变处发现了类似的行为，一度怀疑液氦的超流相变可能是爱因斯坦提出的玻色–爱因斯坦凝聚相变，但后来发现并不是. 液氦的超流性是由氦原子之间的相互作用引起的，而且其相变的特性是一个典型的二级相变而不是三级相变. 随后，人们一直试图寻找真正的玻色–爱因斯坦凝聚的例子. 实验上的困难就在于必须寻找一个系统，它的相变的起因完全是 (或者至少主要是) 统计关联而不是玻色子之间的相互作用. 由于玻色子间总是具有动力学的相互作用，因此要实现真正意义上的玻色–爱因斯坦凝聚，就必须使得玻色子气体足够稀薄，以至于粒子间的相互作用可以忽略. 极低的数密度 n 对应于极低的 T_c [(6.24) 式]，只有 20 世纪末极低温技术 (激光冷却和磁约束技术) 充分发展后，人们才在碱金属同位素（以保证其为玻色子）中实现了真正的玻色–爱因斯坦凝聚. 这个工作与超高精度原子钟有关.

34 黑体辐射的统计物理理论

在热力学部分的讨论中 (第 10 节)，我们利用纯粹热力学的方法证明了辐射场的能量密度 $u(T)$ 仅与围绕它的空腔的温度有关，与形状等因素无关，而

---

[5]当 $T < T_c$ 时，计算十分简单. 当 $T > T_c$ 时，需要计算 $\partial z/\partial T$，这可以由 (6.11) 式得到，留作习题.

且能量密度直接与热力学温度的四次方成正比：

$$u = aT^4. \tag{6.27}$$

这称为斯特藩-玻尔兹曼定律. 这里我们将利用统计物理的方法来讨论平衡的辐射场问题. 这个问题可以从两个不同的角度进行处理, 所得到的结果是完全一致的: 第一个方法是将空窖中的电磁场展开成简正振动的叠加, 这些简正模正是平面波; 第二个方法则是利用所谓的光子气描述. 我们下面逐一来进行讨论.

空窖中的电磁场由平面波构成, 每个平面波由其波矢 $\boldsymbol{k}$ 及偏振方向 s 描述. 波矢 $\boldsymbol{k}$ 的方向代表了平面波的传播方向, 而它的大小 k 与电磁波的圆频率 $\omega_{\boldsymbol{k}}$ 的关系为

$$\omega_{\boldsymbol{k}} = ck, \tag{6.28}$$

其中 c 为真空中的光速. 在空窖中, 因周期边条件, 波矢 $\boldsymbol{k}$ 的每一个分量都是量子化的. 当然, 如果空窖的尺度 L 很大, 波矢实际上是准连续的. 为简单起见, 我们假定空窖是一个边长为 L 的立方体, 运用周期边条件[⑥], 有

$$\boldsymbol{k} = \frac{2\pi}{L}\boldsymbol{n}, \tag{6.29}$$

其中 $\boldsymbol{n}$ 是一个分量取整数的矢量. 对于每一个给定的 $\boldsymbol{k}$, 电磁波可以有两个独立的偏振方向, 由 $s = 1, 2$ 来标记. 由于 $\boldsymbol{k}$ 可以取无穷多个值[⑦], 所以空窖中的辐射场是一个具有无穷多自由度 (每个自由度由一个固定的 $\boldsymbol{k}$ 和确定的偏振方向 s 描写) 的力学系统. 利用简正模 (或者说平面波展开) 的好处是, 这些简正模在统计上是相互独立的, 没有相互作用, 每一个都是一个谐振子. 将这些谐振子量子化以后, 电磁场的总能量可以写成

$$E = \sum_{\boldsymbol{k},s} \left(n_{\boldsymbol{k},s} + \frac{1}{2}\right) \hbar\omega_{\boldsymbol{k}}. \tag{6.30}$$

因此, 黑体辐射可以看成由不同的 $(\boldsymbol{k}, s)$ 的简正模构成的近独立子系. 值得注意的是, 对于一个由 $(\boldsymbol{k}, s)$ 所描写的简正模, 它的圆频率只与波矢 $\boldsymbol{k}$ 的大小 k 有关 [(6.28) 式], 与波矢的方向和偏振 s 无关.

[⑥]实际上, 如果运用更为复杂的边条件, 并不会影响我们得到的结论.
[⑦]也就是说, 三维整数矢量 $\boldsymbol{n} \in \mathbb{Z}^3$ 可以取所有整数值.

按照这种逻辑,对一个给定的量子态 $(\boldsymbol{k}, s)$,电磁场系统的正则配分函数

$$Z = \sum_{\{n_{\boldsymbol{k},s}\}} \mathrm{e}^{-\beta E} = \prod_{\boldsymbol{k},s} z_{\boldsymbol{k},s},$$

$$z_{\boldsymbol{k},s} = \sum_{n_{\boldsymbol{k},s}=0}^{\infty} \mathrm{e}^{-\beta(n_{\boldsymbol{k},s}+1/2)\hbar\omega_s(\boldsymbol{k})} = \frac{\mathrm{e}^{-\beta\hbar\omega_s(\boldsymbol{k})/2}}{1-\mathrm{e}^{-\beta\hbar\omega_s(\boldsymbol{k})}}, \tag{6.31}$$

因此,系统的总能量可以写成各个简正模的贡献之和 [(5.42) 式]:

$$U = -\frac{\partial}{\partial \beta} \ln Z = \sum_{\boldsymbol{k},s} -\frac{\partial}{\partial \beta} \ln z_{\boldsymbol{k},s}. \tag{6.32}$$

对于偏振 s 的求和只是贡献一个因子 2,同时利用在空窖中,波矢的大小在 k 到 $k+\mathrm{d}k$ 中的简正振动的个数为 $4\pi V k^2 \mathrm{d}k/(2\pi)^3$,这样总的简正振动的个数为 $\frac{V}{\pi^2 c^3}\omega^2 \mathrm{d}\omega$,空窖中圆频率在 ω 到 $\omega+\mathrm{d}\omega$ 范围内的辐射场能量⑧

$$U(\omega, T)\mathrm{d}\omega = \frac{V}{\pi^2 c^3} \frac{\hbar\omega^3}{\mathrm{e}^{\frac{\hbar\omega}{k_\mathrm{B}T}} - 1} \mathrm{d}\omega. \tag{6.33}$$

这就是著名的普朗克黑体辐射公式. 对圆频率积分就得到热力学中的能量密度的结果.

下面用另一种观点来讨论这个问题. 我们不从简正模出发,而是从简正模波对应的粒子——光子的角度出发来研究黑体辐射. 辐射场的振动模式的变化可以看成不断地吸收或发射光子的过程. 所谓黑体辐射就是这些光子所组成的理想气体. 由于光子可以自由地被产生和吸收,将不再有光子数守恒的条件,与此相应,光子气的化学势为零. 光子的动量 $\boldsymbol{p}$、能量 ε 与辐射场的波矢 $\boldsymbol{k}$ 和圆频率 ω 之间的关系是

$$\boldsymbol{p} = \hbar\boldsymbol{k}, \qquad \varepsilon = \hbar\omega = cp, \tag{6.34}$$

也就是说,光子是零质量的粒子,永远以光速运动. 光子是玻色子,而且光子

---

⑧实际上,还有一项对应于各个简正模的零点能的贡献被扔掉了. 这一项与温度无关,不对任何热力学物理量有贡献,只是影响能量的零点的选取 (这一项积分后实际上是发散的).

之间的相互作用很弱，可以看成理想玻色气体⑨. 所以，在一个能级 ε_l 上的平均光子数为

$$\bar{a}_l = \frac{\varpi_l}{e^{\beta \varepsilon_l} - 1}, \tag{6.35}$$

其中 ϖ_l 为该单粒子能级所对应的简并度. 由于我们假定空腔是具有宏观尺度的, 这时光子的能级是准连续的, 我们只要求出光子的态密度就可以了. 光子的自旋是 1, 但是它的自旋沿其运动方向的分量只能取 ± 1 两个值⑩. 仍然使用前面计算的空窖中在 ω 到 $\omega + d\omega$ 之间的光子的量子态密度为 $\varpi_l = \frac{V}{\pi^2 c^3} \omega^2 d\omega$. 将其乘以一个光子的能量 $\hbar\omega$, 我们再次得到了在相应频率范围内的辐射场能量的普朗克公式:

$$U(\omega, T)d\omega = \frac{V}{\pi^2 c^3} \frac{\hbar \omega^3}{e^{\frac{\hbar \omega}{k_B T}} - 1} d\omega. \tag{6.36}$$

这就是普朗克在 1900 年发表的关于辐射场能量密度随频率分布的内插公式. 它在当时几乎完美地拟合了高频和低频的实验曲线. 后来, 爱因斯坦认真地考虑了普朗克公式中提出的能量量子化的方案, 于 1905 年正式提出了光子的概念. 从此, 人类开始走出经典物理的笼罩, 步入一个全新的量子世界.

在高频极限下, 普朗克黑体辐射谱 [(6.36) 式] 变为

$$U(\omega, T)d\omega = \frac{V}{\pi^2 c^3} \hbar \omega^3 e^{-\frac{\hbar \omega}{k_B T}} d\omega. \tag{6.37}$$

这正是维恩 (Wien) 在 1896 年提出的经验公式, 后称为维恩公式. 它说明, 在高频区域辐射场的能量随频率的分布指数地趋于零. 这一特性从量子的观点也是很好理解的. 在高频区域, 高频光子的能量远远大于室温时热激发的平均能量尺度 $k_B T$, 因此由热激发产生这样高频光子的概率非常小, 所以, 这类

---

⑨ 在自由电子和正电子十分稀少的空间, 光子与光子之间的相互作用是非常弱的. 按照量子电动力学的估计, 最低级的贡献来自光子-光子散射过程, 这个过程中交换虚的正负电子对. 它对于散射截面的贡献正比于 α_{EM}^4, 其中 $\alpha_{EM} \approx 1/137$, 称为电磁相互作用的精细结构常数. 这是一个非常小的量, 因此将光子气看成理想气体是一个非常好的近似.

⑩ 这一点与一般有质量的自旋是 1 的粒子有所不同, 其原因是光子所对应的电磁场具有规范对称性. 这种规范对称性要求光子的自旋分量不能取零, 而只能取 ± 1. 用简正模的语言, 这对应于电磁波的左旋和右旋圆偏振. 光子的自旋分量如果取零, 对应于纵偏振的电磁波. 电磁学的常识告诉我们: 自然界中并不存在纵偏振的电磁波.

高能光子对于辐射场的能量几乎是没有贡献的. 这正像质量较轻的双原子分子理想气体的高振动能级在常温下被冻结从而对热容量没有贡献一样 (见第 37.2 小节).

在另一个极限, 也就是低频极限下, 普朗克黑体辐射谱 [(6.36) 式] 变为

$$U(\omega, T)\mathrm{d}\omega = \frac{V}{\pi^2 c^3}\omega^2 k_\mathrm{B} T \mathrm{d}\omega. \tag{6.38}$$

所以在长波极限下, 辐射场的能量随频率的分布正比于 $k_\mathrm{B}T$, 而且比例系数正好是在频率范围 ω 到 $\omega + \mathrm{d}\omega$ 之间的振动模式数 ϖ_l. 也就是说, (6.38) 式恰恰是经典能量均分定理的结果 (一个振子贡献 $2 \times \frac{1}{2} k_\mathrm{B}T$), 它是瑞利 (Rayleigh) 和金斯 (Jeans) 首先提出的, 因此被后人称为瑞利–金斯公式. 这个公式也被当时低频辐射的实验所证实.

我们可以将普朗克公式 (6.36) 对频率积分, 得到辐射场的总能量

$$U = \frac{\pi^2 k_\mathrm{B}^4}{15 c^3 \hbar^3} V T^4, \tag{6.39}$$

即辐射场的能量密度与温度的四次方成正比, 而且其比例系数可以用自然界的基本常数来表示, 这是热力学理论无法预言的. 著名的斯特藩–玻尔兹曼定律告诉我们, 黑体辐射的能流辐射强度为 $J = \frac{c}{4}\frac{U}{V} = \sigma T^4$, 其中斯特藩常数 σ 可由 (6.39) 式得到:

$$\sigma = \frac{c}{4}\frac{\pi^2 k_\mathrm{B}^4}{15 c^3 \hbar^3} = \frac{\pi^2 k_\mathrm{B}^4}{60 c^2 \hbar^3}. \tag{6.40}$$

具体的数值计算得到的 σ 的数值与实验上观测到的常数 J/T^4 高度符合.

显然, 如果将能量均分定理 (或者说瑞利–金斯公式) 的结果 (6.38) 对圆频率积分, 将会发散. 这一点被埃伦菲斯特称为紫外灾难[1], 说明对于任意频率的电磁波辐射场应用经典统计将得到十分荒谬的结果. 其实早年瑞利、金斯包括普朗克等人都没有认为经典统计的结果可以应用于高频的辐射场, 因此, 从这个角度来讲, 当时 (1900 年左右) 并没有什么紫外灾难之说. 但不可否认的是, 埃伦菲斯特后来的论证[2] 使得许多人相信: 经典统计的确已经不能应

---

[1] 埃伦菲斯特, 玻尔兹曼的学生, 一个伟大的物理学家, 一个不幸的灵魂.

[2] 紫外灾难这个词汇最早出现在 1911 年埃伦菲斯特的论述之中, 尽管他可能在这之前就已经有类似的讨论了.

用在辐射场这样的对象上了, 经典的物理理论必须变革, 代之以全新的量子理论.

黑体辐射的普朗克公式的最完美的验证并不是来自地球上的任何一个实验室, 而是来自空间卫星关于宇宙微波背景辐射 (cosmic microwave background, CMB) 的观测[13]. 宇宙微波背景辐射是迄今为止宇宙大爆炸的最直接的观测证据. 大约在大爆炸发生后 30 万年, 宇宙的膨胀使宇宙冷却到原子可以稳定存在. 这时, 宇宙空间中原先存在的大量的自由电子被原子核所俘获, 组成了电中性的稳定的原子. 从那时起, 原先与自由电子剧烈反应 [康普顿 (Compton) 散射] 的光子几乎可以自由地穿过宇宙空间而不被散射. 也就是说, 从那时起, 宇宙才 "混沌初开", 变得对光透明起来. 这个现象在宇宙学中称为光子的脱耦. 光子脱耦的时刻对于宇宙中的光子来说是一个十分重要的时刻. 从这时起, 宇宙中的光子气开始可以用自由光子气 (或者说黑体辐射) 来很好地描述了. 在微波背景辐射形成的时候, 宇宙的温度 (或者说微波背景辐射所对应的黑体辐射的温度) 还是很高的. 随着宇宙的继续膨胀, 到现在这个温度已经降低到大约 2.7 K. 来自卫星观测的辐射谱与普朗克的黑体辐射公式的预言惊人地相符, 其符合程度足以将微波背景辐射的温度确定到 4 ~ 6 位有效数字. 这种符合程度不仅超过了当年普朗克的同事们验证普朗克公式的程度, 而且远远超过了任何目前人工实验室中能达到的程度. 因为, 任何的人工实验装置都仅是理想黑体辐射的一个近似, 人们无法将外界的各种干扰忽略, 而宇宙的特点就是, 它已经是一切, 不存在宇宙之外的干扰. 当然, CMB 提供给我们的物理信息远远不止验证黑体辐射, 事实上, 它可以看成宇宙年轻时 (只有 30 万年, 与目前宇宙 100 多亿年比较, 可以称为年轻) 留下的一张旧照片[14], 可以为我们研究早期宇宙的各种物理性质提供重要的实验证据.

35 固体的热容量

在经典的麦克斯韦–玻尔兹曼统计理论中, 一个重要的结果就是能量均分定理. 这个定理应用于固体热容量, 就得到了著名的杜隆–珀蒂定律

---

[13] 早期的观测卫星有 COBE 卫星, 21 世纪又有 WMAP 卫星、普朗克卫星.

[14] 如果将 100 亿年等价于人类的 40 岁, 那么 30 万年大约只相当于出生后 10 小时.

(Dulong-Petit law)：固体中 N 个原子有 $3N$ 个振动自由度，每个振动自由度贡献 $2 \times \frac{1}{2} k_B T$，因此固体的摩尔热容量是一个常数 $3R = 3N_A k_B$. 实际固体的热容量在高温时都较好地满足这个定律，但在低温时，所有固体几乎都不满足这个定律，造成定律破坏的主要原因就是量子效应.

历史 爱因斯坦是第一个研究固体（低温）热容量量子理论的人. 他在早期量子论方面的工作首先是在光量子方面 (1905 年) 提出了光子的观念，解释了光电效应. 随后一年，也就是 1906 年，爱因斯坦提出了他的固体热容量的量子理论，基于后来称为声子 (phonon) 的量子化能量解释了固体热容量在低温时为何会偏离经典的能量均分定理 (或杜隆-珀蒂定律) 的预言. 这个工作的重要意义在于，它诞生于量子论的萌芽期，远早于量子力学的诞生 (1925 年)，甚至远早于玻尔的原子模型的诞生 (1913—1916 年). 在 1906 年，多数人都对量子论抱悲观和怀疑的态度. 实际上，当时就连提出量子论的普朗克都对量子论抱悲观态度. 普朗克非常欣赏爱因斯坦的狭义相对论，并且是狭义相对论的积极支持者和推广者，但他对于爱因斯坦在量子论方面的尝试曾经发表了非常悲观的评论. 直到 1913 年，他还认为发展早期的量子论是爱因斯坦的一个"失误". 由此可以看出，量子论在早期的发展是多么艰难. 这也从一个侧面反映了爱因斯坦的光子和声子的量子理论的伟大意义. 毫不夸张地说，爱因斯坦声子模型（固体热容量量子理论）是当时人们所知的寥寥无几的量子理论之一.

爱因斯坦假设固体中的原子的振动的 $3N$ 个独立简正模的振动频率都相等，将其圆频率记为 ω. 这些振子的能量为[15]

$$\varepsilon_n = \left(n + \frac{1}{2}\right) \hbar \omega. \tag{6.41}$$

由于原子只是做小振动，它们是定域、可分辨的，于是可将整个固体系统看成 $3N$ 个可分辨的振子组成的近独立子系. 对应于一个振子的子系配分函数为

$$z = \sum_{n=0}^{\infty} e^{-\beta \hbar \omega (n+1/2)} = \frac{e^{-\frac{\beta \hbar \omega}{2}}}{1 - e^{-\beta \hbar \omega}}. \tag{6.42}$$

整个系统的正则配分函数 $Z = z^{3N}$，因此固体的内能为

$$U = -3N \frac{\partial}{\partial \beta} \ln z = 3N \frac{\hbar \omega}{2} + \frac{3N \hbar \omega}{e^{\beta \hbar \omega} - 1}. \tag{6.43}$$

---

[15]这个公式中的 1/2 实际上在爱因斯坦原先的讨论中是没有的，不过这样一个常数仅影响能量的零点的选取，对于热容量没有影响.

由此，我们计算出固体的热容量为

$$C_V = \left(\frac{\partial U}{\partial T}\right)_V = 3Nk_B \left(\frac{\hbar\omega}{k_B T}\right)^2 \frac{e^{\beta\hbar\omega}}{(e^{\beta\hbar\omega} - 1)^2}. \tag{6.44}$$

于是，我们可以定义一个系统的特征温度

$$\theta_E = \frac{\hbar\omega}{k_B}, \tag{6.45}$$

它称为固体的爱因斯坦温度. 我们看到，当温度足够高，即 $\theta_E \ll T$ 时，爱因斯坦理论预言的固体热容量趋于常数 $3Nk_B$，与杜隆-珀蒂定律刚好一致；反之，当温度很低，$T \ll \theta_E$ 时，爱因斯坦理论预言的固体热容量指数地趋于零. 在图 6.1 中，我们示意性地用实线画出了爱因斯坦理论中的固体热容量随温度的变化. 实验上，固体的低温热容量的确随温度趋于零而趋于零，但是并不像爱因斯坦理论所预言得那么快 (指数地)，而是按照温度的幂次趋于零. 造成这种不一致的原因是爱因斯坦假设固体中原子的所有振动模式的频率都是相同的. 这是一个过于简化的假设. 固体中振动的频率是连续分布的，而且声波的色散关系 $\omega \approx vk$ 与光子的色散关系 $\omega = ck$ 形式类似. 随后的德拜 (Debye) 声子模型借鉴黑体辐射简正振动数 $4\pi V k^2 dk/(2\pi)^3$ 修正了爱因斯坦声子模型 [见图 6.1 中虚线，其中 θ_D 的定义见后面 (6.50) 式]. 但考虑到爱因斯坦声子模型是人类历史上早期的几个量子理论之一，它在物理学上的意义已经远远超出了仅仅解释固体的低温热容量这一范畴. 因此，尽管爱因斯坦理论在定量地解释固体低温热容量上并没有德拜理论成功，但它在物理学史中的地位应在德拜理论之上.

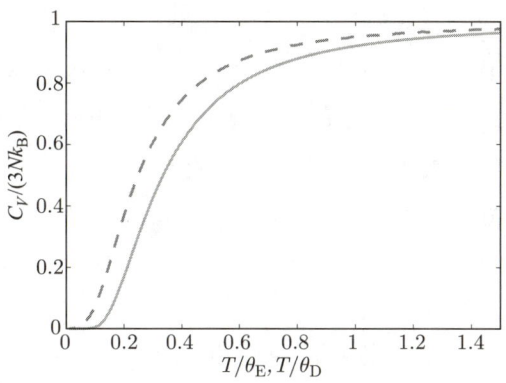

图 6.1 爱因斯坦和德拜关于固体热容量的量子理论的预言. 当温度很高时，它们都回到经典的杜隆-珀蒂定律；当温度很低时，它们都趋于零. 特别要指出的是，爱因斯坦的理论是人类关于固体热容量的第一个量子理论

历史 德拜,荷兰物理学家、化学家,后来加入美国籍. 他 1884 年生于荷兰的马斯特里赫特,后来在亚琛工业大学学习深造并获得电机工程学位,1906 年随导师索末菲 (Sommerfeld) 去慕尼黑大学并在那里获得博士学位 (1908 年). 1911 年,德拜接替爱因斯坦任苏黎世大学理论物理教授,后来又在德国、荷兰等多所大学任教. 1934 年,德拜创立了马克斯·普朗克物理研究所. 由于与纳粹不合,他于 1940 年去美国任康奈尔大学化学系主任. 1966 年,德拜病逝. 德拜的贡献不止在固体热容量方面,他还对 X 射线衍射学、低温物理 (他最先提出绝热去磁冷却的方法并获得了 1 K 以下的低温)、分子极化、溶液理论等方面都做出了卓越贡献,因此获得了 1936 年的诺贝尔化学奖. 本书在第 41 节中会介绍他关于稀薄等离子体的统计理论,该理论可以应用在化学溶液中.

爱因斯坦引入量子化的概念从而定性地解释了固体热容量在低温时趋于零的事实. 真正的定量上比较成功的固体中离子振动的低温热容量理论是由德拜声子模型提供的,不过那是提出爱因斯坦声子模型六年以后 (1912 年) 的事情了. 当时,德拜刚刚接替爱因斯坦任苏黎世大学理论物理教授,便开始研究如何改进爱因斯坦的固体热容量理论. 他首先注意到,固体中的振动实际上与固体中的声波相对应,因此,振动的频率与波长(或者说波数)是相互联系的. 所以,固体振动的频率也不是一个固定的常数,而是随波长(或者说波矢的大小)有一个分布. 德拜曾经跟随普朗克接受过黑体辐射计算的训练. 类似于光子,将固体中的声波量子化以后,可以将对声子构成的理想气体的内能的计算类比于黑体辐射理论处理. 于是,讨论振动对热容量的贡献可以等价地变为讨论声子气的热容量问题. 声子也是玻色子,它的数目也是不守恒的,所以一切讨论都和我们上一节中光子气的热力学公式类似. 细微的不同之处在以下几个方面. 首先,声子的能谱和偏振与光子不同. 对应于一个给定的波矢 k,三维固体中的声波可以有三个不同的偏振方向:一个纵偏振和两个横偏振. 纵偏振和横偏振的声波在固体中的传播速度不同:

$$\omega = c_l k, \quad \omega = c_t k, \tag{6.46}$$

其中 c_l 和 c_t 分别是固体中的纵声波声速和横声波声速[16]. 一般说来,$c_l > c_t$,

---

[16] 固体中的声速可以通过固体的弹性模量和密度计算出来. 例如 $c_l = \sqrt{E/\rho}$,其中 E 是固体的杨氏模量,ρ 是固体的密度.

即纵波比横波要快. 所以, 在圆频率 ω 到 $\omega+\mathrm{d}\omega$ 之间, 借鉴黑体辐射简正振动数 $4\pi V k^2 \mathrm{d}k/(2\pi)^3$, 声子 (包括横声子和纵声子) 的总量子态数是

$$g(\omega)\mathrm{d}\omega = \frac{V}{2\pi^2}\left(\frac{1}{c_\mathrm{l}^3} + \frac{2}{c_\mathrm{t}^3}\right)\omega^2\mathrm{d}\omega. \tag{6.47}$$

这个数就是频率处在 ω 到 $\omega+\mathrm{d}\omega$ 之间的固体的简谐振动的模式数. 其次, 与黑体辐射不同的是, 固体所对应的总振动自由度不是无穷大, 而应当等于三维固体的总的振动自由度 $3N$, 其中 N 是构成固体的原子数, 所以必须有

$$\int_0^{\omega_\mathrm{D}} g(\omega)\mathrm{d}\omega = 3N, \tag{6.48}$$

其中 ω_D 是德拜引入的截止频率, 称为德拜截止频率. 于是固体的内能可以写成

$$U = U_0 + \int_0^{\omega_\mathrm{D}} g(\omega)\frac{\hbar\omega}{\mathrm{e}^{\frac{\hbar\omega}{k_\mathrm{B}T}}-1}\mathrm{d}\omega. \tag{6.49}$$

现在我们引入两个无量纲变量

$$y = \frac{\hbar\omega}{k_\mathrm{B}T}, \qquad x = \frac{\hbar\omega_\mathrm{D}}{k_\mathrm{B}T} \equiv \frac{\theta_\mathrm{D}}{T}, \tag{6.50}$$

其中 θ_D 称为固体的德拜温度, 它的数值必须由理论预言与实验相拟合得到. 再引入如下定义的德拜函数

$$D(x) = \frac{3}{x^3}\int_0^x \frac{y^3\mathrm{d}y}{\mathrm{e}^y-1}. \tag{6.51}$$

于是, 固体中理想声子气的内能可以十分简洁地写成

$$U = U_0 + 3Nk_\mathrm{B}T\,D(x). \tag{6.52}$$

声子气的热容量也可以通过引进德拜热容量函数 $f_\mathrm{D}(u)$ 描述 ($u=1/x$):

$$f_\mathrm{D}(u) = 3u^3\int_0^{1/u}\mathrm{d}y\,\frac{y^4\mathrm{e}^y}{(\mathrm{e}^y-1)^2}, \qquad C_V = 3Nk_\mathrm{B}\,f_\mathrm{D}\left(\frac{T}{\theta_\mathrm{D}}\right). \tag{6.53}$$

当温度很高, 即 $T \gg \theta_\mathrm{D}$ 或者说 $x \ll 1$ 时, 我们发现 $D(0) = f_\mathrm{D}(\infty) \approx 1$, 此时, 固体的内能以及热容量就回到经典的杜隆-珀蒂定律的结果:

$$U = U_0 + 3Nk_\mathrm{B}T, \qquad C_V = 3Nk_\mathrm{B}. \tag{6.54}$$

在另一个极限下, 也就是说温度很低, 即 $x \gg 1$ 时, 我们可以将德拜函数定

义中的积分上限移到无穷大，所以 $D(x) \approx (\pi^4/(5x^3))$)，我们得到

$$U = U_0 + 3Nk_B \frac{\pi^4}{5}\frac{T^4}{\theta_D^3}, \qquad C_V = 3Nk_B \frac{4\pi^4}{5}\left(\frac{T}{\theta_D}\right)^3. \qquad (6.55)$$

这就是著名的德拜 T^3 律，它预言固体的低温热容量随温度的三次方趋于零．这个预言在非金属非磁性材料中非常好地与实验测量吻合．对于金属材料而言，德拜 T^3 律与金属固体的热容量在 10 K 以上时也符合得很好，但当温度进一步降低时，由于巡游电子（又称传导电子）的贡献变得重要，晶格振动的热容量并不能完全解释金属固体的热容量，此时必须加上巡游电子的贡献．这部分贡献正比于 T，参见第 36.2 小节的讨论．对于绝缘的磁性材料(例如铁氧体) 而言，极低温时则会出现正比于 $T^{3/2}$ 的自旋波的贡献 [布洛赫 (Bloch) $T^{3/2}$ 律]．由于上述贡献趋于零的速度均慢于德拜的 T^3 定律，因此在极低温下它们将主导固体的热容量．

最后需要说明的是，德拜理论仍然是对于固体中声子能谱的一种简化处理，它在长波极限时很好地与实验符合，但是对于波长较短的固体振动并不能很好地描述．这方面，可以采用更为复杂的理论模型来计算．另外，在实验上，可以通过中子衍射实验来测定固体中声子的色散关系或频谱 $\omega_j(\boldsymbol{k})$．这些属于固体物理中较为专门的课题，有兴趣的读者可以参考固体物理学的有关书籍，如参考书 [20]．

像声子这样的物理对象与我们前一节讨论的光子有很多相似的地方，但是它们也有着本质的区别．声子并不是所谓的基本粒子，只是晶格振动的一种体现，称为准粒子，或者元激发．这个概念在凝聚态物理中有着广泛的应用．这几节的主题是理想玻色气体，但许多系统的动力学自由度之间可能具有相互作用．金属中电子之间的相互作用是非常强烈的，固体的多体电子系统中的准粒子就是布洛赫电子．布洛赫电子与声子的散射源于固体物理中不同的准粒子之间的相互作用，它是解释电阻率或电导率的关键，也是解释传统超导体的关键．此外，声子-声子之间也是有散射的，这其实对应于原子振动势中的非谐振效应，这对于声子气的热平衡、热膨胀、点阵振动的热导率是至关重要的．金属中多电子系统对应的准粒子 (布洛赫电子)，以及复杂的点阵振动对应的声子气这样的概念也可以用来讨论更为复杂的量子流体 (例如液氦、费米液体等)．

36 理想费米气体

这一节中我们讨论理想费米气体的性质. 我们将首先讨论弱简并理想费米气体. 虽然并没有什么实际的物理系统与之对应, 但它有助于揭示由统计所带来的关联. 然后我们讨论强简并费米气体, 即所谓的索末菲理论. 多数金属中的电子在常温下可以近似地看成强简并理想费米气体.

36.1 弱简并理想费米气体

与讨论玻色气体的情形类似, 我们假定所研究的理想费米气体是非相对论性的. 同时, 我们首先考虑弱简并的情形, 即 $e^{-\alpha} \ll 1$. 由于粒子的平动动能可以看成准连续的, 系统的单粒子量子态的态密度仍然由 (6.4) 式给出. 我们将对于单粒子态的求和换成积分, 由自旋为 s 的全同费米子构成的理想费米气体的巨配分函数的对数为 [第 30 节的 (5.75) 式]

$$\ln \Xi = \frac{2\pi(2s+1)V}{h^3}(2mk_{\rm B}T)^{3/2}\int_0^\infty \ln(1+e^{-\alpha-x})x^{1/2}{\rm d}x. \tag{6.56}$$

我们可以仿照第 33.1 小节中对弱简并玻色气体的讨论, 将 (6.56) 式的积分中的对数函数展开成级数并逐项积分, 得到弱简并费米气体所有的热力学函数:

$$\ln \Xi = \frac{(2s+1)V}{h^3}(2\pi m k_{\rm B}T)^{3/2}\sum_{j=1}^\infty (-)^{j-1}\frac{e^{-j\alpha}}{j^{5/2}}, \tag{6.57}$$

$$\bar{N} = \frac{(2s+1)V}{h^3}(2\pi m k_{\rm B}T)^{3/2}\sum_{j=1}^\infty (-)^{j-1}\frac{e^{-j\alpha}}{j^{3/2}}, \tag{6.58}$$

$$U = -\frac{\partial}{\partial \beta}\ln \Xi = \frac{3}{2}k_{\rm B}T \ln \Xi, \tag{6.59}$$

$$p = \frac{1}{\beta}\frac{\partial}{\partial V}\ln \Xi = \frac{2U}{3V}, \tag{6.60}$$

$$S = k_{\rm B}\left(\frac{5}{2}\ln \Xi + \bar{N}\alpha\right). \tag{6.61}$$

类似于理想玻色气体的情形, 我们引进无量纲的变量

$$y = \frac{\bar{N}h^3}{(2s+1)V(2\pi m k_{\rm B}T)^{3/2}}, \tag{6.62}$$

于是, 当 y 很小时, 我们从 (6.58) 式可以反解出

$$e^{-\alpha} = y + \frac{1}{2^{3/2}}y^2 + \left(\frac{1}{4} - \frac{1}{3^{3/2}}\right)y^3 + \left(\frac{1}{8} + \frac{5}{8^{3/2}} - \frac{5}{6^{3/2}}\right)y^4 + \cdots \tag{6.63}$$

将 (6.63) 式代入 (6.60) 式, 可得弱简并费米气体的各热力学函数对 y 的展开

$$\frac{pV}{\bar{N}k_\mathrm{B}T} = \frac{2U}{3\bar{N}k_\mathrm{B}T} = \frac{\ln \Xi}{\bar{N}}$$
$$= 1 + \frac{1}{2^{5/2}}y - \left(\frac{2}{3^{5/2}} - \frac{1}{8}\right)y^2 + \left(\frac{3}{32} + \frac{5}{2^{11/2}} + \frac{3}{6^{3/2}}\right)y^3 - \cdots. \quad (6.64)$$

注意 (6.64) 式与玻色子的相应公式 (6.19) 极为类似, 只要将 y 的符号换一下就可以从一个公式得到另一个. 与玻色子类似, 我们再一次看到了所谓的统计关联现象: 理想费米气体的压强, 比具有同样温度和密度的经典理想气体的压强要大, 仿佛构成理想费米气体的粒子之间有一个等效的排斥作用. 这种等效排斥作用实际上源自泡利不相容原理.

真实世界中弱简并理想费米气体的例子并不多, 也许在宇宙早期温度很高时的正负电子气可以近似看成弱简并理想费米气体. 我们日常见到的, 例如所有金属在常温时的情况, 实际上都可以近似地看成强简并理想费米气体.

36.2 强简并理想费米气体

作为强简并理想费米气体的一个例子, 我们在这一小节中讨论金属中的电子气. 将金属中的电子看成是自由的电子气本身是一个近似. 这种近似显然只能够用于金属中的巡游电子. 构成金属的原子的内层电子被原子核紧紧束缚着, 不会是巡游电子, 显然不能够看成自由电子. 如果仅考虑巡游电子, 同时作为一个初步的近似, 除了电子与声子的瞬时碰撞以外 (这对达成热平衡是必需的), 忽略巡游电子与离子点阵之间的相互作用, 同时忽略巡游电子之间的库仑相互作用, 我们就得到了一个关于金属中巡游电子的理想费米气体模型, 它就是 1928 年提出的索末菲模型[⑮]. 索末菲模型的意义在于它可以看成量子的固体电子论的最初级近似. 如果在它的基础上再考虑电子与周期的离子点阵之间的相互作用, 我们就可以得到单电子的能带论. 如果再考虑电子–电子相

[⑮] 你可能会觉得这样的近似方案近乎 "疯狂". 的确, 如果你对金属中电子与原子实, 或者电子与电子之间的库仑相互作用做一个数量级的估计, 会发现它们是相当大的. 但是另一方面, 索末菲模型的确可以解释金属的许多性质. 这件事困扰了物理学家很多年. 后来人们认识到, 金属中的电子浸没在离子实背景中, 实际上更应看作 "准粒子", 电子气的质量和电荷等参数都要考虑屏蔽效应. 此时电子气可以比较好地用所谓费米液体理论来描写, 而其零阶近似就是理想费米气体, 只不过其中的参数应当用准粒子的参数替代.

互作用，实际上就得到了一个强关联的多体电子理论，即著名的密度泛函理论，其中等效的准粒子——布洛赫电子的能带仍然是表征多体电子结构的出发点.

简单的数量级估计就可以发现，在常温以下的多数金属中的巡游电子都是强简并的. 如果我们利用 36.1 小节中的 y 的定义 [(6.62) 式]，不难估计出

$$y \sim \frac{10^7}{(T/\mathrm{K})^{3/2}}, \tag{6.65}$$

其中的温度 T 是以开尔文 (K) 为单位的，数值 10^7 则源于我们代入的常见的金属中典型的电子数密度. 因此，即使是在最常见的室温 300 K 的温度下，y 的数值也大约是 3400，远远大于 1. 而如果温度降低到低温区，y 的数值则会更大. 这充分说明即使在一般室温下，金属中的巡游电子也必须看成强简并的费米气体来处理. 这一点首先是索末菲意识到的. 他利用量子的费米统计分布，首先讨论了金属中巡游电子的物理性质，相当完美地对金属的诸多性质给出了合理的解释.

历史 索末菲主要澄清了 1900 年提出的经典金属理论 [称为德鲁德 (Drude) 模型] 与实验上的矛盾. 德鲁德模型是一个基于经典统计的自由电子气模型. 它与索末菲模型的区别就在于不是利用费米分布，而是利用经典的麦克斯韦–玻尔兹曼分布. 按照德鲁德模型，金属的电导率 σ、热导率 κ 满足一个简单的关系 $\kappa/(\sigma T) = 3k_\mathrm{B}^2/(2e^2)$. 其中 k_B 为玻尔兹曼常数，e 为电子电荷. 德鲁德最早得到 (有因子 2 的错误) 的洛伦茨 (Lorenz) 数 $\kappa/(\sigma T) = 3k_\mathrm{B}^2/e^2$ 与 19 世纪总结出的维德曼–弗兰兹 (Wiedemann-Franz) 定律十分符合. 索末菲首先运用费米分布研究了这个问题，他证明正确的洛伦茨数应当是 $L = \kappa/(\sigma T) = \pi^2 k_\mathrm{B}^2/(3e^2)$. 德鲁德模型的预言之所以接近正确，是因为两个大的错误互相抵消：金属中电子的热容量 C_V 估算大了 100 倍，而电子平均速度 v 的估算是正确值的 1/10. 相关讨论见第 53.4 小节的 (9.65) 式. 我们知道如果一个理想费米气体可以看成弱简并的，那么利用经典的麦克斯韦–玻尔兹曼分布将是一个不错的近似. 但是，正如我们上面估计的，通常温度下的金属中的巡游电子一定是强简并的. 这就是为什么索末菲模型与德鲁德模型有着巨大的区别.

如果温度为零，那么费米分布随能量的依赖关系其实十分简单，就是一个

阶梯函数. 具体地说, 当能量小于费米能量 ε_F (即零温化学势) 时, 所有的量子态上的粒子数为 1, 而当能量大于 ε_F 时, 所有的量子态上的粒子数为 0. 当温度比较低, 也就是 $\mu/(k_BT) \gg 1$ 时, 费米分布的分布函数基本上仍然类似于一个阶梯函数. 只是在 $|\varepsilon - \mu| \sim k_BT$ 的范围内分布函数从 1 快速地变为 0, 参见图 6.2.

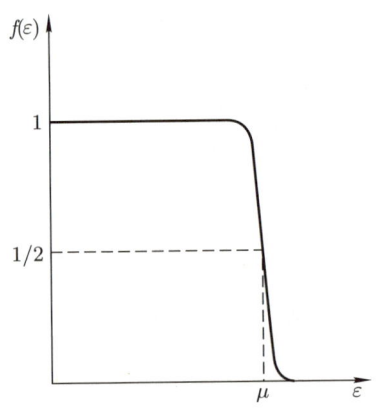

图 6.2 低温时费米分布函数随能量的变化. 在能量远离化学势时, 分布函数仍然接近于阶梯函数. 在化学势附近 k_BT 的范围内, 分布函数由 1 变为 0

首先研究一下零温时的情形是很有帮助的. 在零温时, 所有能量低于化学势 $\mu_0 = \varepsilon_F$ 的系统的量子态都被填充, 所以, μ_0 与系统的粒子数有简单的关系[15]

$$N = \int_0^{\mu_0} \frac{4\pi V}{h^3}(2m)^{3/2}\varepsilon^{1/2}\mathrm{d}\varepsilon. \tag{6.66}$$

注意这里的态密度是 (6.4) 式的两倍, 因为我们考虑了电子的自旋, $2s+1 = 2$. 将 (6.66) 式积分出来, 我们就得到了零温时的化学势

$$\mu_0 = \varepsilon_F = \frac{\hbar^2}{2m}\left(3\pi^2 n\right)^{2/3}, \tag{6.67}$$

其中 $n = N/V$ 代表自由电子的数密度.

费米能量是一个非常重要的概念. 由于泡利不相容原理的影响, 零温时全同费米子系统的基本图像是, 每个粒子都试图从最低可能的单粒子能级一直向上填充, 直至某个能量 ε_F. 高于该能量的单粒子能级都是空的, 而低于该能量的单粒子能级都是填满的. 粒子所填充到的最高的单粒子能量就是费米能

---

[15]在本节的随后各式中, 我们将巨正则系综中电子的平均数目 $\bar{N}$ 简记为 N.

量,又称为费米面 (类比于海平面). 对于自由的非相对论性费米子来说, 其动量空间 (或者 k 空间) 的等能面为一球面. 因此人们又称之为费米球[19]. 费米球的"半径"称为费米波矢 k_F, 相应的动量为费米动量 p_F:

$$k_F = (3\pi^2 n)^{1/3}, \qquad p_F = \hbar k_F. \tag{6.68}$$

类似定义的量还有所谓的费米速度: $v_F = p_F/m$. 因此费米能量可以等价地写为

$$\varepsilon_F = \frac{p_F^2}{2m} = \frac{\hbar^2 k_F^2}{2m} = \frac{1}{2}mv_F^2. \tag{6.69}$$

与玻色子系统不同的是, 零温时, 理想费米气体的内能不为零, 而是有

$$U = \int_0^{\mu_0} \frac{4\pi V}{h^3}(2m)^{3/2}\varepsilon^{3/2}\mathrm{d}\varepsilon = \frac{3}{5}N\varepsilon_F. \tag{6.70}$$

如果我们将典型的金属中的自由电子的数密度、电子质量等常数代入, 不难估计出零温时金属中电子的费米能量的数量级. 我们再次发现: 即使在常温时, 也有 $\varepsilon_F/(k_B T) \approx 300$, 这说明常温时的热激发能量远小于费米能量, 所以这个理想费米子系统是强简并的. 同样, 零温时费米气体的压强也不为零, 事实上我们可以用

$$p = \frac{2}{3}\frac{U}{V} = \frac{2}{5}n\varepsilon_F \tag{6.71}$$

来得到系统的压强. 这个压强一般称为费米气体的简并压.

下面我们讨论温度不为零的情形. 如前所述, 我们将讨论温度不太高的情形, 也就是说仍然有 $\varepsilon_F \gg k_B T$. 这时, 我们可以做一个低温展开. 系统的粒子数和能量可以写成

$$N = \frac{4\pi V}{h^3}(2m)^{3/2}\int_0^\infty \frac{\varepsilon^{1/2}\mathrm{d}\varepsilon}{\mathrm{e}^{\frac{\varepsilon-\mu}{k_B T}}+1}, \tag{6.72}$$

$$U = \frac{4\pi V}{h^3}(2m)^{3/2}\int_0^\infty \frac{\varepsilon^{3/2}\mathrm{d}\varepsilon}{\mathrm{e}^{\frac{\varepsilon-\mu}{k_B T}}+1}. \tag{6.73}$$

---

[19] 如果考虑金属中电子与原子实构成的晶格之间的相互作用, 那么电子的单粒子能级 $\varepsilon(\boldsymbol{k})$ 将不再是球面, 而是由晶格对称性决定的波矢 $\boldsymbol{k}$ 的一个复杂的函数, 称为该粒子的能带. 这时费米面的概念仍然可以运用, 只是它不再是球面. 具体的例子参见固体物理相关的书籍.

我们发现, 这些物理量都可以写成下述积分形式:

$$I = \int_0^\infty \frac{\eta(\varepsilon)\mathrm{d}\varepsilon}{\mathrm{e}^{\frac{\varepsilon-\mu}{k_\mathrm{B}T}}+1}, \tag{6.74}$$

其中对于 N 和 U, 函数 $\eta(\varepsilon)$ 分别为 $c\varepsilon^{1/2}$ 以及 $c\varepsilon^{3/2}$, 而 $c = \dfrac{4\pi V}{h^3}(2m)^{3/2}$ 是一常数.

索末菲首先研究了这种类型的积分, 并证明低温时它具有展开式[20]

$$I = \int_0^\mu \eta(\varepsilon)\mathrm{d}\varepsilon + \frac{\pi^2}{6}(k_\mathrm{B}T)^2\eta'(\mu) + \frac{7\pi^4}{720}(k_\mathrm{B}T)^4\eta'''(\mu) + \cdots, \tag{6.75}$$

因此这个展开式称为索末菲展开. 利用索末菲展开, 我们就得到了有限温度时粒子数和能量的表达式:

$$N = \frac{2}{3}c\mu^{3/2}\left[1 + \frac{\pi^2}{8}\left(\frac{k_\mathrm{B}T}{\mu}\right)^2\right], \tag{6.76}$$

$$U = \frac{2}{5}c\mu^{5/2}\left[1 + \frac{5\pi^2}{8}\left(\frac{k_\mathrm{B}T}{\mu}\right)^2\right]. \tag{6.77}$$

(6.76) 式可以给出温度不为零时的化学势, 将常数 c 的数值代入, 我们得到

$$\mu = \mu_0\left[1 - \frac{\pi^2}{12}\left(\frac{k_\mathrm{B}T}{\mu_0}\right)^2\right]. \tag{6.78}$$

将 (6.78) 式代入能量的表达式 (6.77), 我们得到

$$U = \frac{3}{5}N\mu_0\left[1 + \frac{5\pi^2}{12}\left(\frac{k_\mathrm{B}T}{\mu_0}\right)^2\right]. \tag{6.79}$$

(6.79) 式的一个重要的结果就是巡游电子对于金属热容量的贡献:

$$C_V = \left(\frac{\partial U}{\partial T}\right)_V = Nk_\mathrm{B}\frac{\pi^2}{2}\left(\frac{k_\mathrm{B}T}{\mu_0}\right), \tag{6.80}$$

即自由电子费米气体在低温区 ($k_\mathrm{B}T \ll \mu_0$ 即为低温区, 室温也包含在内) 对金属热容量的贡献与热力学温度成正比. 由于在常温下 $k_\mathrm{B}T \ll \mu_0$, 自由电子对热容量的贡献比起离子振动的热容量 $3Nk_\mathrm{B}f_D(u)$ 要小很多, 可以忽略. 按

---

[20]也许有的读者注意到了, 这个展开式的系数是所谓的伯努利数. 如果你没听说过这个名称, 就不必介意了, 反正不影响什么.

照德拜理论, 离子振动的热容量随 T^3 趋于零, 而巡游电子的热容量仅按照 T 趋于零, 所以在足够低的温度时 (对于多数金属这个温度 $\leqslant 10$ K), 巡游电子对金属热容量的贡献就开始变得重要了. 巡游电子热容量与经典统计结果的区别是十分显著的. 按照经典统计, 传导电子也要参与能量均分, 所以, 巡游电子对于金属热容量的贡献的数量级应当为 Nk_B. 但在实验上金属的热容量在常温时很好地符合杜隆–珀蒂定律, 几乎看不到巡游电子的任何贡献, 似乎金属热容量完全由离子振动给出. 这在经典的麦克斯韦–玻尔兹曼统计 (或者说德鲁德模型) 中是无法解释的. 索末菲首先运用量子的费米分布, 解释了这个现象的原因. 按照费米分布, 并不是所有的电子都可以被热激发. 如果温度不够高, $k_B T$ 远小于费米能量, 只有在费米能量附近的 $k_B T/\mu_0$ 比例的电子可以被热激发从而参与能量均分的过程, 其余的绝大部分电子都被深深地埋在费米能量以下, 在那里附近的能量范围内所有的量子态都已经被占据, 此时泡利不相容原理阻止了这些电子进行任何小能量差的跃迁. 这就使得对于金属热容量有贡献的只是费米面附近的那"一薄层"的电子, 从而巡游电子对金属热容量的贡献的数量级应当是 $Nk_B(k_B T/\mu_0)$. 这个估计与严格的公式 (6.80) 完全相符.

36.3 磁场中的强简并理想费米气体

本小节中我们讨论在外加磁场中的强简并理想费米气体的磁性质. 强简并理想费米气体这个系统具有十分重要的意义, 它可以作为金属或半导体中磁性质的一个近似描述, 虽然真实的金属或半导体中的磁性质的贡献并不局限于电子气. 为明确起见, 本小节中我们假定外加的均匀磁场沿 $+z$ 的方向且大小为 B_0.

在一个弱的外磁场中的电子的磁性质会存在两方面的贡献: 一方面, 每个自由电子都具有正比于其自旋角动量的磁矩 [见第 25.1 小节的 (5.11) 式]. 这些磁矩在外磁场的作用下会倾向于顺着磁场而排列, 这就导致所谓的泡利顺磁性. 另一方面, 我们知道在磁场中运动的经典电子会按照其经典轨道做螺旋运动. 这种螺旋运动经过量子化后的结果就是电子会占据一系列类似谐振子的能级, 称为朗道能级 (Landau level). 最上一个未被填满的朗道能级中的电子会对顺磁性有贡献, 但被填满的朗道能级中的电子实际上会产生抗磁性, 这称为朗道抗磁性. 因此, 强简并电子气的磁性质是上述两种效应叠加的总效果.

泡利顺磁性理论很容易用我们前一小节给出的强简并理想费米气体的图像给出. 在没有加外磁场时, 按照前面的 (6.66) 式, 自由电子的能态密度

$$g(\varepsilon)\mathrm{d}\varepsilon = \frac{4\pi V}{h^3}(2m)^{3/2}\varepsilon^{1/2}\mathrm{d}\varepsilon.$$

注意这个态密度是自旋向上和自旋向下电子态密度之和. 换句话说, 如果我们仅考虑一个自旋取向的自由电子态密度 [(6.4) 式], 有

$$g_+(\varepsilon) = g_-(\varepsilon) = \frac{2\pi V}{h^3}(2m)^{3/2}\varepsilon^{1/2}. \tag{6.81}$$

而总的态密度是两者之和: $g(\varepsilon) = g_+(\varepsilon) + g_-(\varepsilon) = 2g_+(\varepsilon) = 2g_-(\varepsilon)$.

当加上一个沿 z 轴的外磁场时, 自旋向上和向下的电子的能级会发生劈裂:

$$\varepsilon_\pm = \frac{\boldsymbol{p}^2}{2m} \pm \mu_\mathrm{B} B_0, \tag{6.82}$$

其中 $\pm$ 分别对应于自旋向上 (顺着磁场)、向下 (逆着磁场) 的能量[23]. 换句话说, 自旋向下的电子具有稍小的能量. 由于 $\mu_\mathrm{B} B_0$ 为常数, 因此自旋向上或向下的电子的态密度仍然由 (6.81) 式给出, 只不过其宗量分别有一个向下或向上的平移罢了. 作为零温时的电子气系统, 上下自旋的电子具有一个共同的化学势 μ, 因此有

$$N_\pm = \int_{\pm\mu_\mathrm{B} B_0}^{\mu} g_\pm(\varepsilon \mp \mu_\mathrm{B} B_0)\mathrm{d}\varepsilon. \tag{6.83}$$

令积分变量 $\varepsilon' = \varepsilon \mp \mu_\mathrm{B} B_0$, 可以将上式等价地写成

$$N_\pm = \int_0^{\mu \mp \mu_\mathrm{B} B_0} g_\pm(\varepsilon)\mathrm{d}\varepsilon, \tag{6.84}$$

化学势 μ 仍然由下式确定:

$$N \equiv N_+ + N_- = \frac{4\pi V}{3h^3}(2m)^{3/2}\left[(\mu + \mu_\mathrm{B} B_0)^{3/2} + (\mu - \mu_\mathrm{B} B_0)^{3/2}\right]. \tag{6.85}$$

在一般的应用中, 磁场往往是比较小的, $\mu_\mathrm{B} B_0 \ll \mu$. 因此在零级近似下, 化学势 (此时即费米能量) μ 与粒子数密度的关系与没有外磁场时完全一样,

---

[23]注意, 电子磁矩的方向与它的自旋角动量是正好相反的, 因为它带负电! 参见第 25.1 小节的 (5.11) 式.

由 (6.67) 式给出. 下一级的修正至少是 $(\mu_B B_0/\varepsilon_F)^2$ 的量级. 只要磁场不是特别强, 这一般都是可以忽略的[22].

虽然磁场对总粒子数和费米能量影响极小, 但是它会影响自旋向上、向下的粒子数之差. 这个差值正好给出系统的磁矩, 而单位体积内的磁矩就是磁化强度:

$$\begin{aligned} M &= \frac{1}{V}(\mu_B)(N_- - N_+) \\ &= \frac{4\pi}{3h^3}(2m)^{3/2}\mu^{3/2}2 \cdot \frac{3}{2}\mu_B\left(\frac{\mu_B B_0}{\mu}\right) \\ &= \frac{3n\mu_B^2}{2\varepsilon_F}B_0. \end{aligned} \tag{6.86}$$

由此我们得到电子气的顺磁磁化率

$$\chi_{\text{para}} = \frac{3n\mu_B^2}{2\varepsilon_F}. \tag{6.87}$$

这就是所谓的泡利顺磁性的磁化率.

泡利顺磁性仅考虑了电子的自旋引起的磁矩, 没有考虑电子轨道磁矩的影响. 事实上, 一个经典的非相对论性的电子 (假定忽略其自旋磁矩与外场的相互作用) 在一个外加静磁场中的哈密顿量可以写为

$$H = \frac{1}{2m}\left(\boldsymbol{P} - \frac{e}{c}\boldsymbol{A}\right)^2, \tag{6.88}$$

其中 $\boldsymbol{A}$ 是描述磁场的矢势, $\boldsymbol{P}$ 为粒子的正则动量, $\boldsymbol{p} = \boldsymbol{P} - (e/c)\boldsymbol{A}$ 则为其机械动量[23]. 对于一个经典的粒子在磁场中的运动情况我们已经知道, 它的运动模式为沿着磁场方向的匀速平移运动, 再叠加上在垂直磁场平面内的匀速圆周运动. 该匀速圆周运动的频率称为带电粒子的回旋频率 (cyclotron frequency), 其表达式为

$$\omega_B = \frac{|e|B_0}{mc}. \tag{6.89}$$

---

[22] 一个有用的估计是记住玻尔磁子的大小: $\mu_B \approx 5.79 \times 10^{-5}$ eV/T. 也就是说对于 1 T 的强磁场, $\mu_B B_0$ 也只有大约 10^{-5} eV. 但是一般金属中电子气的费米能量大概是几个电子伏.

[23] 我们看到虽然动能表达式仍然是 $\boldsymbol{p}^2/(2m)$, 但是它与正则动量的关系不同了. 注意到在量子化的过程中, 在相空间中与粒子的坐标形成固定体积格的是正则动量而不是机械动量.

在量子化之后，沿磁场方向的匀速平动继续保持，而在垂直平面内的回旋圆周运动变为一个具有圆频率 ω_B 的谐振子. 该粒子的能级可以写为

$$\varepsilon = \frac{p_z^2}{2m} + \left(n + \frac{1}{2}\right)\hbar\omega_B, \tag{6.90}$$

其中 p_z 为粒子沿着磁场方向的机械动量，它是一个守恒的量子数，n 则标志了谐振子的能级，而 $\hbar\omega_B = \mu_B B_0$. 这就是著名的朗道能级.

现在我们简单分析一下加上外磁场后量子电子气对磁场的响应. 原则上我们需要计算系统的巨配分函数的对数 $\ln\Xi$，或者等价地说巨势 $J = -k_B T \ln\Xi$. 假定磁场不是很强，费米气体的粒子数密度与化学势 (费米能) 之间的关系基本维持不变 [(6.85) 式]. 我们需要考虑的是 J 中包含磁场的部分的修正. 系统的磁化率可以表达为

$$\chi = \frac{1}{V}\frac{\partial^2}{\partial B_0^2}\left(k_B T \ln\Xi\right). \tag{6.91}$$

详细的计算给出 (细节可见参考书 [5])

$$k_B T \ln\Xi = \frac{2}{5}N\varepsilon_F\left[1 - \frac{5}{32}\left(\frac{\hbar\omega_B}{\varepsilon_F}\right)^2\right]. \tag{6.92}$$

这个表达式的首项就是没有磁场时的结果 $k_B T \ln\Xi = (2/3)U = (2/5)N\varepsilon_F$，第二项恰恰体现了磁场的影响. 将其代入磁化率的表达式后，我们得到

$$\chi_{\text{dia}} = -n\frac{\mu_B^2}{2\varepsilon_F}, \tag{6.93}$$

其中的负号说明系统是抗磁的，这就是所谓的朗道抗磁性. 对于一个自由电子气系统，泡利顺磁性和朗道抗磁性同时存在，系统的真正磁响应是两者的叠加. 由于泡利顺磁性更大，因此总体上自由电子气表现出顺磁性. 比较 (6.87) 和 (6.93) 式，我们发现两者有一个十分简单的关系：

$$\chi_{\text{dia}} = -\frac{1}{3}\chi_{\text{para}}. \tag{6.94}$$

这个关系仅对自由电子气是正确的. 对于固体中的电子气来说，电子与晶格的相互作用可以很好地用电子的有效质量 m_e^* 来刻画，这时 (6.94) 式应改写为

$$\chi_{\text{dia}} = -\frac{1}{3}\left(\frac{m_e}{m_e^*}\right)^2\chi_{\text{para}}. \tag{6.95}$$

(6.95) 式对描写半导体能带中电子气的磁性质是重要的. 由于有效质量 m_e^* 可以显著地不同于真空中电子的质量 m_e (例如在 GaAs 中 $m_e^* \ll m_e$), 因此朗道抗磁性的贡献可以超过泡利顺磁性的贡献, 从而使系统整体上体现出抗磁性[24]. 对此希望进一步了解的读者可以参考固体物理方面的教程, 如参考书 [20].

相关的阅读

我们这里对于量子统计的讨论仅限于近独立子系, 或者说没有相互作用的量子系统. 近年来随着玻色–爱因斯坦凝聚的实验进展, 对于理想玻色气体的讨论显然是十分有意义的. 对于费米气体的讨论, 特别是强简并费米气体的讨论, 我们仅讨论了金属中的电子气, 其他方面的应用还有很多, 例如天体物理中的白矮星、中子星的问题, 有兴趣的读者可以阅读参考书 [13] 中的讨论. 最后, 关于固体的热性质以及磁性质的更加全面系统的讨论, 读者可以阅读参考书 [20].

习　题

1. 二维理想气体的玻色–爱因斯坦凝聚. 考虑二维非相对论理想玻色气体. 讨论它是否会像三维系统那样发生玻色–爱因斯坦凝聚现象.

2. 二维理想费米气体. 考虑二维非相对论性的理想费米气体. 讨论强简并低温情形下系统的特性 (费米能、简并压、内能、热容量等). 如果换为极端相对论性的费米子系统情况会如何？

3. 准粒子对热容量的贡献. 考虑 D 维空间中一种玻色型的准粒子. 它的色散关系为 $\varepsilon \propto p^\alpha$, 其中 ε 和 p 分别是准粒子的能量和动量. 仿照德拜理论的办法, 讨论这种准粒子在低温时对系统热容量的贡献.

4. 维恩位移律. 正文中关于普朗克公式的表述是以圆频率为变量的. 下面考虑以光的波长为变量. 给出单位波长内光子气体的能量密度的表达式 $U(\lambda, T)\mathrm{d}\lambda$, 并确定使得 $U(\lambda, T)$ 取极大值的波长与温度之间的关系 (这称为维恩位移定律).

---

[24] 固体的磁性质则更为复杂, 还可以包括其原子实的贡献.

5. 光子数密度. 给出平衡热辐射中单位体积中光子平均数作为温度的函数，并进而分别估计 $T = 6000$ K (太阳表面)、$T = 300$ K (室温) 和 $T = 2.7$ K (宇宙微波背景) 时每立方厘米中大约有多少个光子.

6. 光子气的热力学函数. 给出光子气的熵、亥姆霍兹自由能和吉布斯自由能的表达式.

7. 夸克–胶子等离子体的热力学函数. 当温度非常高时，由强相互作用结合的物质会熔化为所谓的夸克–胶子等离子体. 高能时我们忽略掉这些组分之间的任何相互作用，将其视为理想气体，其中夸克是自旋 1/2 的费米子 (与电子类似)，胶子是自旋为 1 的零质量玻色子 (与光子类似)，计算其各种热力学函数.

8. 电中性的正负电子与光子气的平衡. 考虑反应 $e^+ + e^- \to 2\gamma$. 已知光子气的化学势为零，这对于正负电子的化学势有何限制？给出电中性的混合系统的化学势对温度的依赖关系.

9. 理想费米气体中的声速. 利用热力学部分中的 (1.24) 式所给出的声速公式 $c_s = \sqrt{(\partial p/\partial \rho)_S}$，计算低温时强简并理想费米气体中的声速.

10. 玻色–爱因斯坦凝聚相变的热容量. 验证正文中的 (6.26) 式.

第七章 经典流体

本章提要

- 理想气体及其热容量 (37)
- 混合理想气体 (38)
- 非理想气体的物态方程 (39)
- 液体的热力学性质 (40)
- 稀薄等离子体的统计性质 (41)

这一章中,我们将着重讨论经典流体,它实际上包含了十分丰富的物理对象,例如我们日常生活中遇到的气体和液体. 我们称之为经典,主要是指流体的动力学是经典的. 正如我们多次指出的,物质世界本质上是量子的,即使对于下面要讨论的动力学为经典的对象,例如经典理想气体,要合理地解释其热容量对温度的依赖,我们也会发现需要量子物理的知识. 在本章中,我们将首先利用正则系综的方法讨论一下经典理想气体,特别是它的热容量,然后,我们利用巨正则系综来讨论混合理想气体的性质. 对于经典非理想气体的讨论是本章中的重点,也是难点之一,我们将重点介绍经典的迈耶 (Mayer) 集团展开理论. 这可以用于处理流体分子之间仅有短程相互作用且数密度不是很大的情形. 随后,我们将简单介绍经典液体的统计物理处理方法. 这主要针对流体分子数密度比较大的情况. 我们将引入对分布函数的概念并介绍几种近似方法. 随着近年来软凝聚态物理的发展,对这些内容做一些基础性的介绍还是有意义的. 最后,我们将讨论德拜关于稀薄等离子体的平均场理论. 这主要针对流体分子之间的相互作用是长程的情况. 该理论经适当改造可以用于讨论化学中强电解质溶液的热力学性质.

37　经典理想气体

我们将从简单的单原子分子理想气体开始，随后讨论双原子分子理想气体的热容量对温度的依赖关系这个曾经困扰玻尔兹曼等人的问题.

37.1　单原子分子理想气体

我们首先考虑由单原子分子组成的经典理想气体. 一般来说，惰性元素原子组成的稀薄气体在常温下通常可以看成单原子分子的理想气体. 这类系统的能量仅仅包含所有粒子的平动动能：

$$E = \sum_{i=1}^{N} \frac{\boldsymbol{p}_i^2}{2m}, \tag{7.1}$$

其中 $\boldsymbol{p}_i$ 是第 i 个分子的平动动量，m 为该分子的质量. 由于系统的能量是各个分子能量之和，系统的正则配分函数 Z 就是各个子系配分函数 z 的乘积：

$$Z = \sum_{S} \mathrm{e}^{-\beta E_S} = \left(\sum_{s} \mathrm{e}^{-\beta \varepsilon_s}\right)^N = z^N. \tag{7.2}$$

正如在讨论量子气体的第 33 节中所述，只要是宏观的容器而且温度不太低，典型的粒子平动动能总可以视为准连续的. 于是单原子分子理想气体的正则配分函数为

$$Z = \frac{1}{N! h^{3N}} \int \prod_{i=1}^{N} (\mathrm{d}^3 \boldsymbol{r}_i \mathrm{d}^3 \boldsymbol{p}_i)\, \mathrm{e}^{-\beta \sum_{i=1}^{N} \boldsymbol{p}_i^2/2m}. \tag{7.3}$$

需要指出的是，上面式子中的因子 $1/N!$ 是考虑到气体分子的全同性所引入的，它是量子力学的全同性原理在经典极限下的一个"遗迹"[①]. 对于坐标的积分可以积出而得到体积 V，剩下的动量部分的积分都是高斯积分. 完成这些积分我们得到

$$Z = \frac{1}{N!} z^N, \qquad z = V \left(\frac{2\pi m}{\beta h^2}\right)^{3/2}, \tag{7.4}$$

[①]这个因子首先是吉布斯引入的. 他引入这个因子是为了解决所谓的吉布斯佯谬. 如果没有这个因子，那么系统的熵将不是一个广延量，从而会产生吉布斯佯谬，参见第 38 节中关于混合熵的讨论.

其中 z 是与一个分子相对应的子系配分函数.

按照压强的统计力学公式 (5.44),很容易求出单原子分子理想气体的压强

$$p = \frac{1}{\beta}\frac{\partial}{\partial V}\ln Z = \frac{Nk_BT}{V}. \tag{7.5}$$

(7.5) 式即理想气体物态方程. 按照内能的统计物理公式 (5.42),有

$$U = -\frac{\partial}{\partial \beta}\ln Z = \frac{3}{2}Nk_BT, \qquad C_V = \frac{3}{2}Nk_B. \tag{7.6}$$

这与经典能量均分定理的结论完全一致:单原子分子气体的摩尔热容量是常数 $3R/2$. 类似地,系统的熵可以按照熵的统计物理公式 (5.47) 求出:

$$S = \frac{3}{2}Nk_B\ln T + Nk_B\ln\frac{V}{N} + \frac{3}{2}Nk_B\left[\frac{5}{3} + \ln\left(\frac{2\pi mk_B}{h^2}\right)\right]. \tag{7.7}$$

使用正则系综得到的熵 [(7.7) 式] 满足熵是广延量的要求,不会造成吉布斯佯谬,而且它与微正则系综的熵 [(5.25) 式,其中 E 为理想气体内能 $U = \frac{3}{2}Nk_BT$] 是完全相同的.

37.2 双原子分子理想气体及其热容量

下面我们来研究双原子分子理想气体. 这是一个比单原子分子复杂得多的系统,其中系统的能量由分子的平动动能 $\varepsilon^{(t)}$、转动动能 $\varepsilon^{(r)}$ 和振动能 $\varepsilon^{(v)}$ 分别贡献:

$$E = \sum_{i=1}^{N}\left(\varepsilon_i^{(t)} + \varepsilon_i^{(r)} + \varepsilon_i^{(v)}\right). \tag{7.8}$$

由于总能量是各分子能量之和,所以系统的正则配分函数仍然可以写成

$$Z = \frac{1}{N!}z^N, \qquad z = z^{(t)}\cdot z^{(r)}\cdot z^{(v)}, \tag{7.9}$$

其中 z 是一个分子的子系配分函数,$z^{(t)}$,$z^{(r)}$ 和 $z^{(v)}$ 分别是与一个分子的平动、转动和振动相应的子系配分函数. 平动部分的子系配分函数 $z^{(t)}$ 与单原子分子的子系配分函数 (7.4) 完全相同. 需要注意的是,双原子分子气体配分函数 Z 对体积的依赖仅来源于平动部分,因此,不需要对转动和振动部分进行任何具体的计算,即可确定双原子分子理想气体的压强 [(5.44) 式] 仍然由理想气体物态方程给出.

与气体的压强相比，双原子分子气体的内能和热容量则要复杂许多. 这时，必须考虑气体分子的转动和振动对热容量的贡献. 空气的成分主要是双原子分子，这些气体的热容量问题一直是统计物理历史发展中备受关注的问题，也是验证统计物理理论的试金石. 麦克斯韦在 1860 年提出他的著名的速度分布律时就发现，理论预言的气体热容量并不能完全解释所有实验结果，但不容否认的是，理论预言的确与大多数实验结果吻合. 这件事困扰了经典统计物理学家们很久，直到量子物理诞生人们才认识到，那些理论与实验的不符合完全是因为不恰当地应用了经典力学. 如果恰当地运用分子转动和振动的量子能级，则所有理论预言都与实验高度一致，而那些纯经典统计的理论预言与实验符合得好的例子，恰恰是量子效应不显著，我们期待经典物理应当适用的例子. 下面我们将从量子的麦克斯韦–玻尔兹曼分布出发来研究双原子分子理想气体的热容量，并将着重讨论何时它们可以回到经典的能量均分定理的结果.

根据热力学公式，双原子分子理想气体的内能也可以写成平动、转动和振动部分的贡献之和：

$$U = -N\frac{\partial}{\partial\beta}\ln z = U^{(\mathrm{t})} + U^{(\mathrm{r})} + U^{(\mathrm{v})}. \tag{7.10}$$

相应地，双原子分子理想气体的热容量也可分为三部分之和：

$$C_V = C_V^{(\mathrm{t})} + C_V^{(\mathrm{r})} + C_V^{(\mathrm{v})}. \tag{7.11}$$

我们前面已经分析过，只要气体处在宏观的容器中并且温度不太低，气体分子的平动能级总是可以看成准连续的，所以完全可以用积分代替求和. 因此气体分子的质心平动部分对热容量的贡献正如经典统计中能量均分定理所预言的，即 $C_V^{(\mathrm{t})} = \frac{3}{2}Nk_\mathrm{B}$.

下面我们首先考虑双原子分子的振动部分的贡献. 如果我们将双原子分子的振动看成简谐振动[2]，设其圆频率为 ω，按照量子力学，分子振动的能量是

---

[2] 分子的振动是一个比较复杂的量子力学问题. 在简谐近似下，它可以按照分子的对称性分为多个简正模，每一个模式具有一定的频率，这些频率可以通过分子的光谱线来测定. 对于双原子分子来说，它的振动只有一个自由度，因此只有一个振动本征频率.

量子化的，因此振动部分的子系配分函数应当用对于所有振动态的求和而不是积分来计算. 类似于爱因斯坦模型中的计算，振动部分对于内能的贡献是 [(6.43) 式]

$$U^{(\mathrm{v})} = \frac{N\hbar\omega}{2} + \frac{N\hbar\omega}{\mathrm{e}^{\beta\hbar\omega}-1}. \tag{7.12}$$

我们看到，振动部分对于内能的贡献依赖于振动的特征能量间隔 $\hbar\omega$ 与 $k_\mathrm{B}T$ 之比. 在通常温度 (不太高) 下，由于对于一般的双原子分子都有 $\theta_\mathrm{v} \equiv \hbar\omega/k_\mathrm{B} \gg T$，其中 θ_v 称为分子振动的振动特征温度，其数量级一般为 10^3 K③，远高于通常的室温，于是我们得到分子的振动对于热容量的贡献为 [类似于 (6.44) 式的低温极限]

$$C_V^{(\mathrm{v})} = Nk_\mathrm{B}\left(\frac{\theta_\mathrm{v}}{T}\right)^2 \mathrm{e}^{-\frac{\theta_\mathrm{v}}{T}}. \tag{7.13}$$

也就是说，分子振动部分对于气体热容量的贡献指数地趋于零. 在常温下，双原子气体分子的振动对于其热容量的贡献是非常小的. 这实际上是能级量子化后的典型行为，我们在第 35 节中讨论固体热容量的爱因斯坦理论时也得到了类似的行为. 从物理上讲，这意味着气体分子的振动能级的间隔 $\hbar\omega$ 远远大于 $k_\mathrm{B}T$，所以，分子被激发到高振动能级的概率几乎为零. 也就是说，所有的振动模式都被冻结④ 在基态上，从而对于系统热容量没有贡献. 事实上，对于大多数双原子分子气体，它们的振动特征温度都相当高，以至于当温度不太高时，振动自由度根本不参加能量均分，从而对气体的热容量没有明显贡献. 而当温度升高到 10^3 K 以上时，这些分子往往又已经变得不稳定，可能分解为原子. 因此对于这类分子构成的气体，它们的振动自由度完全对热容量没有可观的贡献. 当然例外也是有的. 如果气体分子的某个振动模式的固有频率格外低 (这往往只出现在质量很大的双原子分子或多原子分子的情形中)，这时与该频率对应的振动特征温度也特别低，于是这种振动模式可以对气体的热容量有可观的贡献.

---

③下面的数量级估计有助于我们了解分子的振动特征温度. 一般来说分子振动的特征能量为 10^{-1} eV，相当于 10^3 K 左右. 这就决定了多数气体分子的振动特征温度是这个数量级.

④1869 年，麦克斯韦为解释振动自由度对热容量无贡献，提出了自由度冻结的猜想. 当然他并不知道振动能级量子化的事实，只是从逻辑上反推出了振动自由度冻结存在的必要性.

在讨论完分子振动自由度的贡献之后，我们来讨论双原子分子的转动自由度对热容量的贡献. 与分子的振动不同，分子的转动所对应的特征能量一般是小于室温时的 $k_B T$ 的. 我们首先以异核的双原子分子（例如 HCl，CO 等）为例，来说明转动自由度对于气体热容量的贡献. 按照量子力学，一个双原子分子转动的能级为

$$\varepsilon^{(r)} = \frac{j(j+1)\hbar^2}{2I}, \tag{7.14}$$

其中 $j = 0, 1, \cdots$ 称为转动量子数，它标志了双原子分子的角动量，I 是分子的转动惯量. 这个能级的简并度是 $\varpi_j = 2j + 1$，所以，分子转动部分的子系配分函数为

$$z^{(r)} = \sum_j (2j+1) e^{-\frac{j(j+1)\hbar^2}{2Ik_B T}} = \sum_j (2j+1) e^{-j(j+1)\frac{\theta_r}{T}}, \tag{7.15}$$

其中我们引入了分子的转动特征温度 $\theta_r \equiv \hbar^2/(2Ik_B)$，它依赖于分子的转动惯量. 实验上，它可以通过分子的光谱来测定. 对于大多数双原子分子来说，它们的转动特征温度一般是 $10^0 \sim 10^1$ K 的数量级，因此，在通常室温情形下，我们有 $T \gg \theta_r$. 这意味着，分子的转动能级可以看成准连续的. 也就是说，(7.15) 式中的求和可以用积分来替代. 如果令 $x = (\theta_r/T)j(j+1)$，那么 $dx = (\theta_r/T)(2j+1)$（因为 $dj = 1$），有

$$z^{(r)} = \int_0^\infty \frac{T}{\theta_r} dx\, e^{-x} = \frac{2I}{\beta\hbar^2}. \tag{7.16}$$

由此我们得到双原子分子转动自由度对其内能的贡献为

$$U^{(r)} = -N\frac{\partial}{\partial\beta} \ln z^{(r)} = Nk_B T, \tag{7.17}$$

$$C_V^{(r)} = Nk_B. \tag{7.18}$$

这正是经典统计中能量均分定理的结果：双原子分子的两个转动自由度各贡献 $\frac{1}{2}k_B T$ 的能量，或者说各贡献 $\frac{1}{2}k_B$ 的热容量，所以经典统计中，双原子分子的转动自由度对摩尔热容量的贡献为 $N_A k_B = R$.

如果气体的温度比较低，接近其转动特征温度，那么转动配分函数 (7.15) 中分子转动能级的分立性将变得显著. 这时我们不能用积分来代替求和，于是

分子转动对热容量的贡献也将明显地偏离能量均分的结果. 这种偏离完全是由分子转动能级的量子效应造成的, 因此是利用纯经典物理无法解释的. 对分子转动配分函数 (7.15) 的数值计算表明, 考虑了量子力学效应 (能级分立而不是连续) 以后的结果完全可以与实验结果很好地符合. 这也化解了当年困扰麦克斯韦和玻尔兹曼的问题.

如果双原子分子的两个原子核是相同的, 例如 H_2, O_2 等, 那么量子的全同性原理还将起作用, 其结果会影响到双原子分子的转动量子数 j 的可能取值, 从而使得热容量与双原子分子的两个原子核的核自旋位形发生奇特的关联.

以 H_2 分子为例, 它可以有两种核自旋的位形: 一种是两个氢核的核自旋平行, 这种氢分子称为正氢 (orthohydrogen); 另一种是两个氢核的核自旋反平行, 这种氢称为仲氢 (parahydrogen). 两种氢分子相对稳定, 很难互相转换. 在通常自然界的氢气中, 正氢占 3/4, 仲氢占 1/4. 全同性原理要求, 仲氢分子的转动量子数 j 只能取偶数, 正氢分子的转动量子数 j 只能取奇数[⑤]. 因此, 如果温度接近氢分子的转动特征温度, 这时分子转动能级的分立性是可观的, 正氢和仲氢的转动部分的配分函数也应当分别来求. 我们用 $z_o^{(r)}$ 和 $z_p^{(r)}$ 来分别表示正氢和仲氢的转动部分的子系配分函数, 于是有

$$z_o^{(r)} = \sum_{j=1,3,\cdots} (2j+1)e^{-j(j+1)\frac{\theta_r}{T}}, \tag{7.19}$$

$$z_p^{(r)} = \sum_{j=0,2,\cdots} (2j+1)e^{-j(j+1)\frac{\theta_r}{T}}. \tag{7.20}$$

由于自然界中正氢和仲氢分别占 3/4 和 1/4, 所以, 氢气的热容量中来自转动自由度的贡献为

---

⑤由于氢核是费米子, 所以两个氢核组成的系统的波函数必须是反对称的. 这个核系统的波函数可以写成自旋波函数与轨道波函数 (也就是两个氢核构成的转子的波函数) 的乘积. 如果氢核的自旋相互平行, 构成总自旋为 1 的 "三重态", 那么系统的自旋波函数就是对称的, 所以系统的轨道波函数必须是反对称的, 才能使两者的乘积是反对称的, 这就要求转动量子数 j 必须是奇数. 类似地, 如果氢核的自旋相互反平行, 构成总自旋为 0 的 "单态", 那么系统的自旋波函数就是反对称的, 所以系统的轨道波函数必须是对称的, 才能使两者的乘积是反对称的, 这就要求转动量子数 j 必须是偶数.

$$C_V^{(\mathrm{r})} = \frac{3}{4} C_{V\mathrm{o}}^{(\mathrm{r})} + \frac{1}{4} C_{V\mathrm{p}}^{(\mathrm{r})}, \tag{7.21}$$

其中 $C_{V\mathrm{o}}^{(\mathrm{r})}$ 和 $C_{V\mathrm{p}}^{(\mathrm{r})}$ 分别是正氢和仲氢的转动自由度对热容量的贡献. 对于氢来说, 实验上测定的转动特征温度大约是 85 K, 所以在通常室温下仍然有 $\theta_\mathrm{r} \ll T$, 也就是说, 可以利用经典近似. 于是我们发现, 正氢和仲氢的子系配分函数的求和变成

$$\sum_{j=1,3,\cdots}(2j+1)\mathrm{e}^{-j(j+1)\frac{\theta_\mathrm{r}}{T}} \approx \sum_{j=0,2,\cdots}(2j+1)\mathrm{e}^{-j(j+1)\frac{\theta_\mathrm{r}}{T}} \approx \frac{1}{2}\sum_{j=1}^{\infty}(2j+1)\mathrm{e}^{-j(j+1)\frac{\theta_\mathrm{r}}{T}}. \tag{7.22}$$

也就是说, 在较高温度 (经典近似) 下, 正氢和仲氢的区别消失, 我们仍然得到经典统计的结果: 双原子分子转动自由度对于气体摩尔热容量的贡献为 R. 氢的转动特征温度是所有分子中最高的, 所以, 当温度降到 100 K 附近或以下时, 经典近似就不能用了. 这时, 正氢和仲氢的区别也变得显著, 要精确计算氢的热容量中转动自由度的贡献, 必须用分立的求和而不能用积分, 同时, 正氢和仲氢也要分开处理. 这样得到的理论预言与实验很好地符合. 另一种需要做类似处理的是氢的同位素氘组成的分子 D_2, 它也具有较高的转动特征温度. 但是需要注意的是, 由于氘核是核自旋为 1 的玻色子, 因此正氘与仲氘的丰度以及与之对应的转动量子数也不同于氢的情形. 具体地说, 自然界中有 2/3 的氘的自旋波函数是对称的, 其转动量子数 j 必须取偶数, 另外有 1/3 的氘的自旋波函数是反对称的, 其转动量子数 j 必须取奇数. 其他的讨论则完全与上述氢的情形类似.

最后, 我们说明一下为什么一直没有考虑分子内电子的运动对热容量的贡献. 一般来说, 气体分子内部的电子运动是不会对气体的热容量有可观的贡献的, 原因在于内部电子的量子化的能级间隔很大, 一般在 eV 的数量级. 我们知道, 1 eV $\sim 10^4$ K, 所以, 在通常温度下这些内部自由度都不可能被激发, 因此它们对于气体的热容量没有贡献. 如果温度真的高到 10^4 K, 气体分子往往会分解成原子. 因此, 对于分子构成的气体而言, 其分子内部的电子运动对于热容量的贡献总是可以忽略的.

在分子的量子力学的能级中, 其内部电子的不同能级之间的能级差 $\Delta\varepsilon^{(\mathrm{e})}$ 是最大的, 数量级是 $1 \sim 10$ eV, 其次是分子的振动能级的能级差

$\Delta \varepsilon^{(v)}$, 大约是 10^{-1} eV, 能级差最小的是分子的转动能级, 其能级差大约是 $10^{-4} \sim 10^{-3}$ eV[⑥]. 这就造成以上三种运动的特征温度分别为 10^4 K, $10^2 \sim 10^3$ K 和 $10 \sim 10^2$ K. 当气体的温度远大于某一种运动的特征温度时, 对于那种运动模式就可以运用经典统计的能量均分定理. 反之, 如果温度接近其特征温度, 那么对于该运动模式我们只能运用量子力学的结果. 在另一个极端, 如果温度远低于某种运动模式的特征温度, 那么该运动模式就很难被激发, 基本上被冻结在该模式的基态上, 从而该模式就几乎不会对热容量有所贡献. 总之, 只要我们仔细区分量子与经典统计的适用范围, 统计物理理论都得到了与实验高度符合的结果.

38 混合理想气体及其化学反应

前面讨论了单元理想气体的性质, 下面我们来考虑由多种 (具体地说, 我们假定有 k 种) 分子组成的混合理想气体的性质. 我们用 $N_i(i=1,2,\cdots,k)$ 来表示各个化学组分的分子数, 总的分子数 $N=\sum_{i=1}^{k} N_i$.

我们将利用巨正则系综来研究这个问题. 由于是理想气体, 所以系统的总能量仍然是各个分子的能量之和. 运用 (5.41) 式, 系统的巨配分函数的对数为

$$\ln \Xi = \sum_{i=1}^{k} e^{-\alpha_i} z_i, \tag{7.23}$$

其中 z_i 为第 i 个组元分子的子系配分函数. 类似于对双原子分子理想气体的讨论, 它包含了分子平动、转动、振动, 以及其他可能的内部自由度的积分或求和. 一般来说, 分子平动部分的能级可以看成准连续的, 因此对于平动能

[⑥] 这一点在量子力学中是可以得到解释的. 这种能级间隔的差异来源于电子质量与原子核质量之间所存在的巨大差异. 因此, 在研究分子的量子力学能级时, 可以先认为原子核是固定不动的, 电子在固定的核的库仑场中运动. 由此可以解出电子运动的能级, 称为电子项 (electronic term), 即正文提及的内部电子能级 $\varepsilon^{(e)}$. 当电子处在某个电子态时, 它对原子核还有反馈作用, 这种作用等效于为原子核提供了一个相互作用势能. 对于双原子分子而言, 两个原子核可以在这个等效势能的最小值附近振动, 这就是分子的振动能 $\varepsilon^{(v)}$. 最后, 原子核系统整体的转动给出分子的转动能级 $\varepsilon^{(r)}$. 这就是所谓的玻恩–奥本海默 (Born-Oppenheimer) 近似的物理图像. 简单的数量级估计可以说明, 这三种能级的间隔大致满足 $\Delta \varepsilon^{(v)} \sim \sqrt{m/M} \Delta \varepsilon^{(e)}$, $\Delta \varepsilon^{(r)} \sim (m/M) \Delta \varepsilon^{(e)}$, 其中 m, M 分别是电子和原子核的质量.

级的求和可以代为积分并分离出来. 平动子系配分函数 $z_i^{(\rm t)}$ 包含了配分函数 z_i 对于体积的依赖:

$$z_i = z_i^{(\rm t)} \cdot z_i'(T), \qquad z_i^{(\rm t)} = V\left(\frac{2\pi m_i}{\beta h^2}\right)^{3/2}, \tag{7.24}$$

其中 m_i 是第 i 个组元分子的质量. (7.24) 式中的 $z_i'(T)$ 则包含了对于分子除平动以外其他运动量子态的求和或积分. 一般来说, 它是相当复杂的, 但它仅仅是温度的函数, 与体积无关. 在巨正则系综中, 第 i 个组元的分子数与其化学势的关系 [(5.49) 式] 是

$$\bar{N}_i = -\frac{\partial \ln \Xi}{\partial \alpha_i} = {\rm e}^{-\alpha_i} z_i. \tag{7.25}$$

由于配分函数 z_i 对于体积的依赖仅来自平动部分, 气体的压强 [(5.51) 式]

$$p = \frac{1}{\beta}\frac{\partial \ln \Xi}{\partial V} = \sum_{i=1}^{k} p_i, \qquad p_i = \frac{N_i k_{\rm B} T}{V}. \tag{7.26}$$

这个结果反映了所谓的道尔顿分压定律. 这是英国化学家、物理学家道尔顿发现的混合气体的规律: 混合理想气体的压强 p 等于各化学组分所产生的分压 p_i 之和. 我们在热力学部分的第 21 节中也曾讨论过这个定律, 这里只是基于统计物理的方法再次获得它, 也充分展现了热力学和统计物理研究同一系统的不同角度.

混合理想气体的内能也可以利用系综理论的普遍热力学公式 (5.50) 求出:

$$U = \sum_{i=1}^{k} \bar{N}_i \left(\frac{3}{2} k_{\rm B} T - \frac{{\rm d} \ln z_i'(\beta)}{{\rm d}\beta}\right) = \sum_{i=1}^{k} \bar{N}_i \bar{\varepsilon}_i, \tag{7.27}$$

其中 $\bar{\varepsilon}_i$ 代表一个第 i 组元的分子的平均能量.

特别值得关注的是混合理想气体的熵. 按照熵的热力学公式 (5.52) 可计算得到

$$S = k_{\rm B} \sum_{i=1}^{k} \bar{N}_i \left(\frac{5}{2} + \alpha_i - \beta\frac{{\rm d} \ln z_i'(\beta)}{{\rm d}\beta}\right). \tag{7.28}$$

将化学势的表达式 (7.32) 代入后得到

$$S = k_{\rm B} \sum_{i=1}^{k} \bar{N}_i \left(1 + \beta\bar{\varepsilon}_i - \phi_i(T) - \ln p\right) - k_{\rm B} \sum_{i=1}^{k} \bar{N}_i \ln x_i. \tag{7.29}$$

(7.29) 式等号右边的第一项实际上就是各个组分的熵的简单相加,仿佛其他组分不存在一样. 最后一项只与各组分的粒子数和相对浓度有关,而与温度、压强等无关,正是混合熵

$$S_{\text{mix}} = -k_B \sum_{i=1}^{k} \bar{N}_i \ln x_i. \tag{7.30}$$

由于各组分的比例 x_i 均小于 1,因此混合熵永远是正的,这表明气体混合是一个不可逆的熵增加过程.

为了说明这一点,考虑一个被中间的隔板分隔成左右两部分的容器. 我们将两种不同化学成分的气体 (例如氧气和氮气) 分别放入左边和右边,并且假设两种气体的温度和压强相等. 这时,由于左右两边的气体都是化学纯的理想气体,因此系统的总的熵显然就是两种气体的熵之和:

$$S = k_B \sum_{i=1}^{2} N_i \left(\frac{5}{2} - \phi_i(T) - \ln p - \beta \frac{d \ln z'_i(\beta)}{d\beta} \right). \tag{7.31}$$

现在,如果我们打开隔板允许两种气体进行混合,整个系统变成一个混合理想气体,其温度、压强保持不变,这时我们必须用公式 (7.29) 来计算它的熵. 显然,系统的熵比混合之前多出来的部分就是前面给出的混合熵 [(7.30) 式].

这里我们特别讨论一下与此相关的所谓吉布斯佯谬的问题. (7.29) 式仅适用于不同气体之间的混合. 如果错误地将它用于同种气体的"混合",就会得到同种气体在等温、等压下混合也存在熵变的荒谬结论,这就是所谓的吉布斯佯谬. 按照量子力学的全同性原理,同种气体的分子之间是全同的,但它与不同气体的分子之间是不同的,这有着"天壤之别",两种关系之间绝不存在一个连续的过渡[⑦]. 事实上,只要熵本身是广延量,就能够避免同种分子混合时的吉布斯佯谬.

(7.25) 式可以用来求出各个组元与一个分子相对应的化学势:

$$\mu_i = k_B T \ln \left[\frac{p_i}{k_B T z'_i(T)} \left(\frac{h^2}{2\pi m_i k_B T} \right)^{3/2} \right]. \tag{7.32}$$

---

⑦ 一种吉布斯佯谬的变种就是考虑两种气体分子,假想一种染成白色,另一种染成红色. 这显然是不同的气体分子,因此等温、等压混合时有熵增. 现在设想让红色气体分子的颜色"连续地"变浅,它就会连续地变为白色气体分子,这样就会产生吉布斯佯谬. 但是,这种假想实验实际上是量子力学全同性原理所不允许的.

在热力学中，往往对 1 mol 物质的化学势感兴趣，它可以写成

$$\mu_i = RT\left[\phi_i(T) + \ln(p_i)\right], \tag{7.33}$$

其中

$$\phi_i(T) = \ln\left[\frac{1}{k_{\rm B}Tz_i'(T)}\left(\frac{h^2}{2\pi m_i k_{\rm B}T}\right)^{3/2}\right].$$

我们看到，可以直接计算获得混合理想气体中各个组元的化学势. 在热力学的讨论中 (见第 21 节)，要获得化学势的公式 (7.33)，我们需要引入一个实验事实 [见 (4.31) 式前面的讨论]：一个能透过选择透过性膜的组元，它在膜两边的分压在平衡时相等. 现在利用统计物理的方法，我们无须引入任何实验事实，只需要假定混合理想气体的微观模型就可以直接获得各个组元的化学势.

上面求出的混合理想气体中各组元的化学势还可以用来研究混合理想气体的化学反应问题 (见第 21 节). 多元系化学平衡的条件为 $\sum_i \nu_i \mu_i = 0$, 于是，我们就从统计物理的方法得到了混合理想气体达到化学平衡的质量作用定律，见第 21 节的公式 (4.41) 和 (4.42). 那里得到的关于平衡恒量随温度变化的范托夫方程 (4.43) 也可以类似获得.

39　实际气体的物态方程

理想气体是实际气体在十分稀薄时的极限情形，真实的气体往往仅近似地符合理想气体的规律并与之有着系统的偏离. 利用统计系综理论，我们可以计算实际气体 (假定它偏离理想状态不远) 对于理想气体的偏离，本节中我们就来讨论这个问题. 本节将讨论迈耶的集团展开理论. 这是关于流体数密度的一个展开，适用于流体的数密度不是很大并且流体的分子之间的相互作用不是长程的情形. 数密度比较大的真正液体的理论，运用集团展开往往并不能很好地处理. 同时，流体分子之间的相互作用是库仑相互作用这样的长程力的情形也需要额外处理. 这些我们将放在后面做简要的介绍.

39.1　迈耶的集团展开理论

处理经典非理想气体的系统理论首先是迈耶夫妇得到的，就是所谓的集团展开理论. 我们首先以单原子分子组成的经典气体为例来阐述这个理论. 假

设原子势可用对势 $\phi(r)$ 描述，单原子分子气体的哈密顿量为

$$H = \sum_{i=1}^{N} \frac{\boldsymbol{p}_i^2}{2m} + \sum_{i<j} \phi(r_{ij}), \tag{7.34}$$

其中 $\boldsymbol{p}_i$ 是第 i 个分子的平动动量，m 是其质量，$\phi(r_{ij})$ 是第 i 个分子与第 j 个分子之间相互作用的势能，我们假定它只是两个分子之间距离 $r_{ij} \equiv |\boldsymbol{r}_i - \boldsymbol{r}_j|$ 的函数.

要得到系统的物态方程或其他任何热力学性质，须计算其巨配分函数 Ξ：

$$\Xi = \sum_{N=0}^{\infty} \left(\frac{z}{\lambda_T^3}\right)^N Q_N(T,V), \tag{7.35}$$

其中 $z = \mathrm{e}^{-\alpha} = \mathrm{e}^{\beta\mu}$ 与化学势有关，$\lambda_T = h/\sqrt{2\pi m k_\mathrm{B} T}$ 为分子的热波长，$Q_N(T,V)$ 是 N 个粒子的系统的正则配分函数中的所谓位形积分，

$$Q_N(T,V) = \frac{1}{N!} \int \cdots \int \exp\left(-\beta \sum_{i<j} \phi(r_{ij})\right) \mathrm{d}^3 \boldsymbol{r}_1 \cdots \mathrm{d}^3 \boldsymbol{r}_N, \tag{7.36}$$

所以实际气体的巨配分函数的计算完全依赖于系统位形积分 Q_N 的计算.

在迈耶集团展开方法中，我们首先定义一个双粒子坐标的函数

$$f_{ij} = \mathrm{e}^{-\beta\phi(r_{ij})} - 1. \tag{7.37}$$

这一节中，我们将假定分子之间的相互作用是短程的，也就是说，势函数 $\phi(r_{ij})$（从而函数 f_{ij} 也是如此）当分子之间距离 r_{ij} 超过其典型的作用力程后迅速地趋于零. 这个假设是有其物理根据的，多数中性分子组成的气体都可以满足这个条件[8]. 确定分子之间相互作用势的具体形式是个十分复杂的量子力学（原子分子物理）问题，这里并不会深入分析. 我们所需的只是势函数的短程性，势的力程一般只是分子大小的几倍，所以，函数 f_{ij} 只是在空间中很小（大约只有几个分子尺度）的区域中才不为零. 集团展开理论正是将 f_{ij} 作为微

---

[8]因此，本节中讨论的方法不能直接应用于完全电离的等离子体. 在等离子体中，粒子之间的相互作用是长程的库仑相互作用. 这个情形我们将在第 41 节中讨论.

扰来处理的一种展开方法. 我们可以将位形积分写成

$$Q_N = \frac{1}{N!} \int \cdots \int \prod_{i<j}(1+f_{ij})\mathrm{d}^3\boldsymbol{r}_1\cdots\mathrm{d}^3\boldsymbol{r}_N$$

$$= \frac{1}{N!} \int \cdots \int \left(1 + \sum_{i<j} f_{ij} + \sum_{i<j,k<l,(ij)\neq(kl)} f_{ij}f_{kl} + \cdots\right) \mathrm{d}^3\boldsymbol{r}_1\cdots\mathrm{d}^3\boldsymbol{r}_N. \tag{7.38}$$

要进一步将上式化简，我们将引入图的方法来代表展开式 (7.38) 中的各项. 在理论物理中，将复杂的代数表达式用一一对应的图表达出来并加以组织管理是一种十分有效的方法. 这种方法在量子场论的微扰展开中被利用得最为普遍 (那些图就是著名的费曼图). 其实在统计物理中的非常多情形下，图形表达也会帮助我们理解. 这里讨论的集团展开就是一个典型的例子，相应的图称为集团展开图. 我们后面在讨论伊辛 (Ising) 模型的高温展开时还会遇到另一个例子 (见第 46.2 小节).

为了说明集团展开图的逻辑，我们用一个圆点来表示一个分子，(7.38) 式的位形积分 Q_N 的被积函数的展开式中，每出现一个 f_{ij} 因子都对应于用线联结第 i 和第 j 个分子的圆点. 位形积分 Q_N 中的被积函数的前三项所对应的集团展开图的简述可参见表 7.1. 完整的 Q_N 当然还包括各种可能的没有列在表中的高阶项. 每个集团展开图中所包含的直线的总数就是 Q_N 中的被积函数的项中所含的 f 因子数. 例如，公式 (7.38) 第二个等号右边括号中的第一项如表 7.1 中所述，是最为简单的一项，积分后就给出理想气体的结果 $Q_N = V^N/N!$，如图 7.1(a) 所示. 第二项 [共有 $N(N-1)/2$ 个这样的项] 都含有一个 f 因子，其中的每一项所对应的图的拓扑位形都是 $N-2$ 个孤立的圆点加上两个被线联结起来的圆点 i 和 j，它们之间的区别只是分子的标号不同而已，如图 7.1(b) 所示. 第三项包含两个 f 因子. 由于连乘中需要遍及所有不同的两粒子对，因此这一项的贡献只可能具有两种不同的拓扑结构[9]：一种是两条直线分别联结四个完全不同的圆点，其余是 $N-4$ 个孤立的圆点 [见图 7.1(c)]，另一种则是两条直线将三个圆点串起来，此时两对粒子有一个是相同的，其余的是 $N-3$ 个孤立的圆点 [见 7.1(d)]. 显然，如果计算到更高阶

---

[9]也就是说，绝不会出现 $i<j$ 和 $k<l$ 对应于同一个粒子对的情况，此时 $i=k, j=l$.

(即更多的 f 因子), 其所对应的图形也更复杂, 相应的拓扑结构也会更丰富.

表 7.1 集团展开与位形积分 Q_N

Q_N 中的各项	集团展开的图形描述
第一项: 1	N 个圆点, 没有任何直线联结任何圆点
第二项: $\sum_{i<j} f_{ij}$	$N-2$ 个孤立的圆点加上联结圆点 i 和 j 的线
第三项: $\sum_{i<j,k<l} f_{ij}f_{kl}$	联结点 i 和 j 以及点 k 和 l 的两条线和其余无连线的点

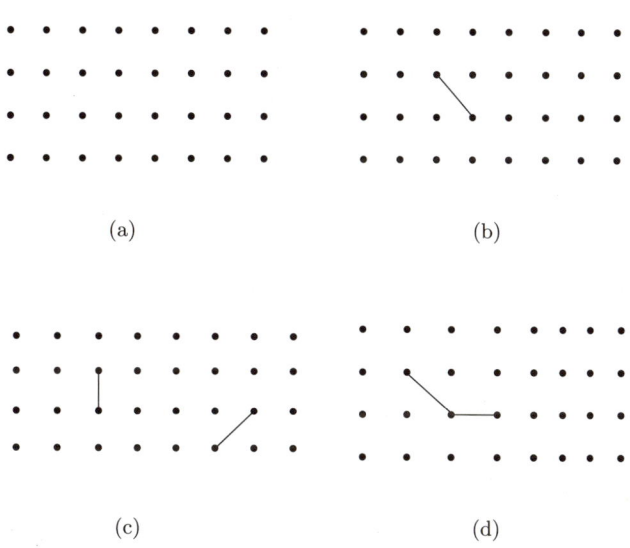

图 7.1 集团展开图示例, 其中 (a) 对应表 7.1 中第一项, (b) 对应表 7.1 中第二项, (c)+(d) 对应表 7.1 中第三项中的两种可能

从图的角度来说, 每个有标号的图都由若干个联结的、有标号的子图组成. 我们称这些由线联结在一起的圆点构成的子图为集团 (cluster), 集团又按照它所包含的分子的个数 (就是圆点数) 分为单粒子集团、二粒子集团、三粒子集团等等. (7.38) 式中在进行对于所有分子位置的积分时, 处在不同集团中的分子位置的积分实际上可以相互独立地进行. 显然, 整个图所对应的积分可以分解为构成它的不同集团的积分的乘积. 对一个特定的集团 c, 如果用 n_c 表示这个集团所包含的圆点数, 我们定义集团积分

$$b_c(T) = \frac{1}{n_c!V} \sum_P \int d^3\boldsymbol{r}_1 d^3\boldsymbol{r}_2 \cdots d^3\boldsymbol{r}_{n_c} \prod_{l \in c} f_l, \qquad (7.39)$$

其中 l 代表了 (7.38) 式中 f_{ij} 的双下标,前面对 l 的连乘表示对此集团中所有被线联结的 f 因子连乘,而积分号前面的求和代表对于构成该集团的点 $(1, 2, \cdots, n_c)$ 的标号的不同置换 $P(1, 2, \cdots, n_c)$ 求和 (保持每个 f_{ij} 中 $i<j$). 由于要对于所有分子的位置进行积分,因此任意一个集团中分子的不同标号所产生的贡献在积分后是相同的,也就是说,如果对构成一个集团的点的标号重新排列次序,并不改变积分以后的贡献.

所以,对于一个可能的集团展开的积分值而言,真正重要的是该集团所对应的图的拓扑位形. 注意到展开式 (7.38) 是对于联结圆点的线的数目 (也就是 f 因子数) 进行展开 (而不是所含圆点数),所以最低阶的集团积分就是单粒子集团积分,它不含有任何 f 因子且只有一种拓扑结构 $c = \bullet$,所以其集团积分

$$b_\bullet = 1. \tag{7.40}$$

下一阶是含有一个 f 因子的双粒子集团积分,它也只可能有一种拓扑结构 $c = \bullet\!\!-\!\!\bullet$,其集团积分可以表达为

$$b_{\bullet\!-\!\bullet}(T) = \frac{1}{2!V} \int d^3\boldsymbol{r}_1 d^3\boldsymbol{r}_2\, f_{12}. \tag{7.41}$$

再高一阶的集团积分是具有两个 f 因子的三粒子集团积分. 需要注意的是,图 7.1(c) 所对应的贡献则是 (7.41) 式的平方,因此无须额外进行考虑. 换句话说,真正需要独立计算的是三个粒子由两条线连在一起的图 7.1(d) 中的贡献. 这类三粒子集团无法分解为两个两粒子集团的平方,它具有类似 $\wedge$ 的形状:

$$b_\wedge(T) = \frac{1}{3!V} \int d^3\boldsymbol{r}_1 d^3\boldsymbol{r}_2 d^3\boldsymbol{r}_3 (f_{12}f_{13} + f_{12}f_{23} + f_{13}f_{23}). \tag{7.42}$$

高阶集团的拓扑位形可以更为复杂,例如具有三个 f 因子的集团就可以有三种不同的拓扑结构:四个点和三条线依次连成一线的线形结构、一个点在中心与另外三个点相连的星形结构、三个点和三条线连成一个三角形的三角形结构.

现在我们来考虑用集团积分表达 (7.38) 式中整个系统的位形积分 Q_N. 一般来说,位形积分 Q_N 由所有可能的图的贡献之和给出(最低阶的三个图分别对应于表 7.1 中的三行). 假设某个图中具有 n_c 个圆点的集团 c 出现了 m_c

次 [例如图 7.1(b) 中，单粒子集团出现了 $N-4$ 次，两粒子集团出现了两次，等等] 那么 n_c 以及 m_c 一定要满足如下的约束：

$$N = \sum_c m_c n_c, \tag{7.43}$$

其中对 c 的求和遍及所有可能的拓扑不等价的集团. 由于对于每个图而言，其数值又可以写成构成该图的各个集团积分的连乘积，因此

$$Q_N = \sum_{\{m_c\}}{}' \frac{1}{N!} \left(\frac{N!}{\prod_c m_c!(n_c!)^{m_c}} \prod_s (Vn_s!b_s(T))^{m_s} \right), \tag{7.44}$$

其中的求和 $\sum_{\{m_c\}}'$ 代表对于所有满足约束条件 (7.43) 的 $\{m_c\}$ 求和. 这里的组合数

$$\frac{N!}{\prod_c m_c!(n_c!)^{m_c}}$$

正是将 $N = \sum_c m_c n_c$ 个分子分解为 m_c 个包含 n_c 个圆点的集团 c 的不同组合方式数.

现在将位形积分 [(7.44) 式] 代回到 (7.35) 式中，就得到系统的巨配分函数

$$\Xi = \sum_{N=0}^{\infty} \left(\frac{z}{\lambda_T^3} \right)^{\sum_c m_c n_c} \sum_{\{m_c\}}{}' \prod_c \frac{[Vb_c(T)]^{m_c}}{m_c!}.$$

但由于有了前面对于 N 的求和 (上式中我们已经将 N 写成了 $\sum_c m_c n_c$)，因此上式可以化为对所有的不加任何约束条件的 $\{m_c\}$ 的求和. 再利用我们前面曾经利用过的交换求和与连乘的技巧 [见 (5.74) 式处的讨论]

$$\sum_{\{m_c\}} \prod_c = \prod_c \sum_{m_c},$$

就发现对 m_c 的求和正好是指数函数的展开式，于是最终我们得到

$$\Xi = \prod_c \exp\left[\left(\frac{z}{\lambda_T^3} \right)^{n_c} V b_c(T) \right]. \tag{7.45}$$

利用热力学公式 $pV/(k_B T) = \ln \Xi$，我们就得到系统的压强为

$$\frac{p}{k_B T} = \sum_c \left[\left(\frac{z}{\lambda_T^3} \right)^{n_c} b_c(T) \right]. \tag{7.46}$$

这仍然不是系统物态方程的标准形式,我们仍然需要关于粒子数的展开 [(5.49) 式]

$$n \equiv \frac{N}{V} = -\frac{1}{V}\frac{\partial}{\partial \alpha} \ln \Xi = \sum_c n_c \left[\left(\frac{z}{\lambda_T^3}\right)^{n_c} b_c(T)\right], \tag{7.47}$$

其中 $z = e^{-\alpha}$. 可以利用 (7.47) 式来反解出 z 作为 n 的展开式,将此展开式代入 (7.46) 式,我们就可以得到非理想气体的物态方程

$$\frac{p}{k_B T} = n + B_2(T)n^2 + B_3(T)n^3 + \cdots, \tag{7.48}$$

其中所谓的第二位力系数和第三位力系数的表达式为

$$B_2(T) = -\frac{1}{2}\int d^3\boldsymbol{r}\, f(r), \tag{7.49}$$

$$B_3(T) = -\frac{1}{3V}\int d^3\boldsymbol{r}_1 d^3\boldsymbol{r}_2 d^3\boldsymbol{r}_3\, f_{12}f_{23}f_{13}. \tag{7.50}$$

更高阶的位力系数也可以由类似的 (更为复杂的) 表达式给出. 因此,如果可以计算出各种集团积分,从而得到各阶位力系数,就可以完全确定有相互作用系统的热力学性质. 利用迈耶的集团展开理论,我们发现非理想气体的物态方程具有昂内斯方程的形式. 因此,统计物理的集团展开为热力学中的昂内斯方程提供了一个微观解释.

需要指出的是,位力展开仅对于那些偏离理想气体不太远的气体系统才是一个好的 (收敛比较快的) 展开. 如果气体的密度很大,接近相变附近液体的密度,那么位力展开就不能很好地加以应用了. 这时,我们会发现位力展开中的高阶项的贡献不可忽略. 如果我们有能力计算出足够多的位力系数,那么利用一些重求和方法 (resummation method) 有可能适当扩大位力展开的适用范围[10],但对于真正稠密的气体和液体,位力展开不能很好描述系统的性质. 事实上,一个十分重要的结论是,恰恰在气体发生相变凝聚为液体的相变点处,迈耶理论的集团展开会发散. 在第 49 节中,我们将介绍另一个与气液相变密切相关的李杨零点的概念,并用它来分析气液相变的问题.

---

[10] 例如,可以利用所谓的帕德 (Padé) 近似,有兴趣的读者可以阅读参考书 [10] 的第十一章第三节中的讨论.

39.2 位力系数的计算

要具体计算位力系数，必须知道分子之间相互作用势的形式. 一个非常常用的半经验公式是惰性气体中单原子分子之间的伦纳德–琼斯 (Lennard-Jones) 势：

$$\phi(r) = \phi_0 \left[\left(\frac{r_0}{r}\right)^{12} - 2\left(\frac{r_0}{r}\right)^6 \right], \tag{7.51}$$

也就是说，短程处是因不相容原理导致的正比于 $1/r^{12}$ 的排斥势，而在大的距离上是与分子间偶极相互作用相关的正比于 $1/r^6$ 的吸引势. 伦纳德–琼斯势有时又称为 12-6 势，它由两个参数描述：ϕ_0 标度势能极值的大小，r_0 标度相互作用的力程[①].

在图 7.2 中我们画出了伦纳德–琼斯势的示意图. 伦纳德–琼斯势可以相当好地描述分子之间的相互作用，但是利用它计算位力系数是比较复杂的. 为了简化计算，我们将采用更为简化的势模型：

$$\begin{aligned} \phi(\boldsymbol{r}) &= +\infty, & r < r_0, \\ \phi(\boldsymbol{r}) &= -\phi_0 \left(\frac{r_0}{r}\right)^6, & r \geqslant r_0. \end{aligned} \tag{7.52}$$

这个势在大距离上与伦纳德–琼斯势一致，在小距离处我们用硬心势 (或者称钢球势) 来替代伦纳德–琼斯势中的 $1/r^{12}$ 的排斥势. 这样的相互作用又称为

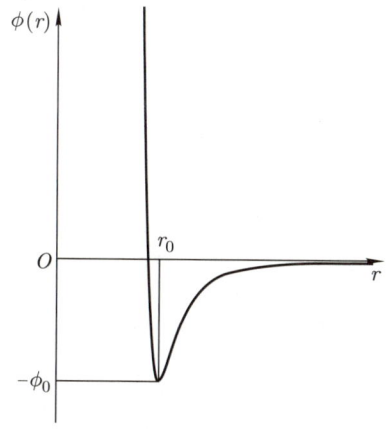

图 7.2 伦纳德–琼斯势的示意图

[①] 这个势是一个半经验的公式. 由它计算出来的实际气体的物态方程与实验符合得相当好. 中性分子在大距离上的、正比于 $1/r^6$ 的相互吸引势是有它的量子力学基础的. 这种相互作用称为范德瓦耳斯相互作用，实际上是电偶极相互作用的量子力学体现，参见相应的量子力学教材，如参考书 [6].

硬心伦纳德–琼斯势. 利用 (7.49) 式在球坐标中积分, 立刻可得如下第二位力系数表达式：

$$B_2(T) = b - \frac{a}{Nk_\mathrm{B}T},\tag{7.53}$$

其中常数 a 和 b 与势能参数 r_0 和 ϕ_0 之间的关系为

$$a = \frac{2\pi}{3} N^2 \phi_0 r_0^3, \qquad b = \frac{2\pi}{3} N r_0^3.\tag{7.54}$$

而气体的物态方程 [(7.46) 和 (7.48) 式] 可以近似写为 ($V \gg b$)

$$p = \frac{Nk_\mathrm{B}T}{V - b} - \frac{a}{V^2}.\tag{7.55}$$

这正是范德瓦耳斯气体的物态方程. 所以我们看到范氏气体可以看成分子之间有一个短程排斥和长程吸引时的气体. (7.54) 式中的常数 b 体现了分子的固有体积 (排斥) 效应, 而常数 a 则体现了分子之间的长程相互吸引.

40　液体的热力学性质

我们在上一节中提到, 集团展开方法给出的结果一般不能够应用到密度很大的流体, 特别是并不能很好地描述真实液体的热力学性质. 这一节将对经典液体的统计理论做一个简单的介绍. 经典的液体无疑与日常生活密切相关 (水是生命之源), 但要对液体给出一个完满的理论解释却是相当困难的, 直至今日仍然有许多没有解决的问题. 从某种程度来说, 液体是比固体和气体都要难于处理和难以捉摸的物理系统.

关于液体的经典统计物理理论的基础是所谓的 BBGKY 级列. 这是涉及液体中多个分子的概率分布函数的联合的微分积分方程. 第 54 节中会对其做一个简要的介绍. 它实际上涉及整个液体系统的各级分布函数从非平衡到平衡的动力学过程. 方程的求解也是非常困难和复杂的. 对于处于平衡态的液体而言, 如果假定其分子相互作用主要是两体相互作用, 那么此时引入分子的所谓对分布函数 (等价于两体概率分布函数) 一般就可以较好地刻画液体的平衡性质了. 本节中我们就在这个基础上对液体的热力学性质做一个介绍.

40.1 对分布函数

在处理液体 (也包括稠密气体) 的统计理论中，处于核心的物理量是各种分布函数. 仍然考虑 N 个全同经典分子构成的系统，$U(\bm{r}_i - \bm{r}_j)$ 是第 i 和 j 个分子之间的相互作用势. 液体中 N 个分子分别在 $\bm{r}_1, \bm{r}_2, \cdots, \bm{r}_N$ 处的概率密度为

$$P(\bm{r}_1, \bm{r}_2, \cdots, \bm{r}_N) = \frac{1}{N! Q_N(T,V)} \exp\left(-\beta \sum_{i<j} U(\bm{r}_i - \bm{r}_j)\right), \quad (7.56)$$

其中位形积分 Q_N 中使用的对势也从上一节的 $\phi(r)$ 改为 $U(\bm{r}_i - \bm{r}_j)$. 为描述液体中分子的实际分布，定义如下的单粒子分布函数 $n_1(\bm{x})$ 和双粒子分布函数 $n_2(\bm{x}_1, \bm{x}_2)$:

$$n_1(\bm{x}) = \sum_{i=1}^{N} \langle \delta(\bm{x} - \bm{r}_i) \rangle, \quad (7.57)$$

$$n_2(\bm{x}_1, \bm{x}_2) = \sum_{i \neq j} \langle \delta(\bm{x}_1 - \bm{r}_i) \delta(\bm{x}_2 - \bm{r}_j) \rangle, \quad (7.58)$$

其中的平均 $\langle \cdot \rangle$ 是针对 (7.56) 式中的概率密度 P 求期望值. 粒子分布函数的物理意义是十分明显的：单粒子分布函数 $n_1(\bm{x})$ 实际上代表了在空间位置 $\bm{x}$ 附近的一个单位小体积元内找到的平均粒子数，或者说是单位体积内找到一个粒子的概率乘以总粒子数. 双粒子分布函数则代表了在空间位置 $\bm{x}_1$ 和 $\bm{x}_2$ 分别找到一对粒子的概率乘以总的粒子对数. 更为一般的 s 粒子分布函数也可以按类似 n_1 和 n_2 的方式定义.

在均匀的液体中，$n_1(\bm{x})$ 实际上与位置无关，且就等于液体的分子数密度 $n_1(\bm{x}) = N/V$. 对于双粒子分布函数，它一般只是 $|\bm{x}_1 - \bm{x}_2|$ 的函数[12]. 于是，我们可以定义所谓的对分布函数 (pair distribution function) $g(|\bm{x}_1 - \bm{x}_2|)$:

$$n_2(|\bm{x}_1 - \bm{x}_2|) \equiv \left(\frac{N}{V}\right)^2 g(|\bm{x}_1 - \bm{x}_2|). \quad (7.59)$$

对分布函数是无量纲的函数，且当 $|\bm{x}_1 - \bm{x}_2| \to \infty$ 时，有 $g(|\bm{x}_1 - \bm{x}_2|) \to 1$. 通过对分布函数的傅里叶 (Fourier) 变换，可以定义散射强度的结构因子 $S(q)$[13].

---

[12]这里假定我们讨论的液体是均匀各向同性的. 如果液体不是各向同性的 (比如液晶就是这种系统)，原则上双粒子分布函数还依赖于方向.

[13]一般来讲，结构因子应当依赖于三维矢量 $\bm{q}$. 如果我们假定液体是均匀各向同性的，那么 [正如 $g(r)$ 只是 r 的函数一样] 它只是 $q = |\bm{q}|$ 的函数.

由散射强度

$$I \propto \left|\sum_i \mathrm{e}^{-\mathrm{i}\boldsymbol{q}\cdot\boldsymbol{r}_i}\right|^2,$$

定义

$$S(q) - 1 = \frac{N}{V}\int \mathrm{d}^3\boldsymbol{r}[g(\boldsymbol{r}) - 1]\mathrm{e}^{-\mathrm{i}\boldsymbol{q}\cdot\boldsymbol{r}}. \tag{7.60}$$

结构因子之所以重要，是因为它是可以通过电磁波或粒子束在液体中的散射实验而直接测量的物理量，通过这些实验可以得到结构因子进而确立液体中的双粒子分布函数.

对于分子之间只包含两体相互作用的液体来说，系统的很多物理量都可以利用双粒子分布函数 (或者说液体的对分布函数) 来表达[14]. 例如，液体中总势能 (从而总内能也可以轻易得到) 的平均值可以利用 $U(r)$ 和 $g(r)$ 积分得到：

$$\begin{aligned}\langle U \rangle &= \frac{1}{2}\int \mathrm{d}^3\boldsymbol{x}_1\mathrm{d}^3\boldsymbol{x}_2\, U(\boldsymbol{x}_1 - \boldsymbol{x}_2)n_2(\boldsymbol{x}_1,\boldsymbol{x}_2) \\ &= \frac{N^2}{2V}\int \mathrm{d}^3\boldsymbol{r}\, U(r)g(r).\end{aligned} \tag{7.61}$$

另一个与 $g(r)$ 密切关联的量是液体的 (等温) 压缩系数 $\kappa_T = -(1/V)(\partial V/\partial p)_T$. 为了找到这种内在联系，首先注意到在一个固定粒子数的系统 (正则系综) 中有

$$\int \mathrm{d}^3\boldsymbol{x}_1 n_2(|\boldsymbol{x}_1 - \boldsymbol{x}_2|) = N(N-1)/V. \tag{7.62}$$

如果我们允许系统的粒子数涨落 (例如巨正则系综)，那么 (7.61) 式等号右边就应当换为 $\langle N(N-1)\rangle/V$，同时对分布函数的定义也应当修改为

$$g(|\boldsymbol{x}_1 - \boldsymbol{x}_2|) = \frac{V^2}{\langle N\rangle^2}n_2(|\boldsymbol{x}_1 - \boldsymbol{x}_2|). \tag{7.63}$$

根据 (7.62) 和 (7.63) 式我们不难发现，

$$\int \mathrm{d}^3\boldsymbol{r}[g(r) - 1] = -\frac{V}{\langle N\rangle} + V\frac{(\Delta N)^2}{\langle N\rangle^2}, \tag{7.64}$$

其中我们引入了粒子数涨落 $(\Delta N)^2$，它的定义是

$$(\Delta N)^2 = \langle (N - \langle N\rangle)^2\rangle. \tag{7.65}$$

---

[14] 这一点并不总是成立的，在有些系统中，三体或以上的相互作用必须要被考虑.

40 液体的热力学性质

按照第 28 节中的 (5.57) 式,粒子数的涨落与液体的等温压缩系数直接联系:

$$n \int \mathrm{d}^3 \boldsymbol{r} [g(r) - 1] = -1 + nk_\mathrm{B} T \kappa_T. \tag{7.66}$$

这个重要的关系称为液体的涨落物态方程或压缩物态方程. 许多文献称

$$h(r) \equiv g(r) - 1 \tag{7.67}$$

为对关联函数 (pair correlation function),它实际上衡量了液体中不同位置的两个粒子之间的关联. 对于理想气体,由于 $g(r) = 1$,所以 $h(r) = 0$,即理想气体分子之间是无关联的,这一点也可以从 (7.66) 式中得到验证 (等号两边都等于零). 液体的 $nk_\mathrm{B} T \kappa_T$ 一般是比较小的,这意味着在通常情况下液体几乎是不可压缩的,这时

$$n \int \mathrm{d}^3 \boldsymbol{r} [g(r) - 1] \approx -1. \tag{7.68}$$

例外的情况发生在临界点附近. 这时,液体的压缩率趋向无穷大. 涨落物态方程 (7.66) 告诉我们,这个发散起因是对关联函数 $h(r)$ 在大的 r 处衰减得不够快,从而导致 (7.66) 式左边的积分发散,这时我们称液体中具有长程关联. 这种在临界点附近所特有的涨落和关联,在第八章讨论二级相变的涨落和关联时还会涉及 (参见第 45 节中的讨论).

利用位力定理,还可以建立另一个与液体中对分布函数密切相关的物态方程:

$$pV = Nk_\mathrm{B} T \left[1 - \frac{n}{6k_\mathrm{B} T} \int \mathrm{d}^3 \boldsymbol{r} (\boldsymbol{r} \cdot \nabla U(\boldsymbol{r})) g(\boldsymbol{r}) \right]. \tag{7.69}$$

这个方程称为位力物态方程. 需要指出的是,(7.69) 和 (7.66) 式都是严格成立的关系,所需的条件只是液体分子遵从经典力学,同时它们之间的相互作用只有两体相互作用 (忽略多体作用). (7.69) 和 (7.66) 式都涉及液体中的对分布函数. 利用各种理论计算液体的对分布函数都是很困难的,在这类计算中往往必须做近似,这些近似会造成 (7.69) 和 (7.66) 式所给出的物态方程不一致,在某种近似下这两者之间的差别恰恰可以作为衡量该理论近似是否可信的一个标准.

40.2 液体中对分布函数的计算

前面提到, 从统计物理的基本原理出发计算液体中的对分布函数 $g(r)$ 是十分困难的, 在理论上往往必须做各种近似. 最为直接而且著名的是所谓的奥恩斯坦–策尼克 (Ornstein-Zernike) 方程的珀卡斯–耶维克 (Percus-Yevick) 近似. 这种近似给出了对关联函数 $h(r)$ 所满足的积分方程 (称为珀卡斯–耶维克方程), 该方程可以利用解析或数值的方法求解. 这里我们不准备深入地讨论这些问题, 有兴趣的读者可以阅读参考书 [10]. 我们只是指出: 这些传统的理论近似方法往往可以对某些系统 (比如对于刚球模型) 给出不错的结果, 但没有任何一个近似可以统一地对不同模型给出令人满意的结果.

另一方面, 随着近年来计算机的发展, 一些纯数值研究方法开始显示出它们的活力, 其中最为典型的就是蒙特卡罗方法和分子动力学方法. 下面我们简单介绍一下分子动力学方法.

分子动力学方法的出发点是回到我们在第五章第 24 节所介绍的、最原始的玻尔兹曼和麦克斯韦的想法, 即将系统的热力学量看成组成系统的分子相应微观量的时间平均. 也就是说, 暂时"放弃"了系综平均的理念而回到按照粒子的运动轨道来进行时间平均的方案. 我们在介绍系综理论时曾经提到, 要解析地完成这个步骤是不可能的, 因为多粒子系统的运动方程太复杂了, 但是利用计算机, 这一点不难做到, 只要给定初始条件和各个分子之间的相互作用势能, 计算机就可以将多粒子的牛顿运动方程进行数值积分, 得到各个粒子随时间演化的轨道[15]. 将相应的物理量对于这些动力学演化轨道进行时间平均 [(5.4) 式], 我们就可以得到系统的热力学性质.

目前, 一般分子动力学计算中可以取相当多的粒子 (比如说 10^5 左右), 当然这与真实系统中粒子数的数量级仍然相差很多. 但是这一点往往并不会对最后的计算结果造成很大影响. 这里面的原因就在于, 液体中的任何一个分子的运动一般来说只会受到它附近一些分子的影响, 粗略地说, 只有与它距离小于或等于几个关联长度的那些分子会对它有影响, 其他液体分子的运动几

---

[15]这里我们所说的"不难做到"是指没有原则上的困难. 当然, 当你将这些想法输入计算机并进行计算时, 仍然会遇到相当多具体的困难, 如程序的编写、调试、检验、优化等.

乎与它是独立的. 只要液体不是非常接近它的临界点, 液体中的关联长度就是比较小的. 因此我们进行分子动力学研究时, 可以只去研究处于几个关联长度尺度内的分子, 即便是数值研究中的分子数仅仅是 10^3, 往往也能得到不错的结果. 当然, 如果我们关心液体非常接近临界点附近处的行为, 这时分子动力学的样本不可避免地要取得更大, 否则计算结果就会明显地偏离真实的结果.

总之, 稠密气体和液体的热力学性质是一个理论上十分重要同时又相当困难的问题. 这里, 我们特别强调了近年来数值计算和模拟的重要性. 事实上, 目前这些数值方法得到的结果几乎已经成为了标准的"实验结果", 任何相关的理论计算最终都要与这些"计算机实验"的结果进行比较, 以判别它们是否正确. 当然, 要真正体会这些数值方法的威力和魅力, 与其在这里听我干巴巴地说教, 不如真正利用这些方法去解决一个 (哪怕是非常简单的) 问题.

41 稀薄等离子体的统计性质

这一节中我们讨论稀薄经典等离子体的统计性质. 等离子体是由电离了的、带有正负电荷的粒子组成的流体, 整个系统仍然呈现电中性. 由于正负粒子之间的 $1/r$ 势类型的库仑相互作用是长程的, 因此第 39.1 节中讨论的集团展开方法不能直接应用. 本节中我们将介绍稀薄等离子体的理论, 又称为德拜–胡克尔理论, 是 1923 年由德拜和胡克尔提出来处理强电解质溶液的一个理论. 这本质上是一种平均场理论. 我们这里首先研究稀薄等离子体, 它与经典理想气体偏离不大. 随后我们会简单提及如何将其应用于溶液[19].

从物理上说, 稀薄等离子体要求组成等离子系统的各个带电粒子 (下文统称为离子) 之间的静电相互作用势能 $(ze)^2 n^{1/3}$ (其中 z 是离子的电荷数) 比每个离子的平均动能 $k_B T$ 小很多, 即等离子体的离子数密度 n 必须满足

$$n \ll \left(\frac{k_B T}{z^2 e^2}\right)^3. \tag{7.70}$$

我们假定第 i 种离子的平均数密度和电荷数分别为 n_{i0} 和 z_i (为正负整数), 那么由静电相互作用引起的系统的内能变化 U_{int} 可以写成

$$U_{\text{int}} = \frac{V}{2} \sum_i (z_i e) \, n_{i0} \, \phi_i, \tag{7.71}$$

---

[19] 原始论文见 Debye P and Hückel E. Phys. Zeit., 1923, 24: 185.

其中 ϕ_i 是某个第 i 种离子所感受到的由其他离子所产生的平均静电势. 在平衡的均匀等离子体中, 这个静电势是与位置和时间无关的常量.

为了求出这个平均场 ϕ_i, 我们考虑一个特定的离子周围的离子分布. 如果我们用 n_i 表示距离我们选定的离子为 r 处的第 i 种离子的数密度, 那么

$$n_i(r) = n_{i0} \exp\left(-\frac{z_i e\, \phi(r)}{k_B T}\right), \tag{7.72}$$

其中 $\phi(r)$ 是距离我们选定的离子为 r 处的静电势. 另一方面, 静电势 $\phi(r)$ 与产生它的电荷密度的关系服从泊松 (Poisson) 方程 (采用了高斯单位制)

$$\nabla^2 \phi = -4\pi \sum_i (z_i e)\, n_i(r). \tag{7.73}$$

由于我们假定等离子体是稀薄的, 于是 (7.72) 式可以展开为

$$n_i(r) = n_{i0} - \frac{n_{i0} e z_i}{k_B T} \phi(r). \tag{7.74}$$

将此式代入方程 (7.73) 并利用电中性条件 $\sum_i z_i n_{i0} = 0$, 我们得到

$$\nabla^2 \phi - \kappa^2 \phi = 0, \qquad \xi_D^{-2} \equiv \kappa^2 = \frac{4\pi e^2}{k_B T} \sum_i n_{i0} z_i^2. \tag{7.75}$$

这就是在一个指定离子周围的静电势所满足的亥姆霍兹微分方程, 其中参数 $\xi_D \equiv (1/\kappa)$ 具有长度量纲, 称为德拜屏蔽长度. 如果我们选定的离子的电荷数为 z_i, (7.75) 式中的微分方程的解具有如下屏蔽库仑势的形式:

$$\phi(r) = e z_i \frac{e^{-\kappa r}}{r}. \tag{7.76}$$

这个解形式保证了在 $r \to 0$ 时, 静电势具有标准的库仑形式 $e z_i / r$. 当距离 r 增加时, 由于其他离子的极化所产生的屏蔽作用, 使得 $1/r$ 静电势变成一个屏蔽了的库仑势, 而屏蔽的特征距离就是上面引入的德拜屏蔽长度 ξ_D. 将 (7.75) 式中的指数展开, 则有

$$\phi(r) = \frac{e z_i}{r} - e z_i \kappa + \cdots, \tag{7.77}$$

其中没有写出的项在 $r \to 0$ 时没有贡献. (7.76) 式等号右边第一项是我们指定的离子本身产生的库仑静电势, 第二项是其他离子产生的在指定的离子位置

处的静电势，这正是 (7.71) 式中所需要的平均静电势 $\phi_i = -ez_i\kappa$. 所以我们立刻得到等离子体系统的静电相互作用对系统内能的贡献

$$U_{\rm int} = -\sqrt{\frac{\pi}{Vk_{\rm B}T}}\left(\sum_i N_i z_i^2 e^2\right)^{3/2}, \tag{7.78}$$

其中 $N_i = n_{i0}V$ 为第 i 种离子的总粒子数.

我们现在可以基于热力学公式 $U = -(\partial \ln Z/\partial \beta)$ 并利用关系 $F = -k_{\rm B}T\ln Z$ 对 (7.78) 式积分得到系统的亥姆霍兹自由能

$$F = F_0 - \frac{2e^3}{3}\sqrt{\frac{\pi}{Vk_{\rm B}T}}\left(\sum_i N_i z_i^2\right)^{3/2}, \tag{7.79}$$

其中 F_0 为理想气体的自由能. 将 (7.78) 式对体积微分就得到系统的物态方程 [(5.44) 式]

$$p = \frac{Nk_{\rm B}T}{V} - \frac{e^3}{3V^{3/2}}\sqrt{\frac{\pi}{k_{\rm B}T}}\left(\sum_i N_i z_i^2\right)^{3/2}, \tag{7.80}$$

其中等号右边第一项是理想气体的 $p = -\partial F_0/\partial V$. 我们发现 (7.80) 式等号右边的第二项并不是前面求出的位力展开的形式 [(7.48) 式]，其原因就是带电粒子之间是长程的库仑相互作用.

德拜–胡克尔理论最初的提出 (同时也是最广泛的应用) 是用于理解强电解质的稀溶液的热力学性质. 在热力学部分中我们曾经讨论了所谓理想溶液的热力学理论 (见第 22 节). 理想溶液对于一般的稀溶液还是比较好的近似，但是对于强电解质的溶液 (比如 KCl 的稀溶液) 并不是很好的近似. 这类强电解质溶液的特点是，即使是非常稀的溶液，其化学势也显著地偏离理想溶液的化学势 (4.52). 德拜和胡克尔意识到这个偏离是由强电解质溶液中的离子完全电离后，正负离子之间长程的静电库仑相互作用造成的. 事实上，亥姆霍兹自由能 (7.79) 中静电相互作用造成的修正项同样也会进入吉布斯自由能，进而影响强电解质溶液的化学势. 强电解质溶液的吉布斯自由能 [参考 (4.52) 式] 变为

$$G = \sum_i N_i(g_i + k_{\rm B}T\ln x_i) - \frac{Vk_{\rm B}T}{8\pi}\kappa^3, \tag{7.81}$$

$$\kappa^2 = \frac{4\pi e^2}{\epsilon k_{\rm B}T}\sum_i n_{i0}z_i^2, \tag{7.82}$$

其中 G 的第一项就是传统的理想溶液的吉布斯函数，附加项 $-Vk_BT\kappa^3/(8\pi)$ 则源于 (7.79) 式中的静电相互作用项，唯一需要调整的是德拜屏蔽波数 κ 的表达式：为了应对溶液中的情形，(7.82) 式与 (7.75) 式类似，只不过多了一个溶液中的 (相对) 介电常数 ϵ.

有了这些表达式，我们就可以给出强电解质溶液中已经电离了的组元的活度系数 [见第 22 节的 (4.54) 式]. 以二元的强电解质 $M^+_{\nu_+}M^-_{\nu_-}$ 的溶液为例，其中 $M^\pm$ 代表正负离子的化学符号，它们所携带的电量分别为 $z_\pm$(以基本电量 e 为单位). 那么该强电解质物质的电中性意味着 $\nu_+z_+ + \nu_-z_- = 0$. 这时我们可以得到它们的活度系数分别为

$$\ln\gamma_\pm = -\frac{e^2(\nu_+z_+^2 + \nu_-z_-^2)}{8\pi\epsilon k_BT} = -\frac{\mathcal{F}^2(\nu_+z_+^2 + \nu_-z_-^2)}{8\pi\epsilon N_ART}, \tag{7.83}$$

其中 $\mathcal{F} = N_Ae$ 称为法拉第电解常数，N_A 是阿弗加德罗常数，$R = N_Ak_B$ 是理想气体常数. 第二个等式是化学家在计算溶液中正负离子的化学势时更经常使用的形式.

 **相关的阅读**

这一章我们讨论了系综理论应用于经典流体的各种例子. 首先，我们从系综的角度讨论了理想气体. 我们的侧重点放在双原子分子理想气体的热容量，特别是它的量子修正上，接着我们从统计物理的角度讨论了混合理想气体及其化学反应. 系综理论的一个经典应用是非理想流体的物态方程，其完整理论是迈耶的集团展开理论，我们这里给出了它的一个简化的 (但相对完整的) 介绍. 我们介绍了液体的统计物理理论. 随后，我们讨论了经典等离子体的统计性质，讲述了德拜-胡克尔理论. 这个理论可以直接应用到强电解质的溶液理论中去. 这可以视为对热力学部分第 22 节理想溶液理论的一个补充. 这里没有进一步讨论其实例，更多的例子可以参考王竹溪先生的书，即参考书 [1] 的第七章或者化学热力学方面的参考书 [17].

习　题

1. **混合理想气体的巨配分函数.** 从巨配分系综的配分函数表达式 (5.41) 出发，导出混合理想气体的巨配分函数的对数，即 (7.23) 式.

2. **具有电偶极矩的气体与外电场的作用和电极化率.** 考虑由双原子分子构成的气体. 该分子具有固有的电偶极矩，大小记为 d. 当这样的双原子分子位于外电场之中时，考虑气体的电极化率对温度的依赖关系.

3. **具有经典磁偶极矩的气体与外磁场的作用和磁化率.** 考虑由双原子分子构成的气体. 该分子具有固有的磁偶极矩，大小记为 M. 当这样的双原子分子位于外磁场之中时，考虑气体的磁化率对温度的依赖关系.

4. **具有量子磁偶极矩的气体与外磁场的作用和磁化率.** 考虑由双原子分子构成的气体. 该分子具有总自旋量子数 S，其磁偶极矩为 $\boldsymbol{\mu} = \mu_B g_s \boldsymbol{S}$. 当这样的双原子分子位于外磁场中时，考虑气体的磁化率对温度的依赖关系.

5. **一维钢球气体.** 考虑一维钢球气体 [又称为汤克斯 (Tonks) 气体]，其分子可以认为是尺寸为 a 的线段，其质量为 m. N 个这样的分子放在大小为 L 的一维容器内，当然 $L \gg Na$. 为了明确，我们将一维容器放在 x 轴上，起始点分别为 0 和 L. 第 i 个分子左端的坐标记为 x_i. 假设每个分子是非相对论性的. 除了每个分子的动能之外，任意两个分子之间的硬心相互作用的具体形式可以写为

$$V(x_i, x_j) = \begin{cases} +\infty, & |x_i - x_j| < a, \\ 0, & |x_i - x_j| > a. \end{cases}$$

   该系统与温度 T 的大热源达到平衡. 本题中我们将严格计算这个系统的正则配分函数以及相关的物理量.
   (1) 写出这个系统的正则系综的配分函数并完成所有动量的积分.
   (2) 将所有坐标的积分都包括在系统的位形积分 Q_N 中. 请给出 Q_N 的明确解析表达式并完成所有坐标的积分.
   (3) 计算系统的亥姆霍兹自由能、内能和熵. 结合具体的表达式说明它们都是广延量. 简单说说为什么这个系统中不需要考虑"神秘"的 $N!$ 因子.

6. **三维硬球流体.** 本题中将利用正则系综处理硬球流体. 我们假定每个硬球的体积为 v_0.
   (1) 首先写下三维正则系综中，N 个硬球分子系统的正则配分函数 $Z(T,V,N)$ 的表达，并完成各个动量的积分，仅仅保留对坐标的积分，说明它可以写成

$$Z(T,V,N) = Z_0(T,V,N) W(T,V,N),$$

   其中 $Z_0(T,V,N)$ 是理想气体的配分函数.
   (2) 论证对于硬球气体，$W(T,V,N)$ 与温度无关，但它可以依赖于硬球的体积等参数，即 $W(T,V,N) = W(V,N,v_0)$，同时论证 $W(V,N,v_0) \leqslant 1$，其中等号仅当 $v_0 = 0$ 时成立.

(3) 利用广延性质论证硬球流体的亥姆霍兹自由能可以写为

$$F_{\text{HS}}(T,V,N,v_0) = F_0(T,V,N) + Nf_x,$$

其中 $F_0(T,V,N)$ 是理想气体的亥姆霍兹自由能，而 f_x 是平均一个分子的额外能量，并确定 f_x 的符号.

(4) 作为一个强度量，由 (3) 可知

$$f_x = -\frac{k_B T}{N}\ln W,$$

证明 W 可以写为

$$W(V,N,v_0) = w(\rho,v_0)^N,$$

其中 $\rho = N/V$ 是分子数密度.

(5) 利用量纲分析论证，强度量 f_x 以及 w 不可能分别依赖于 ρ 和 v_0，而只能够通过组合 $\rho v_0 \equiv \eta$ 产生依赖：$w = w(\rho v_0) = w(\eta)$. 这个比例称为堆垛比 (packing fraction).

(6) 利用热力学证明，硬球流体的压强可以表达为

$$p_{\text{HS}}(T,\rho,v_0) = p_0(T,\rho) + \rho\left[\eta\frac{\partial f_x(\eta)}{\partial \eta}\right]_{\eta=\rho v_0}.$$

7. **具有电偶极矩相互作用的气体.** 考虑由双原子分子构成的气体. 该分子具有固有的电偶极矩，大小记为 d. 分子的转动惯量记为 I，它的动能部分可以写为

$$H_0 = \sum_{i=1}^{N}\frac{\boldsymbol{p}_i^2}{2m} + \frac{1}{2I}\left(p_{\theta_i}^2 + \frac{p_{\phi_i}^2}{\sin^2\theta_i}\right),$$

其中 $\boldsymbol{p}_i$ 是第 i 个分子的质心平动动量，其共轭的坐标记为 $\boldsymbol{r}_i$. (θ_i,ϕ_i) 是其电偶极矩取向的角度，它们相应的共轭动量为 $(p_{\theta_i},p_{\phi_i})$. 为了方便，我们将用 $\boldsymbol{n}_i = (\sin\theta_i\cos\phi_i,\sin\theta_i\sin\phi_i,\cos\theta_i)$ 来表示该方向的单位矢量. 因此第 i 个分子的电偶极矩矢量可以写为 $\boldsymbol{d}_i = d\boldsymbol{n}_i$. 本题将考虑分子之间的偶极-偶极相互作用对系统热力学物理量的影响.

(1) 参考相关电动力学的知识，写下位于 $\boldsymbol{r}_i$ 和 $\boldsymbol{r}_j$ 处的两个分子之间的偶极-偶极相互作用势能.

(2) 运用正则系综，写出系统的正则配分函数并完成所有动量的积分，将配分函数表达为理想气体的配分函数和一个 N 体的位形积分 Q_N 的形式.

(3) 仿照本书中的做法，对位形积分进行近似展开并且假定 d 足够小，给出系统物态方程对理想气体的修正的第一阶贡献.

第八章 二级相变及其平均场理论

本章提要

- 自旋模型的微观机制与处理方法 (42)

- 伊辛模型的平均场近似 (43)

- 布拉格–威廉斯近似 (44)

- 临界点附近的涨落与关联 (45)

- 伊辛模型的高温展开 (46)

- 具有连续对称性的系统的相变 (47)

- 对称性破缺与普适性 (48)

- 李杨零点与相变 (49)

二级相变又称为连续相变，它在近代凝聚态物理和统计物理的发展中占有极为重要的地位，这主要是由于许多重要的物理发现都与二级相变有关联，例如 ^{4}He 的超流相变、BCS 超导相变、铁磁–顺磁相变、反铁磁–顺磁相变等．不仅这些相变现象在纯物理学的研究中占据着重要的地位，同时对这些物理现象更深入的理解也为后续技术和应用方面的发展奠定了基础．

自旋模型是人们在研究相变问题时引入的一类统计物理模型．这类模型的哈密顿量一般只包含晶格中不同格点上的自旋变量 (一般地讲，是指晶格原子的总角动量) 之间的相互作用．人们发现，铁磁相变、反铁磁相变等许多与磁性有关的二级相变都可以利用某种自旋模型来相当好地加以刻画．其实研究自旋模型的意义还远不止于此，随后的研究发现，其他二级相变 (例如超导相变、超流相变等) 的临界性质也可以与某个自旋模型的临界性质建立起对应关系，这就是所谓的普适性 (参见第 48 节的讨论). 也就是说，自旋模型在其二级相变临界点附近的物理行为实际上具有超出这个模型之外的共性.

在本章中，我们准备以若干典型的自旋模型为例来讨论二级相变的问题. 我们首先简单介绍自旋模型的由来以及处理自旋模型的几种常用的理论方法，然后以最为简单的自旋模型——伊辛模型为例，来说明平均场近似的方法. 由此我们进一步指出伊辛模型在临界点附近的行为. 接着我们从另一个角度考察平均场近似并说明它与朗道二级相变理论之间的关系. 我们进一步会讨论系统二级相变点附近的涨落与关联问题. 随后，我们将介绍利用对偶性来严格计算二维正方晶格上伊辛模型的临界温度，并由此引出超出平均场近似的其他处理方法. 我们还将讨论一下其他自旋模型，特别是具有连续对称性的自旋模型，并简单介绍普适性的概念. 最后，我们将介绍李杨关于相变的理论. 该理论直接建立起了气液相变与格气模型 (伊辛模型) 之间的关联，展示了普适性的来源，同时也对相变这个集体现象给出了全新的统计物理诠释. 与二级相变相关的物理非常丰富，显然不可能在一章之中全部覆盖. 这里的讨论将主要围绕平均场近似展开，对于其他理论方法则只是简单地介绍. 对进一步的详尽讨论有兴趣的读者，可以阅读有关的书籍，如参考书 [11, 12].

42 自旋模型的微观机制与处理方法

自旋模型的动力学自由度是定义在某个格点上的自旋变量 (原子的轨道和自旋角动量的统称). 自旋模型的哈密顿量只包含各个格点上的这些自旋变量之间的相互作用. 这种相互作用的微观机制实际上是由量子力学的交换相互作用所引起的. 所谓交换相互作用实际上是由量子力学的全同性原理所引出的纯粹量子效应. 下面我们就简要地说明一下交换相互作用的起因，更详细的讨论可参见相关的量子力学教材.

为了简单起见，我们考虑两个全同的具有一个价电子的电中性原子 (例如氢原子)，它们之间的距离为 a. 我们会看到：由于量子力学全同性原理的要求，这个系统的能级会与两个价电子的自旋状态发生关联. 我们暂时忽略两个原子之间的库仑相互作用，这实际上忽略了以下四对库仑相互作用：第一个电子与第二个原子核之间的库仑相互作用、第二个电子与第一个原子核之间的库仑相互作用、两个电子之间的库仑相互作用、两个原子核之间的库仑相互作用. 当上述相互作用被忽略时，系统就是两个完全独立的原子. 因为电子是费米子，所以由两个价电子组成的量子力学系统的总波函数必定是反对称的. 由于包括电子间相互作用的哈密顿量并不明显依赖于自旋，因此这两个电子构成的量子力学系统的总波函数可以写成它们的空间波函数与自旋波函数的直积. 所以，如果两个价电子的自旋波函数是对称的，那么它们的空间波函数必须是反对称的. 反之，如果两个价电子的自旋波函数是反对称的，那么它们的空间波函数必须是对称的. 在忽略上述四对库仑相互作用时，对称和反对称空间波函数对应的能量是完全相同的，记为 K. 物理上看，这就对应于两个氢原子距离 $a \to \infty$ 时的情形.

现在，让我们开始考虑两个原子之间的相互作用. 换句话说，让两个氢原子逐步靠近并计入上面忽略的四对库仑相互作用. 两个原子核之间的库仑排斥能量仅与原子核有关且仅依赖于两个原子核之间的距离，而与两个电子的位形没有关系，因此这个贡献仅对总能量加上一个依赖于距离 a 的常数. 但两个电子的能量将由于考虑了它们与另外一个原子核之间以及电子-电子之间的库仑相互作用而发生变化. 粗略来说，自旋平行的量子态 (三重态) 的能量将变为 $K - J$, 而自旋反平行的量子态 (单态) 的能量将变为 $K + J$, 其中 J 具有能量的量纲，它综合反映了两个电子与另外一个原子核之间的库仑吸引以及电子之间的库仑排斥. J 一般称为交换相互作用能，其数值依赖于两个氢原子之间的距离 a, 当距离趋于无穷大时, J 的绝对值一般指数地趋于零. 对于一般的两个原子, J 可以是正的, 也可以是负的. 对于我们这里考虑的两个氢原子的情形，交换相互作用能 $J < 0$. 这意味着当两个电子处于单态 (即自旋反平行的态, 总自旋量子数 $S = 0$) 时 (这恰恰是两个氢原子形成共价键结合成氢分子的状态), 系统具有较低的能量 $K + J$. 但是, 固体中有的原子之间的交换积分 $J > 0$, 这时两个电子的自旋波函数对称 (即两个价电子的总自旋量子数 $S = 1$), 而空间波函数反对称时系统反而具有较低的能量. 无论哪种情况，两种自旋位形之间的相对能量差都可用一个等效的哈密顿量表示：

$$H_{\text{ex}} = -J \boldsymbol{S}_1 \cdot \boldsymbol{S}_2, \tag{8.1}$$

其中常数 J 就是交换积分，而 $\boldsymbol{S}_1$ 和 $\boldsymbol{S}_2$ 分别为两个价电子的自旋. 这个表达式就是所谓的交换相互作用[①]. 在量子力学中可以证明：交换积分 J 与两个电子的单电子波函数的重叠有关，所以它的数值一般随两个原子间距离的增加而指数地趋于零. 因此，在考虑位于晶格上的原子自旋之间的交换相互作用时，往往可以假定只有近邻的原子之间才有交换相互作用. 交换相互作用的强度 $|J|$ 远小于 $|K|$. 在多数情况下空间波函数对称的成键态能量较低 ($J < 0$)，但在铁磁体中反键态能量较低 ($J > 0$).

现在我们可以引入所谓的自旋模型. 一个最简单的，也是最著名的自旋模型就是伊辛模型[②]. 考虑一个晶格，我们用 i 来标记这个晶格上的格点. 在每一个格点 i 上有一个自旋变量 σ_i. 在伊辛模型中，每个自旋变量只能取两个分立的值：$\sigma_i = \pm 1$，分别代表自旋向上和向下. 在没有外磁场存在的情况下，伊辛模型的哈密顿量为

$$H = -J \sum_{<ij>} \sigma_i \sigma_j, \tag{8.2}$$

其中 σ_i 是在第 i 个格点上的自旋变量，J 是交换能量，求和符号 $\sum_{<ij>}$ 代表对晶格上所有的近邻对求和. 由于前面提到的交换相互作用的短程性，伊辛模型的哈密顿量中仅保留了最近邻的自旋变量之间的相互作用. 显然，如果交换能量 $J > 0$，为了使得系统的能量较小，那么两个相邻格点上的自旋倾向于相互平行 (即同时取 $+1$ 或同时取 -1). 反之，如果交换能量 $J < 0$，那么两个相邻格点上的自旋倾向于相互反平行.

伊辛模型的引入是为了研究所谓的顺磁–铁磁相变. 这个相变我们在热力学部分讨论朗道关于二级相变的理论 (第 16 节) 时也曾经提及. 那里，我们从热力学的角度出发，结合一系列的假设，利用朗道的序参量及自由能讨论了顺磁–铁磁相变. 本章中我们将从统计物理的角度出发，利用以伊辛模型为代

[①]这里需要注意的一点是：所谓交换相互作用并不是物质世界四种基本相互作用 (引力、电磁、强、弱) 之外的另外一种相互作用，只是由于量子力学的全同性原理所造成的已知的相互作用 (这里就是电磁相互作用) 的特殊表现形式而已. 说它特殊，是因为这种形式是纯粹量子的，没有经典的对应.

[②]更为确切地讲，应当称之为楞次–伊辛 (Lenz-Ising) 模型. 这个模型首先是楞次在 1920 年提出的. 他的学生伊辛在 1925 年和他一起研究了一维的情形. 当时楞次是想让伊辛研究一下铁磁相变的性质. 伊辛首先严格地解了一维的模型，并发现在任何非零的温度时都没有相变发生.

表的自旋模型来讨论同一问题.

由于每个晶格格点上的磁矩的系综平均值与该格点上的自旋变量的平均值成正比[③]：$\langle \mu_i \rangle \propto \langle \sigma_i \rangle$，因此，系统的磁化强度的大小 $\mathcal{M}$ 也一定与每个晶格上自旋变量的系综平均值成正比：$\mathcal{M} \propto \langle \sigma_i \rangle$. 在自旋模型的讨论中，人们往往就称每个晶格上的自旋变量的平均值 $\langle \sigma_i \rangle$ 为系统的磁化强度. 同时，为了与我们在热力学部分的朗道相变理论 (第 16 节) 的讨论相呼应，我们就取 $\langle \sigma_i \rangle$ 为系统的序参量 m. 如果在外磁场 $\mathcal{H}$ 为零时磁化强度仍然不为零，我们就称系统具有铁磁性，或者说系统中有自发磁化. 铁磁性不可能在很高的温度出现，高温时系统一般总是呈现顺磁性. 能够出现铁磁性的系统都存在一个铁磁相变的临界温度，称为居里温度，铁磁性只在温度低于其居里温度时显现. 因此，如果我们期待伊辛模型的哈密顿量 (8.2) 能够描写铁磁体，那么它必须能够在低温时存在一个有自发磁化的相 (又称为铁磁相)，即在低温下必须有 $m = \langle \sigma_i \rangle \neq 0$.

系统能具有什么样的相往往从其哈密顿量的表达式中可以看出一些端倪. 例如，当 $J > 0$ 时，相邻的自旋倾向于平行，因此，如果在温度足够低时，系统中所有的自旋都相互平行，显然这时系统中的磁化强度 (或者说 $\langle \sigma_i \rangle$) 不为零. 也就是说，有可能形成铁磁相. 同样，当 $J < 0$ 时，系统中有可能形成反铁磁相. 注意，这里我们只是说有可能，不是说一定能. 我们下面的分析会说明：判断系统中能否形成铁磁相不仅要分析能量 (哈密顿量)，还必须分析统计涨落的影响. 例如，我们可以严格地证明，在一维晶格上，上述伊辛模型不可能在任何非零的温度形成铁磁相. 其原因就是，虽然从能量的角度分析系统倾向于形成铁磁相，但是在一维，统计涨落足以在任何非零的温度破坏这些铁磁相. 总之，伊辛模型中能否发生铁磁–顺磁相变，必须通过详细的统计物理计算和分析才能够最终确定.

铁磁性只是自然界存在的各种磁性中的一种，其他类型的磁性还包括顺磁性、抗磁性、反铁磁性、亚铁磁性等. 顺磁性其实是最为普通和常见的磁性. 具有顺磁性的系统在外磁场为零时没有非零的自发磁化，或者说当外磁场 $\mathcal{H} = 0$ 时，系统的序参量 $m = 0$. 如果加上一个非常小的外磁场，那么系统所

[③]按照晶格的平移不变性，每个晶格格点上的自旋变量的系综平均值与位置无关，即 $\langle \sigma_i \rangle$ 实际上与格点的位置 i 无关.

具有的磁化强度 m 也正比于外磁场 $\mathcal{H}$, 其比例系数 (对顺磁性而言, 这个系数还是正的) 就是磁化率.

(8.2) 式是没有外加磁场时的伊辛模型的哈密顿量. 如果存在一个外加的均匀磁场 $\mathcal{H}$, 那么伊辛模型的哈密顿量中还要加上一项各个自旋 (也就是磁矩) 与外磁场的塞曼能量 [见第 25.1 小节的 (5.12) 式][④]:

$$H = -J \sum_{<ij>} \sigma_i \sigma_j - \sum_i \sigma_i \mathcal{H}. \tag{8.3}$$

这就是有外加均匀磁场时的伊辛模型的哈密顿量.

如果对格点上的自旋的取值加以改变, 例如, 不是限制它们取分立的 $\sigma_i = \pm 1$, 而是可以取一个单位圆上的连续值, 那么我们就得到了所谓的 (经典的) XY 模型:

$$H = -J \sum_{<ij>} \boldsymbol{S}_i \cdot \boldsymbol{S}_j, \tag{8.4}$$

其中 $\boldsymbol{S}_i$ 是定义在第 i 个格点上的自旋, 它有两个分量, $\boldsymbol{S}_i = (S_i^x, S_i^y)$, 并且满足 $(S_i^x)^2 + (S_i^y)^2 = 1$. 换句话说, 它的定义域是我们考虑的格点, 值域则是单位圆.

如果自旋在三维单位球面取值, 我们就得到了著名的 (经典的) 海森堡模型[⑤]:

$$H = -J \sum_{<ij>} \boldsymbol{S}_i \cdot \boldsymbol{S}_j, \tag{8.5}$$

其中 $\boldsymbol{S}_i$ 是在第 i 个格点上的自旋, 它有三个分量, $\boldsymbol{S}_i = (S_i^x, S_i^y, S_i^z)$, 且满足 $(S_i^x)^2 + (S_i^y)^2 + (S_i^z)^2 = 1$[⑥]. 也就是说, 海森堡模型中各格点上的自旋取值于一个单位球面. 类似于伊辛模型, 如果存在外加磁场, 那 XY 模型和海

[④]注意, 本章中所谓的 "外磁场" 实际上表示各个格点上的磁矩的大小 μ 与所加外磁场 H_{ext} 的乘积 $\mathcal{H} = \mu H_{\text{ext}}$, 因此, 本章中所谓的 "磁场" $\mathcal{H}$ 实际上具有能量的量纲, 而序参量是无量纲的.

[⑤]一般地讲, 如果每个格点上的自旋有 n 个分量, 并且它取值于一个 $n-1$ 维的单位球面上, 即满足 $\sum_{a=1}^{n}(S_i^a)^2 = 1$, 那么这样的模型称为非线性 O($n$) σ 模型, 因此 XY 模型是非线性 O(2) σ 模型, 海森堡模型是非线性 O(3) σ 模型.

[⑥]与这些经典统计模型对应的还有所谓的量子伊辛模型、量子 XY 模型、量子海森堡模型等. 在量子模型中每个晶格上的自旋变量不再具有经典的取值而是量子力学的算符.

森堡模型的哈密顿量中也应当加上相应的塞曼能量项:

$$H = -J\sum_{<ij>} \boldsymbol{S}_i \cdot \boldsymbol{S}_j - \sum_i S_i^z \mathcal{H}, \tag{8.6}$$

其中，不失一般性，我们假定了外磁场沿 z 方向.

由于上述自旋模型的各个自由度之间 (也就是各个自旋变量之间) 具有相互作用，它们显然不能看成近独立子系来处理，要研究它们的统计物理性质必须从普遍的系综理论出发. 以正则系综为例，伊辛模型的正则配分函数可以写为

$$Z = \sum_{\{\sigma_i\}} \mathrm{e}^{-\beta H[\sigma_i]}, \tag{8.7}$$

其中 $H[\sigma_i]$ 为伊辛模型的哈密顿量 (8.2) 或 (8.3). (8.7) 式中的求和是指对于一切自旋变量 $\{\sigma_i\}$ 的可能值求和，即

$$\sum_{\{\sigma_i\}} \equiv \sum_{\sigma_1 = \pm 1} \sum_{\sigma_2 = \pm 1} \cdots \sum_{\sigma_N = \pm 1},$$

其中对于每一个自旋变量的求和都有两项，分别对应于该自旋变量取 $+1$ 和 -1. 因此，一个伊辛模型系统的配分函数的求和总共包含 2^N 项，其中 N 是所考虑的系统的总的格点数.

自旋模型的求解一直是近代统计物理发展的主要方向之一. 遗憾的是，绝大多数模型很难进行严格求解[7]. 作为一个可以严格求解的例子，本书后面会求解一维伊辛模型 (见第 46.1 小节). 对于多数无法解析求解的自旋模型，人们往往需要使用近似方法，这些近似方法主要有:

(1) 平均场近似. 主要思想是将其他自旋对于某一个给定自旋的相互作用以一个自洽的常数平均场来替代. 这样一来，自旋模型中不同格点上的自旋变量变成了相互统计独立的变量，从而可以轻易求解. 其优点是物理图像清晰，容易进行计算，缺点是对于一些 (特别是低维的) 问题往往会得到定量上，有

---

[7]所谓严格求解是指可以解析地计算出系统的配分函数 (从而也可以得到所有热力学量). 一个里程碑性的成果是昂萨格 (Onsager) 在 1944 年发表的关于二维伊辛模型的严格解. 这是人们得到的第一个非平庸的有相互作用的统计模型的正则系综严格解. 后来，又有一大类二维的模型找到了严格解. 但是这些求解方法往往无法推广到高维模型. 二维模型具有严格的可解性得益于二维共形群 (conformal group) 的无穷多的对称性.

时甚至是定性上错误的结果. 可以证明, 平均场近似实际上在晶格的空间维数趋于无穷时会变成严格的理论. 本章中, 我们将主要讨论自旋模型的平均场理论.

(2) 高温展开或其他展开方法. 其优点是可以相当精确地得到系统离临界点比较远时的性质, 缺点是在临界点附近展开式的收敛性越来越差. 可以证明, 在临界点处该展开发散. 另外, 要得到准确的结果, 往往需要计算级数展开中的许多项, 计算量比较大. 作为一个例子, 我们将在后面 (见第 46 节) 简要介绍一下伊辛模型的高温展开.

(3) 重整化群方法. 原则上是研究靠近临界点 (所谓临界区域) 时系统性质的严格方法, 但实际上必须与其他近似方法联合使用 (例如 ϵ 展开等). 一般说来, 其计算也相当复杂, 有时甚至必须进行数值计算 (所谓的数值重整化群). 重整化群方法的介绍超出了本教程的范畴, 我们会在最后一节对它的一些基本概念做一点介绍.

(4) 蒙特卡罗数值模拟方法. 这是一个理论上严格的方法, 但是需要进行计算机数值模拟, 对于计算机计算资源有一定的要求 (取决于所研究的问题). 随着计算机性能的普遍提高, 这种方法越来越成为这方面研究的主流方法之一.

43 伊辛模型的平均场近似

考虑处在均匀外磁场 $\mathcal{H}$ 中的伊辛模型, 它的哈密顿量由 (8.3) 式给出:

$$H = -J \sum_{<ij>} \sigma_i \sigma_j - \sum_i \sigma_i \mathcal{H}. \tag{8.8}$$

对于一个给定的格点 i 上的自旋 σ_i 而言, 哈密顿量中与它有关的项为

$$-\sigma_i \left(\mathcal{H} + J \sum_{j,<ij>} \sigma_j \right).$$

也就是说, 这个自旋除了感受到外磁场 $\mathcal{H}$ 以外, 还感受到与它相邻的格点上的其他自旋变量之和所产生的一个等效的磁场 $J \sum_{j,<ij>} \sigma_j$. 但是, 这个所谓的等效磁场并不是一个常数磁场, 而是与其近邻格点上的其他自旋变量有关,

因此这是一个在统计上涨落变化的磁场. 这样的问题仍无法严格求解. 平均场近似的思路就是用这个等效磁场的系综平均值 (从而是一个常数) 来代替涨落的等效磁场本身. 所以我们引入一个平均场

$$\mathcal{H}_{\text{eff}} = \left\langle J \sum_{j,<ij>} \sigma_j \right\rangle = qJ\langle\sigma_j\rangle, \tag{8.9}$$

其中 q 是晶格的配位数，即每个格点的近邻格点数目, 它完全由晶格的几何结构所决定[8]. 注意, 由于晶格的平移对称性, 所有的 $\langle\sigma_i\rangle$ 都是相同的, 并不依赖于格点位置 i. 因此, 相应的等效平均场 $\mathcal{H}_{\text{eff}}$ 也是一个常数磁场, 与位置 i 无关. 于是, 在平均场近似下我们引入哈密顿量[9]

$$H^{(\text{MF})} = -\sum_i \sigma_i(\mathcal{H} + \mathcal{H}_{\text{eff}}). \tag{8.10}$$

我们看到, 在平均场近似下, 伊辛模型的求解问题化成了一个顺磁体的近独立子系统计问题. 这种方法首先是由外斯提出的, 它把周围的自旋对某个给定自旋所贡献的等效磁场 $\mathcal{H}_{\text{eff}}$ 称为分子场, 因此这个等效磁场又称为外斯分子场.

平均场近似下的系统的配分函数可以很容易地计算出:

$$Z = \sum_{\{\sigma_i\}} e^{\beta(\mathcal{H}+\mathcal{H}_{\text{eff}})\sum_i \sigma_i} = (2\cosh(\beta(\mathcal{H}+\mathcal{H}_{\text{eff}})))^N. \tag{8.11}$$

由此我们可以计算出每个自旋的系综平均值 (也就是系统的磁化强度)

$$\langle\sigma_i\rangle = \frac{1}{\beta}\frac{\partial}{\partial \mathcal{H}}\ln Z = \tanh[\beta(\mathcal{H}+\mathcal{H}_{\text{eff}})]. \tag{8.12}$$

再根据 (8.9) 式, 平均场应该满足

$$\mathcal{H}_{\text{eff}} = qJ\tanh[\beta(\mathcal{H}+\mathcal{H}_{\text{eff}})], \tag{8.13}$$

这给出了分子场 $\mathcal{H}_{\text{eff}}$ 所必须满足的一个自洽方程.

---
[8]例如, 对于一个三维的简单立方晶格, 配位数 $q = 6$, 对于一个二维的正方晶格, 配位数 $q = 4$, 对于一个二维的三角晶格, 配位数 $q = 6$, 等等.
[9]我们用 $H^{(\text{MF})}$ 来表示进行了平均场近似以后的系统哈密顿量, 以区别于原来的哈密顿量 H, 注意两者并不相等.

正如我们前面提及的，为了与热力学部分的朗道相变理论 (第 16 节) 呼应，在自旋模型的讨论中，我们取每个格点上的自旋变量的系综平均值为序参量：

$$m = \langle \sigma_i \rangle. \tag{8.14}$$

我们前面提到过，这个序参量正比于系统的磁化强度. 如果在外磁场 $\mathcal{H}$ 为零时序参量仍然不为零，我们就称系统具有铁磁性，也可以说系统中存在铁磁序. 系统中是否具有铁磁序与系统的各个参数有关. 对于伊辛模型，如果给定了其哈密顿量中的各个参数，那么系统是否具有自发磁化 (或者说铁磁序) 就由温度决定. 当温度降低到某个临界温度 (居里温度) 时，系统会发生一个从顺磁相到铁磁相的相变. 这个相变在没有外磁场的情形下是一个二级相变. 当温度低于临界温度时，系统可以有非零的自发磁化. 下面我们利用平均场近似的结果来讨论伊辛模型的自发磁化问题.

在平均场近似下，当外磁场 $\mathcal{H} = 0$ 时，分子场应满足的自洽性条件 (8.13) 为

$$\mathcal{H}_{\text{eff}} = qJ \tanh(\beta \mathcal{H}_{\text{eff}}). \tag{8.15}$$

这个非线性方程的解可以分为两个情形来讨论. 注意到双曲函数在小的 $\mathcal{H}_{\text{eff}}$ 处的行为是 $\tanh(\beta \mathcal{H}_{\text{eff}}) \approx \beta \mathcal{H}_{\text{eff}}$，因此，如果 $qJ/k_B T < 1$，那么方程 (8.15) 将只有一个零解 $\mathcal{H}_{\text{eff}} = 0$. 反之，如果 $qJ/k_B T > 1$，那么方程 (8.15) 除了必定存在的零解以外，还有两个非零的解，这两个非零解互为相反数. 同时可以证明，这时两个非零解所对应的系统的自由能更小. 因此，这时系统真正取的应当是非零解. 按照定义 (8.14) 和 (8.9) 式，非零的 $\mathcal{H}_{\text{eff}}$ 就意味着非零的序参量 m，即自发磁化，所以我们得到平均场近似下的伊辛模型发生自发磁化的临界温度为

$$T_c = \frac{qJ}{k_B}, \tag{8.16}$$

或 $k_B T_c/J = q$. 注意，这个结果与晶格的维数无关，只与配位数 q 和交换能量 J 有关[⑩]. 利用双曲函数的泰勒展开式

[⑩] 在平均场近似下，一个二维三角晶格上的伊辛模型与三维简单立方晶格上的伊辛模型具有同样的临界温度 (假定它们具有相同的 J). 实际上两者的临界温度是很不相同的，因为维数会对模型的临界行为起十分重要的作用，这一点是平均场近似无法解释的.

$$\tanh x = x - \frac{1}{3}x^3 + \cdots, \tag{8.17}$$

我们可以求出在临界温度附近的分子场的大小，进而求出平均自发磁化

$$m = \langle \sigma_i \rangle = \sqrt{3}\left(1 - \frac{T}{T_c}\right)^{1/2}. \tag{8.18}$$

这个公式适用的条件是温度非常接近于临界温度. 因此，在临界点附近系统序参量的大小与温度的关系为

$$m = \langle \sigma_i \rangle \sim (T_c - T)^{1/2}. \tag{8.19}$$

上面这个公式的类似形式在任何一个二级相变中都会出现，其中都可以定义一个"序参量" m. 当系统的温度 T 从高于临界温度 T_c 的一方过渡到低于临界温度的一方时，实验和各种理论都已经证明，系统的序参量与温度的关系可以普遍地写成

$$m \sim \begin{cases} 0, & T > T_c, \\ (T_c - T)^\beta, & T < T_c, \end{cases} \tag{8.20}$$

其中 β 称为序参量临界指数. 于是我们发现：伊辛模型的平均场近似给出的序参量临界指数为 $\beta = 1/2$. 读者如果回看在热力学部分的朗道理论 (第 16 节)，就会发现这个结果恰好与朗道理论的结论完全一致. 这不是偶然的，我们随后 (见第 44 节) 会说明作为热力学唯象理论的朗道理论实际上完全等价于统计物理中的平均场理论. 一般来讲，真实铁磁系统中的序参量临界指数 β 并不严格等于 $1/2$. 这也说明了平均场近似 (或者说朗道理论) 只是一个粗略的近似，并不能完全定量地描写实际系统的相变性质.

(8.20) 式定义的只是系统众多临界指数中的一个，实际上，还有其他一些临界指数，它们分别描写其他一些物理量在临界点附近的行为. 例如，如果我们考虑 (等温) 磁化率

$$\chi_T = \left(\frac{\partial m}{\partial \mathcal{H}}\right)_{T, \mathcal{H}=0}, \tag{8.21}$$

利用平均场近似下的序参量表达式

$$m = \tanh[\beta(\mathcal{H} + Jqm)] \approx \beta(\mathcal{H} + qJm), \tag{8.22}$$

其中我们假定外磁场很小，而且温度足够接近临界温度从而序参量 m 也是小量，可求出

$$m = \frac{\mathcal{H}}{k_B(T - T_c)}. \tag{8.23}$$

于是，我们可以求得等温磁化率

$$\chi_T \sim (T - T_c)^{-1}, \qquad \mathcal{H} = 0, \quad T \to T_c. \tag{8.24}$$

在临界点附近，一个任意系统的等温磁化率与温度的关系可以普遍地写成

$$\chi_T \sim |T - T_c|^{-\gamma}, \tag{8.25}$$

其中 γ 是磁化率临界指数. 所以我们得知：在平均场近似下的伊辛模型的磁化率临界指数 $\gamma = 1$. 这个结果再次与第 16 节中朗道相变理论的结论一致. 当然，真实系统的铁磁相变中的临界指数 γ 并不严格等于 1.

如果我们研究在 $T = T_c$ 时序参量对于外磁场的依赖关系，可以定义另外一个临界指数

$$\mathcal{H} \sim m^\delta, \qquad T = T_c, \tag{8.26}$$

其中 δ 称为序参量对磁场的临界指数. 对于平均场近似下的伊辛模型，如果 $T = T_c$，那么

$$m = \tanh(m + \beta\mathcal{H}) = (m + \beta\mathcal{H}) - \frac{1}{3}(m + \beta\mathcal{H})^3 + \cdots,$$

从而我们得到 $\delta = 3$，再次与第 16 节中朗道相变理论的结论一致.

另外一个临界指数是反映 (固定外磁场时) 热容量 $C_\mathcal{H}$ 在临界点附近的行为的：

$$C_\mathcal{H} \sim |T - T_c|^{-\alpha}, \tag{8.27}$$

α 称为热容量临界指数. 在平均场近似下，伊辛模型的热容量在临界点附近并不发散. 它实际上有一个有限的不连续跳跃 (证明留作习题)：

$$C_\mathcal{H} = \begin{cases} 3Nk_B/2, & T \to T_c^-, \\ 0, & T \to T_c^+, \end{cases} \tag{8.28}$$

因此平均场近似下伊辛模型的热容量临界指数 $\alpha = 0$.

44 布拉格–威廉斯近似——再看平均场近似

我们在第 43 节中按照外斯分子场的思路讨论了伊辛模型的平均场理论. 事实上，平均场近似的结果还可以从另外一个角度出发得到，这就是本节将

介绍的布拉格–威廉斯 (Bragg-Williams) 近似. 从本质上说, 布拉格–威廉斯近似与第 43 节讨论的平均场近似完全等价.

在布拉格–威廉斯近似中, 我们假定各个格点上的自旋变量取 $+1$ 和 -1 的概率与其他格点的自旋取值无关, 是相互统计独立的, 于是, 每个格点上的自旋变量 σ_i 取 $+1$ 或 -1 的概率 $p_\pm$ 可以统一由一个参数 m 描写:

$$p_\pm = (1 \pm m)/2, \tag{8.29}$$

其中 m 的物理意义就是每个格点上自旋的期望值, 或者说就是系统的序参量,

$$m = \langle \sigma_i \rangle = p_+ - p_-. \tag{8.30}$$

在布拉格–威廉斯近似下, 整个系统构成了一个近独立子系, 每一个格点上的自旋变量是统计独立的, 或者用更物理一些的语言, $\langle \sigma_i \sigma_j \rangle = m^2$. 利用序参量 m, 对伊辛模型的哈密顿量 [(8.8) 式] 求平均, 并求出熵, 可得系统的自由能:

$$\begin{aligned} U &= -\frac{1}{2}JNq\langle\sigma_i\rangle\langle\sigma_j\rangle - N\mathcal{H}\langle\sigma_i\rangle = -\frac{1}{2}JNqm^2 - Nm\mathcal{H}, \\ S &= Nk_\mathrm{B}\left(\frac{1+m}{2}\ln\frac{1+m}{2} + \frac{1-m}{2}\ln\frac{1-m}{2}\right), \\ F(T,\mathcal{H}) &= U - TS. \end{aligned} \tag{8.31}$$

在内能 U 中, 第一项是具有序参量 m 时的系统的相互作用能, 第二项是各个自旋与外磁场的塞曼能量. 在熵 S 的计算中利用了玻尔兹曼对于熵的统计定义[1]. 现在, 我们要求参数 m 的取值必须使得自由能 F 取极小值, 这个条件给出

$$-\frac{\partial(F/N)}{\partial m} = -qJm - \mathcal{H} + \frac{k_\mathrm{B}T}{2}\ln\left(\frac{1+m}{1-m}\right) = 0, \tag{8.32}$$

或者等价地写成

$$m = \tanh[\beta(qJm + \mathcal{H})]. \tag{8.33}$$

(8.33) 式与第 43 节中我们得到的平均场近似下的自洽条件 (8.22) 完全一致. 如果我们令 (8.33) 式中的外磁场等于零, 马上就可以得到临界温度的结果

---

[1] 即 $S = k_\mathrm{B}\ln\Omega$. 注意这时系统的微观状态数就是 $\Omega = N!/(N_+!N_-!)$, 其中 $N_\pm = Np_\pm$ 分别是自旋向上和向下的平均自旋数, 满足 $N_+ + N_- = N$. 计算中使用了斯特林公式.

$T_{\rm c} = qJ/k_{\rm B}$. 类似于前面第 43 节中的讨论，我们可以得到布拉格-威廉斯近似下的伊辛系统的所有临界行为. 当然, 所有这些结果完全与第 43 节中平均场的结果相同.

从布拉格-威廉斯近似中的自由能 (8.31) 还可以发现一个重要的现象. 如果我们令外磁场为小量 (或为零), 同时假定温度接近临界点, 从而系统中的序参量 m 也是一个小量, 可以将单位格点上的自由能 $f = F(T,\mathcal{H})/N$ 对序参量 m 和 $\mathcal{H}$ 做展开[12]:

$$f(m) = \frac{1}{N}F(T,\mathcal{H}) = f_0 - m\mathcal{H} + \frac{m^2}{2}(k_{\rm B}T - qJ) + \frac{k_{\rm B}T}{12}m^4 + \cdots. \quad (8.34)$$

于是我们发现, 在平均场近似下 (或者等价地说, 在布拉格-威廉斯近似下), 系统的自由能在临界点附近可以展开成序参量的幂级数, 这恰好是朗道相变理论的最基本假设之一. 例如, 序参量的二次项的系数 $(k_{\rm B}T - qJ)/2$ 在临界点附近会变号, 其他展开系数则都是恒正的. 所有这些自由能 $f(m)$ 的特性都与我们第 16 节的朗道相变理论中的形式一致. 例如, 如果与第 16 节的 (3.51) 式比较, 我们就得到朗道自由能的展开系数为 $a(T) = (k_{\rm B}T - qJ)$ 和 $b(T) = k_{\rm B}T/3$. 这种一致性再次告诉我们：平均场近似与作为热力学唯象理论的朗道理论是完全等价的. 这种等价性的另一个证据就是我们前面已经多次提到的, 两种方法给出的伊辛模型的所有临界指数都相等. 事实上, 平均场近似与朗道理论的等价性还可以在更为普遍的基础上加以证明 (见参考书 [11, 12]).

45 临界点附近的涨落与关联

前面仅仅讨论了系统在平衡时序参量的确定, 没有讨论序参量的涨落. 这些涨落在通常情况下是小的, 但是如果系统非常接近临界点, 那么涨落的影响就不能忽略了.

显然, 要讨论涨落, 我们就必须讨论系统中非均匀的序参量的变化. 我们

---

[12] 更确切的展开应当用以温度和序参量为独立变量的热力学势, 它与 $F(T,\mathcal{H})$ 相差一个勒让德变换. 不过在外场为零时, 两者数值是一样的.

可以借鉴朗道理论的思想来构造系统的朗道自由能:

$$F[m(\boldsymbol{r})] = \int \mathrm{d}^3\boldsymbol{r} \left[f_0(T) + \frac{a(T)}{2} m^2(\boldsymbol{r}) + \frac{\mathrm{d}(T)}{2} (\nabla m(\boldsymbol{r}))^2 + \frac{b(T)}{4} m^4(\boldsymbol{r}) \right], \tag{8.35}$$

也就是说, 系统的总的朗道自由能是序参量函数 $m(\boldsymbol{r})$ 的泛函. 在热力学部分讨论的朗道相变理论是目前这种理论的特例, 即假定序参量 $m(\boldsymbol{r}) = m$ 是不依赖于空间坐标的. 这种推广的朗道相变理论模型可以称为金兹堡–朗道模型 (Ginzburg-Landau model)[13].

关于自由能表达式 (8.35) 我们需要稍微做一些说明. 首先, 我们这里采用了"连续的"记号. 也就是说, 空间坐标 $\boldsymbol{r}$ 是连续的, 而不是像前面所说的位于一些格点上. 这实际上是基于一些假设的: 我们假设了系统可以分为一些宏观小、微观大的部分, 每一位于坐标 $\boldsymbol{r}$ 处的小部分都可以用一个序参量 $m(\boldsymbol{r})$ 来描写, 且在每个小部分内部系统是均匀的, 当然, 不同部分之间的序参量可以是不同的. 具体来说, 假定 $m(\boldsymbol{r})$ 变化的特征长度比系统微观的格点间距大很多, 以至于我们可以用"连续"的语言来描写序参量. 这一点在临界点附近是可以得到保证的, 因为在临界点附近系统的关联长度将趋于无穷大.

显然, 对于均匀的 (空间平移不变的) 系统, 使得自由能 (8.35) 极小的解 $\bar{m}$ 也是均匀的, 并且满足

$$\bar{m}^2 = \begin{cases} -a(T)/b(T), & T < T_{\mathrm{c}}, \\ 0, & T > T_{\mathrm{c}}. \end{cases} \tag{8.36}$$

这正是第 16 节讨论的朗道相变理论的结果. 它们分别对应于系统的破缺相 (即 $\bar{m} \neq 0$) 和对称相 (即 $\bar{m} = 0$). 现在考虑系统中存在的涨落, 我们令

$$m(\boldsymbol{r}) = \bar{m} + \delta m(\boldsymbol{r}). \tag{8.37}$$

一个重要的物理量是序参量的关联函数, 它的最一般的定义是

$$C(\boldsymbol{r}_1, \boldsymbol{r}_2) = \langle (m(\boldsymbol{r}_1) - \langle m(\boldsymbol{r}_1) \rangle)(m(\boldsymbol{r}_2) - \langle m(\boldsymbol{r}_2) \rangle) \rangle, \tag{8.38}$$

其中 $\boldsymbol{r}_1$, $\boldsymbol{r}_2$ 是两个任意的空间坐标. 虽然对于最一般的系统它是两个坐标的函数, 但是对于具有平移不变性的系统来说, 它仅依赖两者的相对坐标 $\boldsymbol{r} =$

---

[13]严格来说, 金兹堡–朗道模型是描写超导体与外电磁场相互作用的一个模型, 我们这里实际上只是借用其精神.

$r_1 - r_2$. 我们将仅考虑这类系统. 对于这类系统, 有 $\langle m(r_1) \rangle = \langle m(r_2) \rangle = \bar{m}$, 其中 $\bar{m}$ 满足 (8.36) 式. 关联函数是研究统计系统时十分重要的物理量, 它包含了丰富的物理信息. 本书无法穷尽关联函数的所有内涵, 我们将仅限于讨论它与临界涨落之间的关系.

对于平移不变的系统来说, 将 $\delta m(r) = m(r) - \bar{m}$ 展开成傅里叶级数是方便的:

$$\delta m(r) = m(r) - \bar{m} = \frac{1}{V} \sum_{k} \tilde{m}_k \, e^{i k \cdot r}, \tag{8.39}$$

其中 V 是系统的体积, $\tilde{m}_k$ 为序参量的傅里叶分量, 是一个复变量. 序参量 $\delta m(r)$ 的实性要求 $\tilde{m}_k = \tilde{m}^*_{-k}$. 在一个有限的体积 V 中, 所允许的 k 的取值实际上是分立的. 当然对于宏观的体积而言, k 可以看成准连续的. 将 (8.39) 式两边乘以 $e^{-i p \cdot r}$ 并在体积 V 内对 r 积分, 我们就可以得到傅里叶变换的逆变换

$$\int d^3 r \, \delta m(r) \, e^{-i p \cdot r} = \sum_{k} \tilde{m}_k \cdot \frac{1}{V} \int e^{i(k-p) \cdot r} d^3 r = \tilde{m}_p, \tag{8.40}$$

其中我们利用了 $(1/V) \int d^3 r \exp(i(k-p) \cdot r) = \delta_{p,k}$. 因此, $\tilde{m}_k$ 与 $\delta m(r)$ 是完全等价的. 但是对于平移不变的系统而言, 利用 $\tilde{m}_k$ 来描写系统有它的方便之处.

我们下面希望用序参量涨落的傅里叶模式 $\tilde{m}_k$ 来表达 (8.38) 式中定义的关联函数. 按照 (8.38) 式中定义, 关联函数为

$$C(r_1, r_2) = \frac{1}{V^2} \sum_{k_1, k_2} \langle \tilde{m}_{k_1} \tilde{m}_{k_2} \rangle e^{i k_1 \cdot r_1 + i k_2 \cdot r_2}. \tag{8.41}$$

现在我们将 r_1 写为 $r_1 = r_1 - r_2 + r_2 = r + r_2$, 其中 $r \equiv r_1 - r_2$ 为两个点之间的相对坐标. 正如我们前面指出过的, 对于平移不变的系统来说, 关联函数将只依赖两点之间的相对坐标 r, 不会明显依赖 r_2. 这样一来 (8.41) 式变为

$$C(r_1, r_2) \equiv C(r) = \frac{1}{V^2} \sum_{k_1, k_2} \langle \tilde{m}_{k_1} \tilde{m}_{k_2} \rangle e^{i k_1 \cdot r + i(k_2 + k_1) \cdot r_2}. \tag{8.42}$$

因此我们可以将上式两边对 r_2 积分再除以体积 V, 仍然得到类似的等式:

$$C(r) = \frac{1}{V} \int d^3 r_2 \, C(r) = \frac{1}{V^2} \sum_{k_1, k_2} \langle \tilde{m}_{k_1} \tilde{m}_{k_2} \rangle e^{i k_1 \cdot r} \delta_{k_1 + k_2, 0}. \tag{8.43}$$

利用关联函数傅里叶模式之间的关系 $\tilde{m}_{\boldsymbol{k}} = \tilde{m}_{-\boldsymbol{k}}^*$，我们发现关联函数可以表达为

$$C(\boldsymbol{r}) = \frac{1}{V^2} \sum_{\boldsymbol{k}} \langle |\tilde{m}_{\boldsymbol{k}}|^2 \rangle \mathrm{e}^{\mathrm{i}\boldsymbol{k}\cdot\boldsymbol{r}}. \tag{8.44}$$

所以，只要计算出序参量的傅里叶分量的模方的系综平均值 $\langle |\tilde{m}_{\boldsymbol{k}}|^2 \rangle$，就可以得到系统的关联函数 $C(\boldsymbol{r})$. 序参量的傅里叶分量反映了系统中序参量围绕其平均值的涨落情况，所以我们从 (8.44) 式也看出，系统中的统计关联与涨落的强弱是联系在一起的. 一般来讲，系统内的涨落越强，统计关联也越强.

为了计算 $\langle |\tilde{m}_{\boldsymbol{k}}|^2 \rangle$，我们可以利用第 29 节的关于涨落的准热力学理论. 为此，我们取 $\tilde{m}_{\boldsymbol{k}}$ 为独立变量. 因为温度等其他物理量的涨落与 $\tilde{m}_{\boldsymbol{k}}$ 的涨落相互独立，可以进一步假定温度、体积恒定，而仅仅研究 $\tilde{m}_{\boldsymbol{k}}$ 的涨落问题. 这时涨落的普遍公式可以写成

$$W \propto \exp\left(-\frac{\Delta F}{k_\mathrm{B} T}\right), \tag{8.45}$$

其中 ΔF 为系统存在涨落时，朗道自由能对于其平均值的偏离：

$$\Delta F = F - \bar{F} = \int \mathrm{d}^3 \boldsymbol{r} \, \Delta f. \tag{8.46}$$

按照朗道理论对于自由能的假设 [即 (8.35) 式]，系统的自由能密度的涨落为[14]

$$\Delta f = \frac{a(T)}{2} [\delta m(\boldsymbol{r})]^2 + \frac{d(T)}{2} [\nabla m(\boldsymbol{r})]^2 + \cdots, \tag{8.47}$$

其中我们没有写出 $\delta m(\boldsymbol{r})$ 的高阶项. 平均场近似告诉我们，在临界点附近有 $a(T) = a_0(T - T_\mathrm{c})$ 和 $d(T) > 0$，所以我们可以得到

$$\Delta F = \frac{1}{2V} \sum_{\boldsymbol{k}} \left[a(T) + d(T) \boldsymbol{k}^2 \right] |\tilde{m}_{\boldsymbol{k}}|^2. \tag{8.48}$$

这个公式充分体现了利用傅里叶分量 $\tilde{m}_{\boldsymbol{k}}$ 的优势. 如果运用坐标空间的变量 $\delta m(\boldsymbol{r})$ 来表达，系统自由能涨落 ΔF 关于 $\delta m(\boldsymbol{r})$ 是非对角的，因为 ΔF 中涉及 $\nabla \delta m(\boldsymbol{r})$. 但是如果利用傅里叶分量，则 ΔF 关于 $\tilde{m}_{\boldsymbol{k}}$ 是完全对角的. 将

---

[14]下面的计算是以对称相为例进行的，即假定 $\bar{m} = 0$，所以这里的计算对应于 $T \to T_\mathrm{c}^+$ 的情形，即 $a(T) > 0$. 如果要在破缺相 [其中 $a(T) < 0$] 中进行计算，则需要考虑 $b(T) m^4$ 项的贡献，结果是要将 (8.47) 式中的 $a(T)$ 替换为 $2|a(T)|$.

这样的 ΔF 代入涨落的概率 (8.45) 之中, 就得到完全独立的一系列高斯分布的乘积

$$\prod_{\boldsymbol{k}} \exp\left(-\frac{(a(T) + d(T)\boldsymbol{k}^2)|\tilde{m}_{\boldsymbol{k}}|^2}{2Vk_{\rm B}T}\right),$$

可得 $|\tilde{m}_{\boldsymbol{k}}|^2$ 的期望值为

$$\langle|\tilde{m}_{\boldsymbol{k}}|^2\rangle = \frac{Vk_{\rm B}T}{a(T) + d(T)\boldsymbol{k}^2}. \tag{8.49}$$

将 (8.49) 式代入关联函数的 (8.44) 式中, 我们就得到

$$C(\boldsymbol{r}) = \frac{k_{\rm B}T}{4\pi d(T)} \frac{1}{V} \sum_{\boldsymbol{k}} \frac{4\pi}{a(T)/d(T) + \boldsymbol{k}^2} e^{i\boldsymbol{k}\cdot\boldsymbol{r}}. \tag{8.50}$$

(8.50) 式求和中的傅里叶系数是一个屏蔽库仑势的傅里叶变换. 如果假定体积 V 非常大并用积分代替求和, 我们得到临界点附近的关联函数 (证明留作习题)

$$C(\boldsymbol{r}) = \frac{k_{\rm B}T}{4\pi d(T)} \frac{{\rm e}^{-r/\xi}}{r}, \tag{8.51}$$

其中我们定义了关联长度

$$\xi = \sqrt{\frac{d(T)}{a(T)}}. \tag{8.52}$$

关联长度的物理意义十分明确, 它代表了系统内两点之间的关联随距离而指数衰减的特征长度. 一般情况下, 关联长度是一个有限的正数, $C(\boldsymbol{r}) \sim {\rm e}^{-r/\xi}/r$. 但是, 如果系统处于临界点附近, 情况就不同了. 由于在临界点附近 $a(T) \sim |T - T_{\rm c}|$, 而 $d(T)$ 有限, 关联长度 ξ 趋于无穷大:

$$\xi \sim |T - T_{\rm c}|^{-\nu}, \qquad \nu = \frac{1}{2}. \tag{8.53}$$

(8.53) 式某种意义下定义了临界指数 ν, 它称为关联长度临界指数. 在平均场近似下 (朗道理论), 临界指数 $\nu = 1/2$. 在实际的系统中, 二级相变临界点附近的关联长度也是发散的, 只不过临界指数 ν 并不等于平均场理论所预言的 $1/2$. 在临界点附近, 系统内序参量的统计关联不再随距离指数衰减, 而是表现出长程关联 (仅按照距离的幂次衰减). 具体到我们目前的例子, 这时 $\xi \to \infty$, 因此 $C(r) \sim 1/r$. 一般来说, 对于 D 维空间的自旋模型, 其关联函数 $C(\boldsymbol{r})$ 在相变点处的大 r 行为如下:

$$C(\boldsymbol{r}) \sim r^{-D+2-\eta}, \qquad T = T_{\rm c}, \quad r \to \infty, \tag{8.54}$$

其中 D 是系统的维数. (8.54) 式实际上定义了另一个临界指数 η. 我们看到, 金兹堡–朗道理论 (平均场近似) 给出 $\eta = 0$. 对于实际的系统, 实验测定的 $\eta \approx 0.1$.

通过这一节的讨论和分析我们看到, 关联与涨落是相互联系的. 在临界点附近, 系统内的统计关联长度 ξ 发散, 序参量变为长程关联. 这是所有二级相变 (临界现象) 最普遍、最明显的标志性特征, 同时也是造成普适性的主要原因. 读者还可以将这里统计物理的讨论与我们在热力学部分中关于朗道理论 (第 16 节) 以及标度律 (第 17 节) 的讨论结合起来, 以获得对于临界现象更加全面的认识.

46 伊辛模型的严格解、高温展开和对偶性

前面几节中, 我们着重讨论了伊辛模型的平均场近似. 为了说明除了平均场近似以外还存在其他理论方法, 同时也为了与平均场近似进行比较, 本节中我们介绍一下求解伊辛模型的其他方法. 我们将介绍一维伊辛模型的严格解, 说明一维伊辛模型在有限温度并不存在顺磁–铁磁相变. 然后我们将针对二维正方晶格上的伊辛模型, 讨论另一种理论方法——高温展开方法. 同时, 我们将顺便说明这时伊辛模型所具有的一种特殊对称性——对偶性.

46.1 一维伊辛模型的严格解

首先来看一维晶格上的伊辛模型. 为明确起见, 我们假定系统具有 N 个格点并且加上周期边条件. 我们将系统的哈密顿量写为

$$H = -J \sum_{i=1}^{N} \sigma_i \sigma_{i+1} - \frac{\mathcal{H}}{2} \sum_{i=1}^{N} (\sigma_i + \sigma_{i+1}), \tag{8.55}$$

这里我们将哈密顿量写为了更加对称的形式. 注意, 周期边条件意味着我们必须将第 $N+1$ 个格点与第一个格点等同起来, 即 $\sigma_{N+1} = \sigma_1$, 于是, 系统的正则系综配分函数为

$$Z_N = \sum_{\{\sigma_i\}} \prod_{i=1}^{N} \exp\left[\beta \left(J\sigma_i\sigma_{i+1} + \frac{\mathcal{H}}{2}(\sigma_i + \sigma_{i+1})\right)\right]. \tag{8.56}$$

现在我们引进一个 2×2 的转移矩阵 (transfer matrix) $\mathbb{T}$ 并且用 $+1$ 和 -1 (而不是通常的 1, 2) 来标志它的行和列:

$$\mathbb{T} = \begin{pmatrix} \mathbb{T}_{1,1} & \mathbb{T}_{1,-1} \\ \mathbb{T}_{-1,1} & \mathbb{T}_{-1,-1} \end{pmatrix} \equiv \begin{pmatrix} e^{\beta(J+\mathcal{H})} & e^{-\beta J} \\ e^{-\beta J} & e^{\beta(J-\mathcal{H})} \end{pmatrix}, \tag{8.57}$$

注意这些矩阵元恰好是 (8.56) 式中的每个因子在 σ_i 和 σ_{i+1} 分别取 ± 1 时的结果. 于是系统的配分函数 [(8.56) 式] 可以写为矩阵元 $\mathbb{T}_{\sigma_i \sigma_{i+1}}$ 连乘的求和:

$$Z_N = \sum_{\{\sigma_i\}} \mathbb{T}_{\sigma_1 \sigma_2} \mathbb{T}_{\sigma_2 \sigma_3} \cdots \mathbb{T}_{\sigma_N \sigma_1} = \text{Tr}\left(\mathbb{T}^N\right). \tag{8.58}$$

注意 (8.58) 式中第一个等式给出了 N 个转移矩阵相乘, 所以第二个等式也成立. 一个矩阵的迹在正交变换下是不变的, 因此, 我们需要做的就是将转移矩阵 $\mathbb{T}$ 对角化, 当然它的 N 次幂也相应地对角化了. 令转移矩阵 (8.57) 的模较大的本征值为 λ_1, 较小的为 λ_2, 那么配分函数

$$Z_N = (\lambda_1)^N + (\lambda_2)^N \approx (\lambda_1)^N, \tag{8.59}$$

其中我们忽略 λ_2 的贡献是因为 N 是一个非常大的数 (10^{23} 的量级). 将转移矩阵 [(8.57) 式] 中的矩阵元代入, 我们解得较大的本征值

$$\lambda_1 = e^{\beta J} \cosh(\beta \mathcal{H}) + \sqrt{e^{2\beta J} \sinh^2(\beta \mathcal{H}) + e^{-2\beta J}}. \tag{8.60}$$

所以系统的自由能 $F = -k_B T \ln Z$ 可以写为

$$F = -N k_B T \ln \left[e^{\beta J} \cosh(\beta \mathcal{H}) + \sqrt{e^{2\beta J} \sinh^2(\beta \mathcal{H}) + e^{-2\beta J}} \right]. \tag{8.61}$$

我们可以计算系统的序参量 $m = \langle \sigma_1 \rangle$:

$$m = -\frac{1}{N} \frac{\partial F}{\partial \mathcal{H}} = \frac{\sinh(\beta \mathcal{H})}{\sqrt{\sinh^2(\beta \mathcal{H}) + e^{-4\beta J}}}. \tag{8.62}$$

我们发现, 如果令外磁场 $\mathcal{H} = 0$, 那么序参量 $m = 0$, 这对于任何非零的温度都是如此, 因此一维伊辛模型系统不会发生顺磁-铁磁相变.

我们还可以讨论一维伊辛链的自旋关联函数. 为此, 类比于第 45 节的定义 (8.38), 这时的关联函数为 $C(i,j) = \langle \sigma_i \sigma_j \rangle$. 由于系统具有一维平移不变性, 我们可以令

$$C(j) = \langle \sigma_1 \sigma_j \rangle. \tag{8.63}$$

注意两者之间的间隔是 $j-1$ 倍的格距.

为了计算这个关联函数，我们暂时将 σ_i 与 σ_{i+1} 之间的耦合参数写成 J_i：

$$H = -\sum_{i=1}^{N} J_i \sigma_i \sigma_{i+1}. \tag{8.64}$$

我们在最后会令 $J_1 = J_2 = \cdots = J_N = J$，但是在计算过程中保留它们的不同会给计算带来很大方便 [见后面 (8.70) 式到 (8.71) 式处的推导]. 于是自旋关联函数可以表达为

$$C(j) = \frac{1}{Z_N} \sum_{\{\sigma_i\}} (\sigma_1 \sigma_j) e^{\sum_{i=1}^{N} \beta J_i \sigma_i \sigma_{i+1}},$$

其中 $Z_N = Z_N(J_1, \cdots, J_N) = \sum_{\{\sigma_i\}} e^{\sum_{i=1}^{N} \beta J_i \sigma_i \sigma_{i+1}}$ 为系统的配分函数. 为了计算这个配分函数，我们再次利用前面引入的转移矩阵 [(8.57) 式，其中 $\mathcal{H} = 0$]. 对于具有不同耦合参数的一维伊辛模型的哈密顿量，它的配分函数可以写为

$$Z_N = \text{Tr} \left(\prod_{i=1}^{N} \mathbb{T}^{(i)}(J_i) \right), \tag{8.65}$$

其中第 i 个转移矩阵为

$$\mathbb{T}^{(i)}(J_i) = \begin{pmatrix} e^{\beta J_i} & e^{-\beta J_i} \\ e^{-\beta J_i} & e^{\beta J_i} \end{pmatrix} = e^{\beta J_i} \cdot \mathbb{1} + e^{-\beta J_i} \tau_1, \tag{8.66}$$

τ_1 是转移矩阵空间的泡利矩阵. 为了操作方便，我们定义投影算符

$$P_\pm = \frac{\mathbb{1} \pm \tau_1}{2}. \tag{8.67}$$

这样一来上面的转移矩阵可以写为

$$\mathbb{T}^{(i)}(J_i) = 2 \left[\cosh(\beta J_i) P_+ + \sinh(\beta J_i) P_- \right]. \tag{8.68}$$

现在我们可以利用投影算符的性质得到

$$\prod_{i=1}^{N} \mathbb{T}^{(i)}(J_i) = 2^N \left[P_+ \prod_{i=1}^{N} \cosh(\beta J_i) + P_- \prod_{i=1}^{N} \sinh(\beta J_i) \right].$$

于是系统的配分函数可以表达为

$$Z_N = 2^{N-1} \left(\prod_{i=1}^{N} \cosh(\beta J_i) + \prod_{i=1}^{N} \sinh(\beta J_i) \right). \tag{8.69}$$

现在注意到

$$\sigma_1 \sigma_j = (\sigma_1 \sigma_2)(\sigma_2 \sigma_3) \cdots (\sigma_{j-1} \sigma_j), \tag{8.70}$$

所有插入的中间因子都等于 $(\sigma_k)^2 = +1$. 但这样一来，(8.70) 式中的每个括号中的因子可以通过 $\ln Z_N$ 对相应的 J_i 求偏导数获得. 因此，关联函数

$$\begin{aligned} C(j) &= \frac{1}{\beta^{j-1} Z_N} \frac{\partial^{j-1} Z_N(J_1, \cdots, J_N)}{\partial J_1 \partial J_2 \cdots \partial J_{j-1}} \bigg|_{J_i = J} \\ &= \frac{\tanh^{j-1}(\beta J) + \tanh^{N-j+1} \tanh(\beta J)}{1 + \tanh^N(\beta J)}. \end{aligned} \tag{8.71}$$

由于总是有 $\tanh(\beta J) < 1$ 且 $(N-j+1) \gg 1$，所以我们可以在分母中略去 $\tanh^N(\beta J)$，分子中略去 $\tanh^{N-j+1}(\beta J)$. 因此一维伊辛链的关联函数

$$C(j) \propto e^{-j/\xi}, \qquad \xi = -\frac{1}{\ln(\tanh(\beta J))}, \tag{8.72}$$

其中我们定义了关联长度 ξ. 对于极低温度，$\ln(\tanh(\beta J)) \approx -2e^{-2\beta J}$，因此我们得到

$$\xi \approx \frac{1}{2} e^{2\beta J}. \tag{8.73}$$

所以在低温时关联长度指数地增大，但是对于有限的温度，ξ 永远不会发散.

46.2 二维伊辛模型的高温展开与对偶性

下面我们讨论二维伊辛模型. 为了简单和明确起见，我们考虑一个二维正方晶格上的无外磁场的伊辛模型：

$$H = -J \sum_{<ij>} \sigma_i \sigma_j, \tag{8.74}$$

其中所有的自旋变量 $\{\sigma\}$ 都定义于二维正方晶格的格点上，并且只能取值 ± 1. 系统的正则配分函数为

$$Z = \sum_{\{\sigma_i\}} \prod_{<ij>} e^{\beta J \sigma_i \sigma_j}. \tag{8.75}$$

现在注意到所有的 σ_i 只能取 ± 1, 从而 $(\sigma_i)^2 = 1$, 因此有

$$e^{\beta\sigma_i\sigma_j} = \cosh(\beta J) + \sigma_i\sigma_j \sinh(\beta J). \tag{8.76}$$

所以我们可以将配分函数写成

$$Z = [\cosh(\beta J)]^{2N} \sum_{\{\sigma_i\}} \prod_{<ij>} [1 + \sigma_i\sigma_j \tanh(\beta J)]. \tag{8.77}$$

类似位形积分 [(7.38) 式] 中的集团展开, (8.77) 式特别适合来做所谓的高温展开: 在温度很高时 $\tanh(\beta J) \ll 1$, (8.77) 式中最大的一项贡献就是每一个连乘因子都取 1. 接下来的贡献就是尽可能少取 $\tanh(\beta J)$ 的因子而多取 1 的因子. 但是需要注意的一点是, 每当我们取了一个 $\tanh(\beta J)$ 因子时, 与之一起必然同时出现一个相对应的 $\sigma_i\sigma_j$ 因子. 由于每一个格点上的自旋变量 σ_i 的求和取 ± 1 两个值, 所以如果某个特定的 σ_i 因子仅出现奇数次, 那么对于这个自旋变量的求和必定给出零的贡献, 因为 $(+1) + (-1) = 0$. 因此所有的非零贡献中, 必定每个自旋变量都出现偶数次 (包括零次).

类似于在第 39 节中处理位形积分的迈耶集团展开的思想, (8.77) 式的高温展开可以十分方便地用几何的方法来表达, 即可以将那些非零贡献与具有一定特性的图形建立起一一对应的关系. 从几何上说, 如果我们将带来每一个 $\sigma_i\sigma_j \tanh(\beta J)$ 因子的近邻对 $<ij>$ 都做一个标记, 例如将这些键都画成粗线, 那么所有这些被标记的近邻对必定在二维正方晶格上构成一个闭合回路, 因为只有闭合的回路才能保证这个回路所联结的每一个格点上的 σ_i 因子都出现偶数次. 如果我们将一个孤立的 (不在任何闭合回路中的) 格点本身也看成一种特殊的 (长度为零的) 闭合回路, 那么 (8.77) 式中的求和的每一项就都与一个几何上的图一一对应起来了. 这些图中, 每一个格点都必定在某个闭合回路 (包括孤立的点, 它被视为零长度的闭合回路) 中. 而每一个特定的图对于配分函数的贡献规则也十分简单: 每一个闭合回路中的每一个链接会贡献一个因子 $\tanh(\beta J)$. 由于闭合回路中每一个点的自旋变量出现偶数次, 又因为 $(\sigma_i)^2 = 1$, 因此对自旋变量的依赖可以完全忽略. 此外, 孤立的点也不贡献任何因子. 所以, 伊辛模型的配分函数

$$Z = [\cosh(\beta J)]^{2N} \sum_{\Gamma} [\tanh(\beta J)]^{L(\Gamma)}, \tag{8.78}$$

其中 Γ 代表格点上所有不同的闭合回路，$L(\Gamma)$ 代表该闭合回路的周长 (以晶格格距为单位). 闭合的回路保证了每个晶格点上的自旋变量一定出现偶数次. 我们看到，首项的贡献是 1，这对应于一个零长度的闭合回路，下一项的非零贡献正比于 $\tanh^4(\beta J)$，这对应于晶格上的某个小方块回路 (周长为 4) 的贡献，等等. 图 8.1 中给出了周长在 8 以下的回路. 我们这里并不打算详细讨论这个高温展开，仅指出这个展开到目前为止是严格的，还没有进行任何近似. 在进行真正的计算时，人们必须将展开式截断到某一阶[15]. 由于这些图是与高温展开联系起来的，因此它们称为高温展开图. 利用几何图形来表达物理公式，在我们这个课程中已经不是第一次了. 前面 (第 39 节) 讨论的迈耶集团展开也是这种思想. 统计物理中经常会利用图论的方法来计算某种展开. 这种利用几何上的图来计算展开的方法同时也出现在其他分支中，例如量子场论的微扰展开 (所谓费曼图).

(8.78) 式中对于格点上所有不同的闭合回路的求和也可以用更为明确的方法加以表述. 为此，我们在格点的所有键上定义一个整数 n_l，对于那些组成闭合回路的键 l，我们约定 $n_l = 1$，对于那些不属于闭合回路的键 l，我们定义 $n_l = 0$. 于是，伊辛模型的配分函数的高温展开式也可以写成下面的等价形式：

$$Z = [\cosh(\beta J)]^{2N} \sum_{\{n_l\}, \partial\{n_l\}=0} [\tanh(\beta J)]^{\sum_l n_l}, \qquad (8.79)$$

其中符号 $\partial\{n_l\} = 0$ 表示所有取值为 $n_l = 1$ 的键构成一个闭合回路 (这是数学上的一个符号，表示没有边界)，而 $\sum_l n_l$ 表示所有键上的 n_l 之和，也就是所有构成闭合回路的键的总数. 只要从几何上数出格点上不同长度的拓扑不等价的闭合回路数，就可以给出伊辛模型配分函数的一个很好的近似展开式. 这种计数的工作对于周长比较小的闭合回路是直截了当的. 但是，随着回路周长的增加，这个工作会变得越来越烦琐. 事实上，到比较高的阶数，往往必须借助计算机来完成. 总之，经过适当的计算，我们就可以得到伊辛模型配分函数的高温展开. 可以证明，这种展开在二级相变的临界点以上一定是收敛的，但是在临界点处这个级数一定会发散.

---

[15]对于伊辛模型，人们已经将这个展开式计算到几十阶. 当然，这里的困难主要在于数清楚不同的图数.

46 伊辛模型的严格解、高温展开和对偶性　　　215

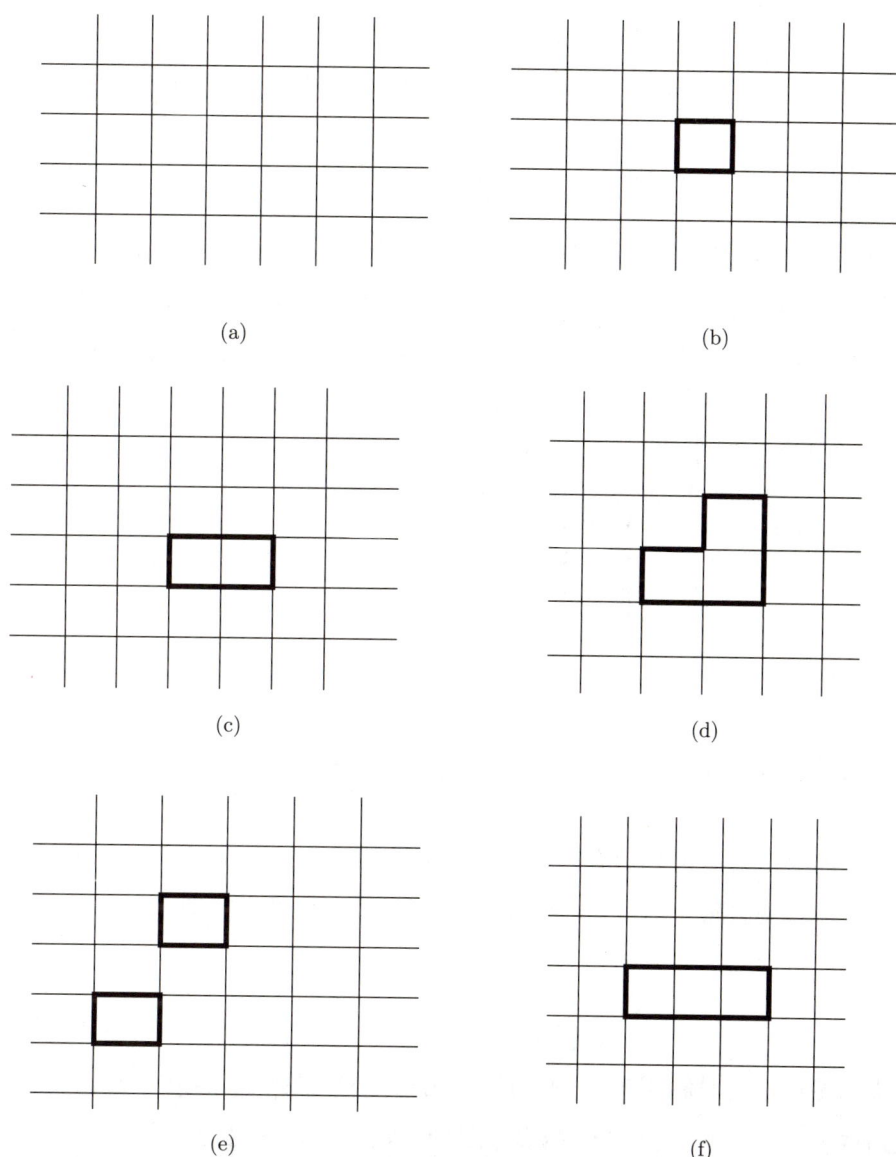

图 8.1　高温展开图示例. 我们只画出了周长在 8 以下的回路. (a), (b), (c) 分别为长度是 0, 4, 6 的回路；(d), (e), (f) 则是长度为 8 的回路, 有三种不同的拓扑结构

现在我们要利用伊辛模型的高温展开的形式表达式来引入所谓的对偶变换. 原来正方晶格的每个小方格中心的集合构成一个与原来晶格类似的二维正方晶格, 称为原来晶格的对偶晶格. 于是, 对于满足 $\partial\{n_l\} = 0$ 条件的每一组 $\{n_l\}$, 我们可以在原来晶格的对偶晶格上重新定义一个自旋变量 $\tau_a = \pm 1$, 这些新的自旋变量的取值按照下列法则来进行: 如果原来晶格的某个键上 $n_l = 1$, 这个键两侧的对偶晶格格点上的 τ 就取异号, 如果原来晶格的某个

键上 $n_l = 0$，这个键两侧的对偶晶格格点上的 τ 就取同号，如图 8.2 所示. 这样一来，对于每一组满足 $\partial\{n_l\} = 0$ 条件的 $\{n_l\}$ 来说，正好有

$$\sum_l n_l = \sum_{<ab>} (1 - \tau_a \tau_b)/2, \tag{8.80}$$

即我们将对于原来晶格上的所有键的一个求和 (等式左边) 与对偶晶格上的键的求和联系起来了. 稍微在纸上画一下[14] 就可以发现：条件 $\partial\{n_l\} = 0$ 刚好保证了这样定义的 τ_a 是自洽的，不会出现任何矛盾. 如果所有的非零的 n_l 不构

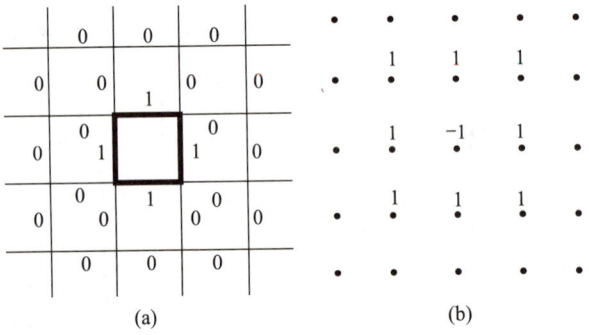

图 8.2 高温展开的晶格 (a) 与对偶晶格 (b)，其中标出了部分 n_l 与 τ 的取值

成一个回路，就有可能会有一个对偶晶格上的格点的自旋变量无法自洽定义，即一方面要求其取 $+1$，另一方面又要求其取 -1. 现在我们定义一个与 β 对偶的对偶温度 $\tilde{\beta}$[15]：

$$e^{-2\tilde{\beta}J} = \tanh(\beta J), \tag{8.81}$$

这样的变换称为对偶变换. 我们可以利用它将原先的伊辛模型的配分函数表达成新的变量 τ_a 的配分函数. 最为重要的一点是，新的自旋变量的配分函数仍然是一个二维正方晶格上伊辛模型的配分函数 (除去一些无关紧要的因子之外)：

$$Z(\beta) = [\sinh(2\beta J)]^N \frac{1}{2^{N+1}} \sum_{\{\tau_a\}} e^{\tilde{\beta}J \sum_{<ab>} \tau_a \tau_b} = [\sinh(2\beta J)]^N Z(\tilde{\beta}). \tag{8.82}$$

由此我们得到了两个对偶系统的自由能之间的关系

$$\frac{F(\beta)}{N} + \frac{1}{\beta}\ln\sinh(2\beta J) = \frac{F(\tilde{\beta})}{N}. \tag{8.83}$$

---

[14]强烈建议读者自己画一下，如果你真想搞明白的话.
[15]准确地说，是对偶温度的倒数.

按照定义 (8.81)，容易证明

$$\sinh(2\beta J)\sinh(2\tilde{\beta}J) = 1. \tag{8.84}$$

由此我们发现：自由能和对偶温度的表达式都说明两个系统互为对方的对偶变换.

对偶变换 (8.84) 将系统的高温和低温情形联系在了一起. 换句话说，伊辛模型在极低温时的配分函数可以用它在极高温时的配分函数来表达，而后者可以利用高温展开很好地计算. 另外，当伊辛系统达到二级相变的临界点时，系统内的关联长度达到无穷，这时它的对偶格点上的伊辛模型的关联长度一定也是无穷大. 因此，我们知道临界温度一定满足 $\beta_c = \tilde{\beta}_c$. 再根据 (8.84) 式，二维正方晶格上伊辛模型的严格临界温度必定满足

$$\sinh(2\beta_c J) = 1, \qquad \beta_c J = \frac{1}{2}\ln(1+\sqrt{2}) = 0.440686794\cdots. \tag{8.85}$$

这个对偶性的结论首先是克拉默斯和万尼尔 (Wannier) 在 1941 年得到的，早于昂萨格公布他的著名的二维伊辛模型严格解的时间 (1944 年). 这个严格的结果也同时说明平均场近似的结果是不正确的. 当然，仅仅依靠对偶性虽然能够确定系统的严格的临界温度，但仍然不足以解出系统的所有热力学性质. 二维正方晶格上的伊辛模型的完全解析解首先由昂萨格得到. 有兴趣的读者可以阅读参考书 [11, 12] 中进一步的讨论.

对偶变换以及对偶性还被应用于理论物理的其他方面. 对于每个晶格上的自旋模型都可以在其对偶晶格上定义它的对偶模型. 但是二维正方晶格上伊辛模型的特性是，它的对偶模型仍然是二维正方晶格上的伊辛模型，或者说二维正方晶格上的伊辛模型具有自对偶性. 正是这种自对偶性使得我们能够利用它来严格地确定临界温度. 其他具有自对偶性的模型还有正方晶格上的所谓的波茨 (Potts) 模型[⑮].

[⑮] 所谓的 q 态波茨模型的哈密顿量为 $H = -J\sum_{\langle ij\rangle}(2\delta_{\sigma_i\sigma_j} - 1)$，其中每个格点上的自旋变量可以取 q 个不同的值. 也就是说，当一个近邻对上的自旋变量取值相同时对哈密顿量有 $-J$ 的贡献，当它们取值不同时对哈密顿量有 $+J$ 的贡献. 显然，伊辛模型对应于 $q = 2$ 的波茨模型.

47 具有连续对称性系统的相变

前面我们主要讨论了自旋模型中最为简单的一个模型——伊辛模型的统计性质. 这一节中, 我们简要介绍一下其他稍微复杂一些的自旋模型, 也就是自旋变量可以连续取值的自旋模型. 为了明确起见, 我们将讨论海森堡模型. 我们的讨论仍将仅局限于平均场近似 (布拉格-威廉斯近似) 的框架之内. 类似的讨论可以轻易地推广到其他自旋模型 (例如 XY 模型). 我们仍然从外斯分子场方法开始, 给出自洽场应满足的方程. 随后我们讨论与海森堡模型的相变相对应的金兹堡-朗道模型. 由于对称性不同, 这时会出现在伊辛模型中没有的现象, 产生所谓戈德斯通 (Goldstone) 模式. 这对于低温相的形成与否具有重要意义.

47.1 海森堡模型的外斯分子场理论

在海森堡模型中, 每个晶格格点上的自旋变量有三个分量, 它取值在一个单位球面上, 也就是说 $\boldsymbol{S}_i = (S_{i,x}, S_{i,y}, S_{i,z})$, 并且满足 $S_{i,x}^2 + S_{i,y}^2 + S_{i,z}^2 = 1$. 海森堡模型的哈密顿量可以写为

$$H = -J \sum_{<ij>} \boldsymbol{S}_i \cdot \boldsymbol{S}_j - \sum_i \boldsymbol{S}_i \cdot \mathcal{H}, \tag{8.86}$$

其中 $\mathcal{H}$ 也是一个三个分量的矢量, 它代表了外加的均匀磁场. 不失普遍性, 我们假定它沿 z 方向, 大小为 $\mathcal{H}$.

按照平均场近似的思想, 我们将与某个给定的自旋变量紧邻的其他自旋变量用一个有效的平均场来替代:

$$\mathcal{H}_{\text{eff}} = qJ\langle S_{i,z}\rangle, \tag{8.87}$$

并且引入平均场哈密顿量

$$H^{(\text{MF})} = -\sum_i S_{i,z}(\mathcal{H}_{\text{eff}} + \mathcal{H}). \tag{8.88}$$

显然, 等效磁场 $\mathcal{H}_{\text{eff}}$ 应当也沿 z 方向 (均匀外加磁场的方向).

在平均场近似下, 每个格点上的自旋变量的统计平均只有 z 方向不为零:

$$m_z = \langle S_{i,z}\rangle = \left(\coth(\beta(\mathcal{H}_{\text{eff}} + \mathcal{H})) - \frac{1}{\beta(\mathcal{H}_{\text{eff}} + \mathcal{H})}\right). \tag{8.89}$$

(8.89) 式的证明留作习题. 结合 (8.89) 和 (8.87) 式给出 $\mathcal{H}_{\text{eff}}$ 所满足的自洽条件：

$$\mathcal{H}_{\text{eff}} = qJ\left(\coth(\beta(\mathcal{H}_{\text{eff}} + \mathcal{H})) - \frac{1}{\beta(\mathcal{H}_{\text{eff}} + \mathcal{H})}\right). \tag{8.90}$$

按照 $\coth(x)$ 在 $x \approx 0$ 时的展开式 $\coth(x) = 1/x + x/3 + \cdots$，我们得到海森堡模型的临界温度满足

$$T_c = \frac{qJ}{3k_B}. \tag{8.91}$$

我们同样可以在平均场近似下讨论各种临界指数，结论是所有的临界指数都与伊辛模型的临界指数相同. 这个结论当然仅是由于采用了平均场近似，而且实际上也是不正确的.

47.2 对称性的考虑与戈德斯通模式

这一小节的讨论高度类比于第 45 节中关于伊辛模型中涨落与关联的讨论，当然也有不同的地方. 最为显著的不同之处在于伊辛模型中我们的自由能具有所谓的 Z_2 对称性，而这里海森堡模型的对称性变为了 O(3).

我们在第 45 节中用坐标依赖的序参量 $m(\boldsymbol{r})$ 来描写伊辛模型中的涨落与关联. 注意到在系统的自由能 (8.35) 中仅保留了 $m(\boldsymbol{r})$ 的偶数幂次. 这恰恰源于伊辛模型的哈密顿量具有所谓的 Z_2 对称性，即如果令每个 $\sigma_i \to -\sigma_i$，则伊辛模型的哈密顿量不变. 这意味着序参量 $m(\boldsymbol{r}) = \langle \sigma_{\boldsymbol{r}} \rangle$ 构成的朗道自由能也应当具有 $m(\boldsymbol{r}) \to -m(\boldsymbol{r})$ 的对称性. 这就是我们在自由能 (8.35) 中仅保留了 $m(\boldsymbol{r})$ 的偶数幂次的原因.

对于海森堡模型来说，系统的哈密顿量具有所谓的 O(3) 对称性，即如果我们将每个自旋变量 m^α 做任意的三维正交变换

$$m^\alpha \to m'^\alpha = R_{\alpha\beta} m^\beta, \tag{8.92}$$

那么哈密顿量也是不变的. 因此与之相应的序参量我们记为 $\boldsymbol{m}(\boldsymbol{r})$. 由它构成的系统的朗道自由能应当也具有 O(3) 不变性. 需要注意的是，现在的序参量 $\boldsymbol{m}(\boldsymbol{r}) = \langle \boldsymbol{S}_{\boldsymbol{r}} \rangle$ 在空间的每个点 $\boldsymbol{r}$ 具有三个分量 $m^\alpha(\boldsymbol{r})$, $\alpha = 1, 2, 3$. 于是类似于自由能 (8.35)，我们可以写出海森堡模型相应的没有外场的金兹堡-朗道自由能

$$F[\boldsymbol{m}(\boldsymbol{r})] = \int \mathrm{d}^3\boldsymbol{r} \left[\frac{a}{2} \left(m^\alpha(\boldsymbol{r}) m^\alpha(\boldsymbol{r}) \right) + \frac{d}{2} (\nabla m^\alpha(\boldsymbol{r})) \cdot (\nabla m^\alpha(\boldsymbol{r})) \right.$$
$$\left. + \frac{b}{4} \left(m^\alpha(\boldsymbol{r}) m^\alpha(\boldsymbol{r}) \right)^2 \right], \tag{8.93}$$

其中我们略写了系数 a, b, d 对温度的依赖.

类似于伊辛模型的讨论, 我们可以讨论使自由能取极小的均匀解 $\bar{\boldsymbol{m}}$. 这也是一个三分量的矢量. 三维序参量的均匀解

$$\bar{\boldsymbol{m}} = \bar{m}\boldsymbol{n}, \tag{8.94}$$

其中 $\bar{m} = |\bar{\boldsymbol{m}}|$ 而 $\boldsymbol{n} = \bar{\boldsymbol{m}}/\bar{m}$ 为 $\bar{\boldsymbol{m}}$ 方向上的单位矢量. 类似于 (8.36) 式, 我们可以得到 $\bar{m}$ 所满足的方程

$$\bar{m}^2 = \begin{cases} -a(T)/b(T), & T < T_\mathrm{c}, \\ 0, & T > T_\mathrm{c}. \end{cases} \tag{8.95}$$

但是 $\bar{\boldsymbol{m}}$ 的方向 $\boldsymbol{n}$ 则完全是任意的. 这并不奇怪, 对空间均匀的分布来说, 自由能 (8.93) 仅依赖 $\boldsymbol{m}(\boldsymbol{r})$ 的大小.

下面我们讨论系统围绕 $\bar{\boldsymbol{m}}$ 的涨落. 我们的讨论将在所谓的破缺相中进行, 即 $T < T_\mathrm{c}$. 在第 45 节的伊辛模型的讨论中, 我们的计算是在对称相中进行的. 这里我们选择了破缺相, 因为只有在破缺相中我们才会发现伊辛模型中所没有的现象, 即所谓戈德斯通模式的出现[19]. 为此我们将序参量在其期望值附近展开:

$$\boldsymbol{m}(\boldsymbol{r}) = \bar{\boldsymbol{m}} + \boldsymbol{\phi}(\boldsymbol{r}) = \bar{m}\boldsymbol{n} + \boldsymbol{\phi}(\boldsymbol{r}), \tag{8.96}$$

其中 $\bar{m}^2 = -a/b$. 下面我们需要做的就是将这个展开式代入自由能 (8.93) 中并将其用 $\boldsymbol{\phi}(\boldsymbol{r})$ 来表达. 包含梯度的项最为简单, 因为我们有 $\nabla m^\alpha(\boldsymbol{r}) \cdot \nabla m^\alpha(\boldsymbol{r}) = \nabla \boldsymbol{\phi} \cdot \nabla \boldsymbol{\phi}$ (注意 ∇ 是对实空间求梯度, 而 $\boldsymbol{\phi}$ 是实空间标量、内部空间矢量). 另外两项中都包含 $m^\alpha(\boldsymbol{r}) m^\alpha(\boldsymbol{r})$, 它的展开为

$$m^\alpha(\boldsymbol{r}) m^\alpha(\boldsymbol{r}) = \bar{m}^2 + 2\bar{m}\boldsymbol{n} \cdot \boldsymbol{\phi} + \boldsymbol{\phi} \cdot \boldsymbol{\phi}.$$

当我们把这个表达式代入自由能 (8.93) 中的第一、第三项时, 按照不同的 $\boldsymbol{\phi}$ 的幂次, 会出现下列各项:

---

[19]如果在对称相中计算, 那么海森堡模型中的计算无非就是伊辛模型中的计算的翻版而已, 没有任何新的东西.

(1) ϕ 的零次幂项. 这就是一个常数项，我们记为 F_0.

(2) ϕ 的一次幂项. 这项的系数一定为零，因为序参量的均匀解 $\bar{m}\boldsymbol{n}$ 对应 F 的一个极小值.

(3) ϕ 的二次幂项. 这项可以表达为

$$\int \mathrm{d}^3\boldsymbol{r} \left[\frac{a}{2}\boldsymbol{\phi}\cdot\boldsymbol{\phi} + \frac{b\bar{m}^2}{4}\left(2\boldsymbol{\phi}\cdot\boldsymbol{\phi} + 4(\boldsymbol{n}\cdot\boldsymbol{\phi})^2\right)\right].$$

需要注意的是，由于 $b\bar{m}^2 = -a$，上式第二项中的 $\boldsymbol{\phi}\cdot\boldsymbol{\phi}$ 的部分刚好与第一项相消，因此准确到 ϕ 的平方阶，我们得到系统的自由能为

$$F^{(2)}[\boldsymbol{\phi}] = \int \mathrm{d}^3\boldsymbol{r} \left[\frac{d}{2}\nabla\boldsymbol{\phi}\cdot\nabla\boldsymbol{\phi} + |a|(\boldsymbol{n}\cdot\boldsymbol{\phi})^2\right]. \tag{8.97}$$

(4) ϕ 的更高幂次项. 这部分代表了超出二阶涨落的部分，我们称之为相互作用部分.

下面的讨论将仅考虑到涨落 ϕ 的平方阶，更高阶的相互作用部分的贡献我们暂时不去考虑.

完全类比于第 45 节伊辛模型中涨落与关联的讨论，现在从自由能的二阶展开 [(8.97) 式] 出发可以计算相应的关联函数. 将这里的自由能展开式与第 45 节中的相应表达式进行比较是有益的. 对于只有分立对称性的伊辛模型，(8.47) 式给出了它到涨落的二阶的自由能表达式. 它与 (8.97) 式十分类似. 注意到我们总可以将场 ϕ 进行分解：

$$\boldsymbol{\phi}(\boldsymbol{r}) = \boldsymbol{n}\sigma(\boldsymbol{r}) + \boldsymbol{\phi}_\mathrm{T}(\boldsymbol{r}), \tag{8.98}$$

其中的场 $\boldsymbol{\phi}_\mathrm{T}(\boldsymbol{r})$ 是与磁化方向 $\boldsymbol{n}$ 垂直的分量，即

$$\boldsymbol{\phi}_\mathrm{T}(\boldsymbol{r})\cdot\boldsymbol{n} = 0. \tag{8.99}$$

换句话说，我们将场 ϕ 按照系统的自发磁化的方向 $\boldsymbol{n}$ 分为平行于 $\boldsymbol{n}$ 的分量 σ 和垂直于 $\boldsymbol{n}$ 的分量 $\boldsymbol{\phi}_\mathrm{T}$. 我们将分别称场 $\sigma(\boldsymbol{r})$ 和 $\boldsymbol{\phi}_\mathrm{T}(\boldsymbol{r})$ 为涨落场 (相对于 $\boldsymbol{n}$) 的纵向和横向分量. 那么有 (下式中重复的指标 $\alpha = 1, 2, 3$ 自动求和)

$$\nabla\boldsymbol{\phi}\cdot\nabla\boldsymbol{\phi} = \nabla\sigma\cdot\nabla\sigma + \nabla\phi_\mathrm{T}^\alpha\cdot\nabla\phi_\mathrm{T}^\alpha. \tag{8.100}$$

于是我们可以将前面的二阶自由能 (8.97) 改写为

$$F^{(2)}[\sigma, \boldsymbol{\phi}_\mathrm{T}] = \int \mathrm{d}^3\boldsymbol{r} \left[\frac{d}{2}\nabla\phi_\mathrm{T}^\alpha\cdot\nabla\phi_\mathrm{T}^\alpha + \frac{d}{2}(\nabla\sigma)^2 + |a|\sigma^2\right]. \tag{8.101}$$

我们看到，(8.101) 式中包含 σ 场的部分与 (8.47) 式完全类似，只不过以 $2|a|$ 替代了原先的 a，而包含 ϕ_T 的部分形式也十分类似，只不过相当于令 $|a| = 0$。

关联函数的具体计算与第 45 节完全类似。我们分别将涨落场的纵向和横向分量做傅里叶变换，就可以得到用相应的傅里叶模式 $\tilde{\sigma}_k$ 和 $\tilde{\phi}_{T,k}$ 表达的朗道自由能。它们都与 (8.48) 式类似，只不过对于纵向的情形，$a(T)$ 变为 $2|a(T)|$，而对横向分量则令 $a(T) = 0$。由此我们看到，对于具有连续对称性的自旋模型来说，它围绕其序参量的涨落分为两种典型的类型。

(1) 一种涨落模式是涨落的方向与系统自发磁化平行，即所谓的纵向涨落，其行为也与单分量伊辛模型的情况十分类似。其关联函数一般是随着距离指数衰减的：

$$C(r) = \frac{k_B T}{4\pi d(T)} \frac{e^{-r/\xi}}{r}, \tag{8.102}$$

其中关联长度的表达式为

$$\xi = \sqrt{\frac{d(T)}{2|a(T)|}}. \tag{8.103}$$

在临界点附近它会发散：$\xi \sim |T - T_c|^{-1/2}$。如果我们令 $M = 1/\xi$，那么关联函数又可以写为 $C(r) \propto e^{-Mr}/r$。一般来说在临界区域 $M \neq 0$，只有当 $T \to T_c$ 时，$M \to 0$。这类涨落 (亦称为希格斯模式) 对应的长波元激发具有非零的能量，而这个能量正是 M，因此 M 称为能隙。

(2) 另一种涨落的模式与系统的自发磁化强度的方向垂直，即横向涨落，相应的关联函数相当于在上面的表达式中令 $a(T) = 0$，或者等价地说，$M = 1/\xi = 0$。因此，这类涨落属于永远没有能隙的涨落，相应的关联函数 $C(r) \propto 1/r$ 是长程的。这样的无能隙的涨落称为戈德斯通模式 (在 XY 模型中这对应于环绕能量曲面极小值山谷的环形运动模式)[20]。如果将这种涨落想象为准粒子，它们对应于无质量的粒子，称为戈德斯通粒子，或者戈德斯通玻色子。

前面曾经提到，如果是无能隙的戈德斯通模式的涨落，其关联函数衰减

---

[20] 其实最先意识到这个现象的是南部阳一郎 (Yoichiro Nambu)，因此这里提及的所有带有戈德斯通开头的词汇，也称为南部–戈德斯通加上后面相应的词汇，例如南部–戈德斯通模式、南部–戈德斯通粒子、南部–戈德斯通定理等等。

得要慢很多，因此，系统也体现出长程关联. 关联过于强一般就有可能会破坏磁有序的形成. 在讨论一维伊辛模型严格解时我们就指出过，一维伊辛模型之所以没有相变，就是因为在一维系统中长程关联足以破坏已经形成的磁有序. 到了二维，伊辛模型可以有顺磁–铁磁二级相变，这是因为它的涨落和关联 (如我们在第 45 节分析的那样) 总是有能隙的，不足够强. 但是在二维，如果我们考虑具有连续对称性的自旋模型 (例如 XY 模型或者海森堡模型)，那么由于上面提及的戈德斯通模式的存在，它们是不会发生顺磁–铁磁的二级相变的. 换句话说，即使形成了某种磁有序，戈德斯通模式的涨落是如此之强，也完全可以破坏掉这样的磁有序. 这个结论又称为默明–瓦格纳 (Mermin-Wagner) 定理[21]. 它的证明超出了本书的范围，有兴趣的读者可以参考脚注中的文献.

48 对称性破缺与临界现象中的普适性

人们通过对二级相变的研究发现：系统发生二级相变所对应的两个相（或者说系统在两个相所处的状态）实际上具有不同的对称性. 系统在较高温度时所处的相一般具有较高的对称性，而在临界点以下的相一般具有较低的对称性. 以我们讨论的伊辛模型的铁磁–顺磁相变为例，在临界温度以上，系统处于顺磁相，这个相中的序参量 $m = \langle \sigma_i \rangle = 0$，同时系统所处的状态具有较高的对称性. 具体来说，如果我们将每一个自旋变量改变符号，序参量一定也改变符号. 而序参量 $m = 0$ 的顺磁相正好满足 $m = -m = 0$. 也就是说，用序参量描写的系统的状态对于 $\sigma_i \to -\sigma_i$ 的变换是不变的. 我们称系统的状态具有 Z_2 分立对称性[22]. 实际上，这时系统所具有的对称性与系统的哈密顿量的对称性相同，因为对于伊辛模型来说，哈密顿量也具有 Z_2 分立对称性[23].

---

[21] 又称为默明–瓦格纳–霍恩伯格 (Mermin-Wagner-Hohenberg) 定理，在粒子物理和场论中往往又称为科尔曼 (Coleman) 定理. 相关的文献为 Mermin N D and Wagner H. Phys. Rev. Lett., 1966, 17: 1133; Hohenberg P C. Phys. Rev., 1967, 158: 383; Coleman S. Commun. Math. Phys., 1973, 31: 259.

[22] 也就是说，这种作用于自旋变量的对称变换只有有限多种. 具体到伊辛模型的 Z_2 对称性，作用于自旋变量 σ_i 的对称变换只有两种：一种是不变，一种是改变一个符号.

[23] 这里用到的符号 Z_2 以及下面讨论中的 O(3) 和 O(2) 等都是群论中的符号，每一种对称性都可以用一个称为群的代数结构来描写.

在居里温度以下，伊辛系统处于铁磁相，这时系统有一个自发磁化，用序参量来描写就是 $m \neq 0$，因此系统的序参量对于自旋变量的符号改变不是不变的：$m' \equiv -m \neq m$. 所以我们说铁磁相不具有 Z_2 分立对称性. 也就是说，顺磁–铁磁的二级相变过程可以看成系统从一个具有 Z_2 对称性的相到一个不具有这个对称性的相的转变过程. 或者用更为专业一些的语言来说，伊辛模型的顺磁–铁磁相变 (二级相变) 是一个对称性破缺的过程.

上面关于对称性的讨论实际上不是伊辛模型所特有的，而是所有二级相变的共同特性. 例如，类似的讨论可以运用于无外场的海森堡模型. 海森堡模型与伊辛模型的最大区别是它的哈密顿量具有一个连续的对称性. 也就是说，我们可以将其自旋变量的三个分量 (它们构成一个三维矢量) 利用一个空间正交矩阵加以变换，由于海森堡模型的哈密顿量只依赖于两个自旋变量的内积，因此它的哈密顿量在任意空间正交变换 (包括三维转动和空间反射) 下是不变的. 这种对称操作显然具有连续的无穷多种，因此我们称它具有一个连续对称性. 在群论中，这个对称性称为 O(3). 在高温顺磁相中，海森堡模型的序参量 $\boldsymbol{m} = \langle \boldsymbol{S}_i \rangle = \boldsymbol{0}$. 因此，在任何空间正交矩阵的作用下，$m'^\alpha = R_{\alpha\beta} m^\beta = 0 = m^\alpha$. 也就是说，在高温相 (顺磁相) 中，海森堡模型所处的状态也具有与其哈密顿量相同的对称性：它们对于任意空间正交变换都是不变的. 但是，在低温相 (铁磁相) 中，系统存在一个自发磁化，因此海森堡系统的序参量 $\boldsymbol{m} \neq \boldsymbol{0}$. 相应地，在一个任意的三维正交变换下，$m'^\alpha = R_{\alpha\beta} m^\beta \neq 0$ 一般来说并不等于 m^α，除非这个变换正好是以 $\boldsymbol{m}$ 方向为轴的转动. 所以，这时海森堡系统所处的状态仅对于那些以 $\boldsymbol{m}$ 为轴的二维转动是不变的，对于一般的正交变换，系统的状态不是不变的. 也就是说，在低温相中，海森堡系统具有较低的对称性 [用群论的符号就是 O(2) 对称性]. 我们再次看到，这个二级相变过程可以看成一个对称性破缺的过程：系统从高温时具有 O(3) 对称性的相 (顺磁相) 变化到低温时仅具有 O(2) 对称性的相 (铁磁相).

在临界现象中，系统的对称性起着决定性的作用. 在连续相变中，对称性的变化标志了两个不同的相. 一般来讲，在一个相中系统具有较高的、与系统的哈密顿量相同的对称性 (一般是高温相)，在另一个相中系统具有相对低的对称性[24]. 需要注意的是, 系统的哈密顿量本身无论温度高低都是具有较高对称性的, 但是如果温度低于临界温度, 系统所处的状态, 或者更确切地说, 系统能量最低的态 (基态) 却不一定具备这个对称性. 因此, 安德森 (Anderson) 称这种现象为对称性自发破缺. 事实上, 所有的二级相变 (或者说连续相变) 都可以看成对称性自发破缺的过程.

二级相变还有一个共同的特性, 那就是二级相变系统中的关联长度在临界点附近发散 [参见 (8.53) 式后相关的讨论]. 这种发散性造就了二级相变的另一个普遍特性, 即标度性[25]. 粗略地说, 由于系统中的关联长度是系统中唯一的物理尺度, 而这个尺度在临界点附近发散, 这就使得处于临界点附近的物理系统没有了标度. 换句话说, 我们可以用不同的尺子来测量系统, 其结果都相似. 进一步来讲, 用不同的尺子测量相当于对长度做一个标度变换, 即所有长度都乘以一个正的实数, 但是由于关联长度 $\xi \to \infty$, 因此, 标度变换后它仍然发散. 也就是说, 系统在临界点呈现出自相似性. 这种自相似性使得系统的物理量具有所谓的标度律. 这种标度律正是利用重整化群方法研究临界现象的理论基础所在.

我们在自旋模型的讨论中主要是以伊辛模型为例子的. 实际上, 人们还研究过许多其他的自旋模型. 这些模型的物理背景千差万别, 来自物理的各个领域而不仅局限于统计物理. 人们惊奇地发现, 许多原先完全无关的物理模型, 它们的某些临界行为 (例如临界指数) 竟然表现出高度的一致性. 在临界点附近, 系统内的关联长度趋于无穷, 物理量都有确定的临界行为, 由相应的临界指数描写. 不仅如此, 人们发现这些临界指数具有某种普适性. 例如, 伊辛模型的临界指数在气液相变的临界点附近也被发现, 两个看似毫无关系的相变却拥有相同的临界指数. 这种现象又在其他一些模型中得到验证. 于是, 人们总结出所谓临界现象的普适性的概念: 系统在连续相变的临界点附近的行为由一些具有一定普适性的临界指数描写, 这些临界指数只与系统在两相中的对称性、系统的维数等信息有关, 与系统的微观细节 (例如晶格结构等) 无关.

---

[24]用群论的语言来说, 具有较低对称性的相所对应的对称群是具有较高对称性的相所对应的对称群的子群. 例如, 对于海森堡模型, 我们有 O(2) 是 O(3) 的子群.

[25]实际上, 更确切地说应当称之为"无标度性".

注意，普适性并不是说系统的所有性质都与系统的微观细节无关，只是告诉我们临界指数 (实际上还有其他一些物理量) 是普适的. 我们前面提到的系统的临界温度 T_c 就不是一个普适的量，它与系统的微观细节有关. 应当指出的是，普适性只有在自旋之间的相互作用是短程时才能成立. 如果系统中的相互作用的力程不是短程，那么普适性的结论有可能不成立[26]. 普适性的根本物理原因恰恰在于前面提到的事实，即当系统接近临界区域时，系统内的特征关联长度 ξ 趋于无穷大. 因此，这时只有大尺度上的物理才变得重要，而系统在微观尺度上的细节完全不起任何作用. 具有不同微观细节的模型所体现出来的普适性的规律实际上是连续空间中的一个统计场论. 普适性还诠释了为什么自旋模型的相变研究如此重要，因为它们在临界点附近的行为不仅代表这个模型本身的特性，还代表了一大类物理系统在相变时的特性.

49 李杨零点与相变

本节中我们将介绍著名的李杨零点与系统相变之间的关系. 这一重要发现首先是李政道和杨振宁在 1952 年研究凝聚体的物态方程时得出的[27]. 他们发现，一个热力学系统的相变与其配分函数在逸度复平面上的零点是联系在一起的，这些零点恰好使得系统的自由能 (这直接联系着配分函数的对数) 在这些零点邻域出现发散行为，而这恰恰对应于相变系统的热力学函数的相应奇异行为. 后来，这些配分函数在复平面的零点就被称为李杨零点. 李政道和杨振宁的论文包括两篇相继的论文. 在第一篇论文中，他们提出了配分函数的零点与相变的关系；在第二篇论文中，他们则直接建立起了伊辛模型与格气模型之间的对应关系，这为二级相变的普适性提供了一个具体的例证. 下面我们将简要地介绍这两篇论文的内容.

在第一篇论文中，李政道和杨振宁首先考虑的是本书第 39.1 小节中介绍的非理想气体的迈耶集团展开理论. 他们试图研究将这个理论用于描写气体分子/原子相变到液体的可能性. 当时人们的计算表明，高阶的集团展开似乎在

---

[26] 一般来说，我们要求相互作用是局域的，也就是说，相互作用随距离的增加必须指数地减小.

[27] 原始论文见：Yang C N and Lee T D. Phys. Rev., 1952, 87: 404. Lee T D and Yang C N. Phys. Rev., 1952, 87: 410.

原先所期待的相变点附近呈现出发散的特性. 因此, 迈耶的集团展开理论是否能够顺利地描写液体变得不那么明确. 这些在当年尚未有定论的问题促使他们重新思考, 一个宏观系统发生相变在统计物理的语境下究竟意味着什么. 在第 39.1 小节中我们曾经提及, 集团展开在气液相变点处正好体现出发散级数的特性, 这一重要结论正是李政道和杨振宁在他们的第一篇论文中提出的.

在第 39.1 小节中我们曾经介绍了迈耶的集团展开理论, 该理论的巨配分函数 Ξ_V 为 [参见 (7.35) 和 (7.36) 式]

$$\Xi_V = \sum_{N=0}^{\infty} \left(\frac{z}{\lambda_T^3}\right)^N Q_N(T, V),$$

$$Q_N(T, V) = \frac{1}{N!} \int \cdots \int (\mathrm{d}^3 \boldsymbol{r}_1 \cdots \mathrm{d}^3 \boldsymbol{r}_N) \, \mathrm{e}^{\sum_{i<j} \phi(r_{ij})}, \tag{8.104}$$

其中 λ_T 是分子/原子的热波长, Q_N 为位形积分, $z = \mathrm{e}^{-\alpha} = \mathrm{e}^{\beta\mu}$ 又称为逸度, 因此该式又称为逸度展开. (8.104) 式中的 Ξ_V 的下标 V 旨在说明这是考虑一个有限大小的体积 V 中的系统, 以区别于下面要继续讨论的体积趋于无穷大时热力学极限下的系统. 在李政道和杨振宁的原始论文中, 他们将 z/λ_T^3 记为 y, 这实际上是一个有量纲 (体积倒数的量纲) 的物理量. 为了与下面要讨论的格气模型对应, 我们这里稍微修改一下他们的记号. 我们将用下列无量纲的变量来标记 y:

$$y \equiv z \frac{a^3}{\lambda_T^3}, \tag{8.105}$$

其中我们将体积 V 分立化为格距为 a 的立方晶格, 从而 a^3 就是该晶格的原胞的体积. 在格气模型中, 各个原子的位置将被局限在各个格点之上, 因此 (8.104) 式的分立版本可以写为

$$\frac{1}{\lambda_T^{3N}} Q_N(T, V) = \frac{1}{N!} \int \cdots \int \left(\frac{\mathrm{d}^3 \boldsymbol{r}_1}{\lambda_T^3} \cdots \frac{\mathrm{d}^3 \boldsymbol{r}_N}{\lambda_T^3}\right) \mathrm{e}^{-\beta \sum_{i<j} \phi(r_{ij})}$$

$$= \left(\frac{a^3}{\lambda_T^3}\right)^N \cdot \frac{1}{N!} \sum_{\{\boldsymbol{r}_i\}} \mathrm{e}^{-\beta \sum_{i<j} \phi(r_{ij})} \equiv \left(\frac{a^3}{\lambda_T^3}\right)^N \hat{Q}_N(T, V), \tag{8.106}$$

$$\Xi_V(y) = \sum_{N=0}^{M} \hat{Q}_N(T, V) y^N,$$

其中 M 是体积 V 中所能够容纳的最大的粒子数. 在原始的论文中, 李政道和杨振宁假设了原子具有一个非零的不可压缩的体积, 因此在一个有限的体

积 V 之中，原则上是不可能容纳无穷多的原子的. 我们看到，一个有相互作用的气体的配分函数是一个关于 y 的多项式，同时由于 Q_N 直接联系着原始的位形积分，可以证明这些多项式的系数，对于物理的体积 V 和温度 T 而言，都是正的实数，即满足 $Q_N(T,V) > 0$.

李政道和杨振宁的第一篇论文的关键一点，是去考察在热力学极限下，y 的多项式 $\Xi_V(y)$ 的根的情况. 按照代数学基本定理，多项式 $\Xi_V(y)$ 总可以写为

$$\Xi(y) = \prod_{i=1}^{M}\left(1 - \frac{y}{y_i}\right), \tag{8.107}$$

其中 $y_i \in \mathbb{C}$, $i = 1,\cdots, M$ 是 $\Xi_V(y)$ 的 M 个根 (这些根一般是复的). 这个表达式利用了当 $y = 0$ 时，$\Xi_V(y) = 1$ 的事实. 这些配分函数在复平面的零点 $\{y_i\}$，后来就被称为李杨零点 (Lee-Yang zeros). 按照普遍的统计物理中的热力学公式，系统的热力学量都与 $\ln \Xi_V(y)$ 以及它对于温度或者体积等的偏微商相联系. 由于对数函数的特性，在这些复零点的邻域内，系统的自由能也将体现出奇异性. 因此，李政道和杨振宁认为这些零点应当正好对应于系统发生相变的点. 按照传统的埃伦菲斯特关于相变的定义，各阶相变恰恰就是热力学势发生各种奇异性的点. 显然，这些复数的根一般来说不可能是正实数，因为我们知道，与它们相对应的关于 y 的多项式前面的系数 Q_N 都是正数，一个正系数的多项式不可能具有正的实根，并且它一定是 $\ln(y)$ 的单调递增函数.

然而，非常重要的一点是我们需要考虑热力学极限下配分函数 $\Xi_V(y)$ 的行为. 这相当于令 $N \to \infty$，同时 $V \to \infty$，但 $n = \bar{N}/V$ 则保持有限. 在这个极限下，系统的压强以及密度可以由下式得出 [参考 (7.46) 和 (7.47) 式]:

$$\frac{p}{k_B T} = \lim_{V\to\infty} \frac{1}{V}\ln \Xi_V(y), \qquad n = \lim_{V\to\infty} \frac{\partial}{\partial \ln y}\frac{1}{V}\ln \Xi_V(y). \tag{8.108}$$

尽管对于任意有限大的 N 和 V，李杨零点 y_i 都不会位于正实轴上，但是随着热力学极限的选取，这些复的零点的位置有可能会无限趋近于正实轴. 换句话说，在这个情形下，热力学极限会发生李杨零点"夹住"实轴的情况. 这在数学上称为箍缩奇异性 (pinch singularity). 在这个情形下，系统的配分函数对数以及相应的热力学函数就会在正实轴的箍缩奇点的位置表现出相应的奇异性. 李政道和杨振宁将此直接对应于该系统 (准确地说是热力学极限下的该

系统) 发生相变的信号. 总结来说, 李政道和杨振宁在第一篇论文中将气体相变到液体的现象与该气体系统的配分函数的对数出现箍缩奇异性直接联系在了一起. 这是一个非常重要的洞见. 在第一篇论文中, 李政道和杨振宁随后定性地讨论了在 y 的正实轴上可能出现的各种箍缩奇异性以及相应的相变的情况 (有关图示可参考原始论文). 这些讨论澄清了当年关于集团展开理论中的一系列困扰, 同时也为人们认识相变现象打开了一个全新的视角.

在第二篇论文中, 李政道和杨振宁通过所谓的格气模型, 在非理想流体的气液相变与伊辛模型的顺磁–铁磁相变之间建立起了一种对应联系: 格气模型与伊辛模型的这种对应关系也明确地说明了, 非理想流体在临界点附近的行为实际上与相应的伊辛模型在临界点附近的行为完全一致, 从而解释了为什么这两类初看起来物理表观完全不同的系统, 在其各自的相变临界点附近会表现出普适的临界指数. 在这篇论文中, 两位作者接着结合伊辛模型的情况, 证明了这些配分函数的零点实际上分布于复的 y 平面的单位圆上, 而顺磁–铁磁相变恰恰发生在分布在单位圆上的零点无限接近正实轴 (也就是出现所谓箍缩奇异性) 的时候.

所谓格气模型, 是设想一个体积 V 内的气体分子都只能够位于一个规则晶格的格点之上. 我们将假设气体分子的总体密度较小, 因此在一个特定的格点之上, 要么完全没有气体分子占据, 要么仅被一个气体分子所占据. 早期这类观念源于琼斯等人关于液体的空穴理论 (hole theory of liquids). 格气模型后来在对流体力学的研究中被广泛地运用. 注意在这种情形下, 我们可以在同样的晶格结构上定义一个类似伊辛模型的自旋模型, 使得晶格格点上被分子占据或不占据恰好对应于相应的伊辛模型的自旋是向上或向下.

李政道和杨振宁在他们的第二篇论文中, 就利用上述对应关系将一个流体的格气模型对应到了一个自旋变量的伊辛模型. 具体来说, 这个对应可以按照下列方法进行.

(1) 考虑体积 V 为一个规则的格距为 a 的晶格, 最为简单的是三维空间中的简单立方晶格, 总的格点数目为 $M = V/a^3$. 我们在晶格的三个方向上都加上周期边条件. 下面我们将分别在这个格点上建立两个模型: 一个是伊辛模型 (但它的记号与我们前面的稍有不同), 另一个是格气模型.

(2) 设想在每个格点 i 上定义一个伊辛自旋变量 $\sigma_i = \pm 1$, 分别称为自旋向上和向下. 与此相对应, 定义一个原子占据数 $\tau_i = 0, 1$, 它标记了格气模型中该格点上原子数为 0 或 1. 两者的明确的关系可以表达为

$$\tau_i = \frac{1}{2}(1 - \sigma_i), \tag{8.109}$$

这保证了 $\sigma_i = +1$ 时, $\tau_i = 0$, $\sigma_i = -1$ 时, $\tau_i = 1$. 因此, 对于任意一个伊辛模型的给定的自旋分布 $\{\sigma_i\}$, 我们都可以按照 (8.109) 式获得一个唯一的格气模型中的原子数分布 $\{\tau_i\}$, 反之也是如此. 也就是说, 这两个模型的位形分布存在着一一对应的关系.

(3) 在伊辛模型的语境下, 如果某个位形中自旋向上和自旋向下的数目分别记为 $N_\uparrow$ 和 $N_\downarrow$, 那么在一个外磁场 $\mathcal{H}$ 中[29], 系统的塞曼能量可以写为 $H_{\text{Zeeman}} = \mathcal{H}(N_\downarrow - N_\uparrow)$, 其中 $N_\downarrow + N_\uparrow = M$. 塞曼能量倾向于使得自旋沿着外磁场 $\mathcal{H}$ 的方向, 即倾向于使得 $N_\uparrow$ 更大而 $N_\downarrow$ 更小. 除此之外, 如果两个相邻的自旋同向, 我们将其相互作用能量取为零, 如果反向则取为 ϵ. 显然, 如果 $\epsilon > 0$, 则一对近邻的自旋在零温时更倾向于同向, 这对应于铁磁近邻相互作用. 反之, 如果 $\epsilon < 0$, 则对应于伊辛模型中的反铁磁相互作用. 利用前面的 τ_i, 这个相互作用的哈密顿量可以写为

$$H_{\text{ex}} = \epsilon \sum_{<ij>} \left[\tau_i(1 - \tau_j) + \tau_j(1 - \tau_i) \right], \tag{8.110}$$

其中的求和遍及格点上所有不同的紧邻对. 显然, 在紧邻对 $<ij>$ 上, 只有 $\tau_i = 1$, $\tau_j = 0$ 或者两者交换时会贡献能量 ϵ, 反之, 如果两者都是 0 或者都是 1, 则贡献 0. 这正好对应于自旋相反时的能量为 ϵ 的情形. 系统的总哈密顿量 $H^{\text{I}}[\{\sigma_i\}]$ 则是近邻对的交换相互作用 H_{ex} 和塞曼能 H_{Zeeman} 之和. 因此, 伊辛模型的哈密顿量以及它的配分函数可以写为

$$\begin{aligned} H^{\text{I}}[\{\sigma_i\}] &= H_{\text{ex}} + H_{\text{Zeeman}} = \mathcal{H}(N_\downarrow - N_\uparrow) + \epsilon N_{\uparrow\downarrow} \\ &= \frac{\epsilon q M}{4} - \frac{\epsilon}{2} \sum_{<ij>} \sigma_i \sigma_j - \mathcal{H} \sum_i \sigma_i \\ Z &\equiv \exp(-\beta(Mf)) = \sum_{\{\sigma_i\}} e^{-\beta H^{\text{I}}[\{\sigma_i\}]}, \end{aligned} \tag{8.111}$$

---

[29]这里我们沿用前面的记号, 所谓的磁场实际上是单位磁矩塞曼能量.

其中 f 是自旋模型中单位自旋的自由能. 除了一个不影响统计性质的能量常数以外, 这个伊辛模型与我们前面讨论的模型 (8.3) 完全类似, 只不过我们将其中的交换相互作用的耦合常数由 J 替换为了 $\epsilon/2$.

(4) 在格气模型的语境下, 整个系统的总原子数就是各个格点上原子数之和, 总体积是所有格点体积之和:

$$N_a = \sum_i \tau_i, \qquad V = Ma^3, \qquad n_a = \frac{N_a}{V} = \frac{1}{Ma^3}\sum_i \tau_i. \tag{8.112}$$

根据 (8.109) 式中的对应关系, 粒子数与伊辛模型中的磁化强度成线性关系:

$$\sum_i \tau_i = \frac{M}{2} - \frac{1}{2}\sum_i \sigma_i = \frac{M}{2} - \frac{1}{2}(N_\uparrow - N_\downarrow). \tag{8.113}$$

由于格气模型中, 与粒子数共轭的实际上是化学势, 因此我们看到在格气模型中, 化学势的作用相当于伊辛模型中的外磁场. 在格气模型中任何两个原子之间的相互作用能可以取为

$$u = \begin{cases} +\infty, & \text{如果两个原子占据同一格点}, \\ -\varepsilon, & \text{如果两个原子占据某个近邻对}, \\ 0, & \text{任何其他情况}. \end{cases} \tag{8.114}$$

上式的第一个要求实际上阻止了同一个格点上占据超过一个原子, 因此在格气模型中, 一个格点只可能被 0 个或 1 个原子所占据, 这与 (8.109) 式完全一致. 一对近邻格点 i 和 j 上的两个原子之间的相互作用势能可以写为 $-\varepsilon\tau_i\tau_j$, 即只有两个格点上的 τ_i 均为 1 (即都被占据) 时, 这对原子的势能才为 $-\varepsilon$, 其他的情况下都是 0. 所以格气模型的势能部分的哈密顿量 $H^L[\{\tau_i\}]$ 可以写为

$$H^L[\{\tau_i\}] = -\varepsilon \sum_{\langle ij \rangle} \tau_i\tau_j, \tag{8.115}$$

其中的求和遍及格点上的所有近邻对, 即格点上所有不同的联结. 我们可以将 (8.115) 式的哈密顿量用伊辛模型的自旋变量 σ_i 表达出来:

$$\begin{aligned} H^L[\{\tau_i\}] &= -\frac{\varepsilon}{4}\sum_{\langle ij \rangle}(1-\sigma_i)(1-\sigma_j) \\ &= -\frac{qM\varepsilon}{8} + \frac{\varepsilon}{4}\sum_{\langle ij \rangle}(\sigma_i+\sigma_j) - \frac{\varepsilon}{4}\sum_{\langle ij \rangle}\sigma_i\sigma_j \\ &= -\frac{qM\varepsilon}{8} + \frac{q\varepsilon}{4}\sum_i \sigma_i - \frac{\varepsilon}{4}\sum_{\langle ij \rangle}\sigma_i\sigma_j, \end{aligned} \tag{8.116}$$

其中最后一步中，我们将第二项对近邻对的求和换成了对所有格点的求和，注意每个格点因此会被计算 q 次，其中 q 是格点的配位数. 因此，与格气模型中的巨配分函数 Ξ 相关的等效哈密顿量 $H'^{\mathrm{L}}[\{\tau_i\}] = H^{\mathrm{L}}[\{\tau_i\}] - \mu N_a[\{\tau_i\}]$ 可以表达为

$$\begin{aligned}H'^{\mathrm{L}}[\{\tau_i\}] &= H^{\mathrm{L}} - \mu N_a = -\varepsilon \sum_{\langle ij \rangle} \tau_i \tau_j - \mu \sum_i \tau_i \\ &= -\frac{qM\varepsilon}{8} + \frac{q\varepsilon}{4}\sum_i \sigma_i - \frac{\varepsilon}{4}\sum_{\langle ij \rangle} \sigma_i \sigma_j - \frac{\mu M}{2} + \frac{\mu}{2}\sum_i \sigma_i \\ &= E_0 - \frac{\varepsilon}{4}\sum_{\langle ij \rangle} \sigma_i \sigma_j + \frac{1}{2}\left(\mu + \frac{q\varepsilon}{2}\right)\sum_i \sigma_i,\end{aligned} \quad (8.117)$$

其中 $E_0 = -\frac{1}{8}qM\varepsilon - \frac{1}{2}\mu M$ 是一个无关紧要的能量常数. 将 (8.117) 式的 $H'^{\mathrm{L}}[\{\tau_i\}]$[用 (ε,μ) 表达] 与前面伊辛模型的普遍哈密顿量 (8.3)[用 $(J,\mathcal{H})$ 表达] 以及同样晶格上的伊辛模型的哈密顿量 (8.111)[用 $(\epsilon,\mathcal{H})$ 表达] 进行比较，我们就发现了三者之间如下的对应关系：

$$J \leftrightarrow \frac{\epsilon}{2} \leftrightarrow \frac{\varepsilon}{4}, \qquad \mathcal{H} \leftrightarrow \mathcal{H} \leftrightarrow -\frac{1}{2}\left(\mu + \frac{q\varepsilon}{2}\right). \quad (8.118)$$

因此，按照 (8.106) 式处的讨论，整个格气系统的巨配分函数可以表达为

$$\Xi_V(y) = \exp(\beta pV) = \sum_{N=0}^{M} y^N \hat{Q}_N(T,V) = \sum_{\{\tau_i\}} \mathrm{e}^{-\beta H'^{\mathrm{L}}[\{\tau_i\}]}. \quad (8.119)$$

上式中有效的哈密顿量 $H'^{\mathrm{L}}[\{\tau_i\}]$ 由 (8.117) 式给出，其中参数与相应的伊辛模型参数之间的对应关系则由 (8.118) 式给出. 这个巨配分函数与伊辛模型的正则配分函数 [(8.111) 式中的 Z] 完全一致.

(5) 在建立了配分函数之间的一一对应关系之后，我们可以建立起两种语境下热力学物理量之间的对应关系. 例如，在自旋模型中我们引进的序参量 m 就直接对应于格气模型中的原子数密度 $\bar{n}_a$. 这一点从对应关系 (8.109) 可以直接验证：

$$m = -\frac{\partial f}{\partial \mathcal{H}} = \frac{1}{M}\langle \sum_i \sigma_i \rangle \quad \leftrightarrow \quad \bar{n}_a = \frac{1}{Ma^3}\langle \sum_i \tau_i \rangle = \frac{1}{2a^3}(1-m). \quad (8.120)$$

有了这些对应关系之后，在下面后续的讨论中，我们将令

$$\epsilon = 2J, \qquad \varepsilon = 4J, \qquad \mathcal{H} = -\frac{1}{2}(\mu + 2qJ), \quad (8.121)$$

这样就可以使用传统的伊辛模型的哈密顿量的参数 J 和 $\mathcal{H}$ 来描写系统了，无论是运用伊辛模型的语境，还是运用格气模型的语境.

下面我们以一维伊辛模型为例说明李杨零点的具体分布. 之所以选择一维伊辛模型，是因为它的严格解在第 46.1 小节中曾经介绍过，因此可以具体地求出配分函数的李杨零点.

根据 (8.60) 式，系统的配分函数满足如下关系：

$$Z = \lambda_1^N + \lambda_2^N, \quad \lambda_{1,2} = e^{\beta J}\cosh(\beta\mathcal{H}) \pm \sqrt{e^{2\beta J}\sinh^2(\beta\mathcal{H}) + e^{-2\beta J}}. \quad (8.122)$$

因此，系统的配分函数的零点必定满足

$$\lambda_1^N + \lambda_2^N = 0,$$

由此得

$$\lambda_1 = \exp\frac{i(2n-1)\pi}{N}\lambda_2, \quad n = 1, 2, \cdots, N. \quad (8.123)$$

这个解可以等价地写为

$$\cosh^2(\beta\mathcal{H}) = \cos^2\left(\frac{(2n-1)\pi}{2N}\right)(1 - e^{-4\beta J}), \quad n = 1, 2, \cdots, N, \quad (8.124)$$

对应的是纯虚的磁场：

$$h_n = i\theta_n, \quad \cos\theta_n = \sqrt{1 - e^{-4\beta J}}\cos\frac{(2n-1)\pi}{2N}, \quad n = 1, 2, \cdots, N. \quad (8.125)$$

按照对应关系 (8.118)，我们发现逸度 z 在伊辛模型的语境下可以写为

$$y = \sigma z, \quad z \equiv e^{-2\beta\mathcal{H}}, \quad (8.126)$$

其中 σ 是一个正的实数. 因此，我们可以直接考虑（8.126）式定义的逸度 z 的根的分布. 由于这个问题中李杨零点 [(8.125) 式] 都位于纯虚的 $\mathcal{H}$，因此这些零点将都位于 z 平面的单位圆上，这正是李政道和杨振宁的第二篇论文中的一个非常重要的结论. 同时不难发现：对于任何非零的温度，上述零点绝对不会与正实轴有交点，也不存在有限温度下的箍缩奇异性；这恰好对应于我们熟知的事实，一维伊辛模型不存在顺磁-铁磁相变. 李政道和杨振宁在他们的第二篇论文中，还利用二维正方晶格上的昂萨格的结果讨论了二维伊辛模型的相变，我们这里就不再赘述了. 值得一提的是，近些年，在李杨零点猜测

提出半个多世纪后,李杨零点与相变的关系不仅被数学物理学家在伊辛模型的语境下比较严格地证明了,而且这些零点的效应还在相关的实验中被观测到[29]. 这些事实从一个侧面说明了李杨零点的文章的持久影响力.

相关的阅读

这一章我们讨论了相变,特别是二级相变的统计理论. 我们的讨论是以自旋模型为具体例子进行的,但很多临界性质实际上是普适的. 我们介绍的方法主要是平均场理论,对于其他方法也做了概括性的介绍. 此外,我们还利用金兹堡-朗道理论讨论了系统在相变点附近的涨落和关联. 随后,我们对具有连续对称性的自旋模型也做了简单的介绍. 最后,我们还对李杨零点的概念做了简要的介绍. 本章研究的对象与我们在热力学部分 (特别是第 16 节和第 17 节) 的讨论有很多重合. 这可以帮助我们体味在对同一物理现象的研究中,热力学和统计物理不同的处理逻辑,这一点对从两种不同但互补的角度来理解相变这一重要的自然现象是非常重要的.

习　题

1. 平均场近似中的贝特 (Bethe) 近似. 本题中,我们考虑二维正方晶格上的伊辛模型,并试图建立一个比初级的平均场近似要"更为完善"的一种平均场方法,这种方法称为贝特近似. 普通的平均场近似（或者说布拉格-威廉斯近似）完全忽略了不同格点的自旋之间的关联. 贝特近似则考虑了近邻格点之间的统计关联. 考虑格点上某个固定点的自旋,记为 σ_0,以及与它为近邻的 q 个自旋,分别记为 σ_1, σ_2, $\cdots$, σ_q. 我们称这些自旋构成以 σ_0 为中心的一个集团. 贝特近似将与该集团的自旋有关的（平均场）哈密顿量 H_c 写为

$$H_c = -J\sigma_0 \sum_{j=1}^{q} \sigma_j - \mathcal{H} \sum_{j=0}^{q} \sigma_j - \mathcal{H}' \sum_{j=1}^{q} \sigma_j,$$

---

[29]相关的文献参见 Jiang J P and Newman C M. Comm. Pure Appl. Math., 2024, 77: 1224. Peng X H, Zhou H, W B B, et al. Phys. Rev. Lett., 2015, 114: 010601.

其中 $\mathcal{H}'$ 是集团以外的其他自旋对于自旋 $\sigma_1, \sigma_2, \cdots, \sigma_q$ 的平均场，将由后面导出的自洽条件确定.

(1) 试计算集团的配分函数 $Z_c = \sum_{\{\sigma\}} e^{-\beta H_c}$，其中 $\sum_{\{\sigma\}}$ 包含对于集团中所有的自旋（即 $\sigma_0, \cdots, \sigma_q$）进行求和.

(2) 利用得到的集团配分函数计算边缘自旋（也就是 $\sigma_1, \sigma_2, \cdots, \sigma_q$）的平均值 $\langle\sigma_j\rangle$ 和中心自旋的平均值 $\langle\sigma_0\rangle$.

(3) 考虑外磁场为零的情况（即 $\mathcal{H} = 0$）. 利用中心自旋与边缘自旋平均值应当相等的事实（平移不变性），得出分子场 $\mathcal{H}'$ 所满足的方程.

(4) 按照 (3) 中的结果，如果分子场 $\mathcal{H}'$ 具有非零解，即系统存在自发磁化，求出系统发生自发磁化的临界温度所满足的方程 (将临界的 $\beta_c J$ 所满足的方程写出). 对于二维正方晶格来说，$q = 4$. 请数值地解出你得到的临界温度的结果（保留 4 位有效数字）并与严格结果 $k_B T_c / J = 2.269$ 进行比较，简单说明贝特近似比起一般的平均场理论优越在哪里.

2. 布洛赫畴壁背景上的金兹堡–朗道自由能. 考虑正文中的金兹堡–朗道自由能 (8.35). 这里我们讨论一种空间依赖的极小解. 考虑 $\bar{m}(\boldsymbol{r}) = \bar{m}(x)$ 仅仅依赖于一个坐标 x，给出极小解 $\bar{m}(x)$ 所满足的微分方程. 如果假定在 $x \to \pm\infty$ 时，其解分别趋于 $\pm\sqrt{-a(T)/b(T)}$，这时我们称在 $x = 0$ 处有一个畴壁，称为布洛赫畴壁. 试计算这个畴壁的额外的自由能，并讨论在这个解附近的涨落与关联.

3. 伊辛模型中的热容量. 证明平均场近似下伊辛模型的热容量在临界点附近有一个跃变，即验证 (8.28) 式.

4. 伊辛模型中的关联函数. 对于大体积极限，完成傅里叶变换并验证 (8.51) 式.

5. 海森堡模型中的磁化强度. 验证平均场近似下海森堡模型中的磁化强度的公式 (8.89).

第九章 非平衡态统计

本 章 提 要

- 玻尔兹曼微分积分方程 (50)
- 玻尔兹曼 H 定理 (51)
- 细致平衡与平衡分布 (52)
- 输运现象 (53)
- BBGKY 级列 (54)

本书统计物理部分的前四章讨论的主要是平衡态统计物理,这也是发展比较完善的统计物理分支,它主要研究的是处于平衡态的宏观系统的统计性质. 但是我们知道,在实际的应用中常常会遇到所研究的系统并不处于平衡态的情况,其中往往还伴随有不可逆过程,如物质从高密度区域向低密度区域的扩散过程、高温向低温的热传导过程、黏滞现象、金属在外场中的导电现象等. 这些现象比起平衡态的统计问题要复杂得多. 这些问题的研究隶属于统计物理的另一重要分支——非平衡态统计物理.

　　非平衡态统计物理源起于分子动理论 (又称分子运动论),而首先开创这方面研究的就是统计物理的奠基人之一,奥地利物理学家玻尔兹曼. 他首先研究了稀薄气体趋于平衡的问题,推导出了著名的玻尔兹曼微分积分方程. 后来,他又证明了 H 定理,并进而在非平衡态时给出了熵的统计诠释. 按照现在的理解,玻尔兹曼所研究的实际上是系统处在离平衡态不远 (近平衡) 时的统计性质,这又是非平衡态统计中发展比较完善的一部分理论 [感谢玻尔兹曼、查普曼 (Chapman)、恩斯库格 (Enskog) 等人的贡献]. 真正的远离平衡态的非平衡态统计问题实际上更为复杂，也没有很完善的理论. 这方面的基础是所谓的 BBGKY[是五个物理学家的名字的缩写：博戈留波夫 (Bogoliubov)、玻恩 (Born)、格林 (Green)、柯克伍德 (Kirkwood)、伊冯 (Yvon)] 级列 (BBGKY hierarchy). 这是一个关于系统所有概率分布函数的级列耦合方程，要想真正进行计算必须对它进行某种截断 (相应于某种近似). 本书中将不对这方面做过多介绍，一个简单的讨论参见第 54 节.

本章中我们将主要讲述玻尔兹曼的 (近平衡的) 非平衡态统计物理理论，特别是玻尔兹曼微分积分方程以及它的重要推论——H 定理，然后我们利用这个方程的弛豫时间近似来讨论几种重要的输运现象.

50　玻尔兹曼微分积分方程

考虑处于非平衡态的气体中的分子，除了近平衡的要求，玻尔兹曼理论的另一个基本假设是所谓的局域平衡假设. 这个假设是说，虽然系统处于非平衡态，系统在各个位置的性质可以不同，但是我们可以在系统中取宏观小、微观大的一个小体积元，在任意一个时刻该小体积元内的子系统 (依然是一个宏观系统，所以说是微观大) 仍然可以看成处于平衡. 所以，我们可以用 $f(r,v,t)drdv$ 来表示在时刻 t、处于位置 r 处的小体积元 dr 内、速度处于 v 附近的小速度体积元 dv 内的平均气体分子数. 我们的目的就是要得到关于 (近平衡的) 非平衡单粒子分布函数 $f(r,v,t)$ 的一个方程，并进而确定何种分布可以使得系统达到平衡.

在 $t \sim t+dt$ 时间间隔内、空间及速度体积元 $drdv$ 内的分子数的改变为

$$\frac{\partial f(r,v,t)}{\partial t}dtdrdv. \tag{9.1}$$

这个改变可以由下列两种原因引起：一种是由处于该体积元内的气体分子本身的速度 (速度在 dt 间隔内的积分当然会改变分子的位置) 或外场引起的分子的加速度 (加速度在 dt 间隔内的积分会改变分子的速度) 所引起的. 这种改变是连续的变化，称为漂移变化 (drift change). 另一种是由分子之间的碰撞引起的，称为碰撞变化 (collision change). 下面将分别计算这两种变化所带来的贡献.

我们首先计算比较简单的漂移变化. 考虑由 $drdv$ 组成的 (六维的) 体积

元，它由六对超平面组成：$(x, x+dx), \cdots, (v_3, v_3+dv_3)$. 我们只要计算在 dt 时间内分别从这六对超平面进出体积元的分子数就可以了. 以位于 x 处的超平面为例，如果分子要在 $t \sim t+dt$ 内进入该体积元，那么它目前必须处在"底面积"为 $dA = dydzdv_1dv_2dv_3$、高为 $\dot{x}dt$ 的柱体内，这个柱体内的分子数为 $(f\dot{x})_x dtdA$. 同样，在时间间隔 dt 内，从 $x+dx$ 超平面处流出的分子数为 $(f\dot{x})_{x+dx}dtdA$. 这两个贡献相减就得到在 $t \sim t+dt$ 内从 $(x, x+dx)$ 这一对超平面进入体积元 $d\boldsymbol{r}d\boldsymbol{v}$ 中的净分子数为

$$[(f\dot{x})_x - (f\dot{x})_{x+dx}]dtdA = \left[-\frac{\partial}{\partial x}(f\dot{x})dx\right]dtdA = -\frac{\partial}{\partial x}(f\dot{x})dtd\boldsymbol{r}d\boldsymbol{v}. \quad (9.2)$$

通过类似的讨论，我们可以得到其他五对超平面净流入的贡献. 于是，由分子运动所引起的漂移变化率可以写成①

$$\left(\frac{\partial f}{\partial t}\right)_D = -[\nabla_{\boldsymbol{r}} \cdot (f\dot{\boldsymbol{r}}) + \nabla_{\boldsymbol{v}} \cdot (f\dot{\boldsymbol{v}})], \quad (9.3)$$

其中 $(\partial f/\partial t)_D$ 中的下标 D 代表是漂移所引起的分布函数的时间变化率.

相对复杂的是分子之间碰撞所引起的分布函数的变化率，这时我们必须讨论分子之间碰撞的细节. 我们首先假定气体是稀薄的，因此三个气体分子发生三体碰撞的概率是极小的，所以我们将仅考虑两体碰撞. 这里，我们再考虑最为简化的情形，即假设气体分子可以看成一个经典的理想刚球. 在图 9.1 中我们显示了两个理想刚球发生碰撞的情形. 我们用 m_1 和 m_2 来表示两个气体分子的质量，它们的直径分别为 d_1 和 d_2，碰撞前的速度分别为 $\boldsymbol{v}_1$ 和 $\boldsymbol{v}_2$，碰

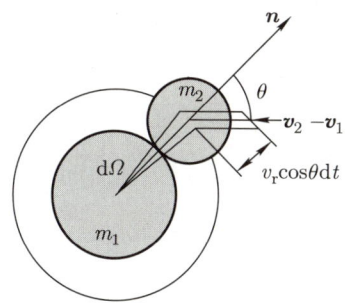

图 9.1 两个刚性气体分子发生碰撞的示意图

---

①对于熟悉流体力学的读者，这部分的推导是不必要的，它完全与流体力学中连续方程的推导类似.

撞后的速度分别为 v_1' 和 v_2'. 我们进一步假定碰撞是弹性的, 于是由动量守恒和能量守恒得到

$$\begin{aligned} m_1 v_1 + m_2 v_2 &= m_1 v_1' + m_2 v_2', \\ \frac{1}{2} m_1 v_1^2 + \frac{1}{2} m_2 v_2^2 &= \frac{1}{2} m_1 v_1'^2 + \frac{1}{2} m_2 v_2'^2. \end{aligned} \quad (9.4)$$

以上守恒方程共有四个, 所以还不足以全部确定碰撞后分子的速度 v_1' 和 v_2' 这六个变量, 我们还必须指定碰撞发生的方向的单位矢量 n (两个变量). 碰撞的方向单位矢量 n 给定后, 所有的参数就完全确定了. 我们可以将碰撞后的分子速度表达为

$$\begin{aligned} v_1' &= v_1 + \frac{2 m_2}{m_1 + m_2} \left[(v_2 - v_1) \cdot n \right] n, \\ v_2' &= v_2 - \frac{2 m_1}{m_1 + m_2} \left[(v_2 - v_1) \cdot n \right] n. \end{aligned} \quad (9.5)$$

根据 (9.5) 式很容易验证: 两个分子的相对速度 $v_2 - v_1$ 的大小 v_r 在碰撞前后是不变的, 而它在碰撞方向 n 上的投影会变号:

$$\begin{aligned} (v_2' - v_1')^2 &= (v_2 - v_1)^2 \equiv v_r^2, \\ (v_2' - v_1') \cdot n &= -(v_2 - v_1) \cdot n. \end{aligned} \quad (9.6)$$

如果愿意, 我们还可以将 v_1 和 v_2 用 n 以及 v_1' 和 v_2' 来表达:

$$\begin{aligned} v_1 &= v_1' + \frac{2 m_2}{m_1 + m_2} \left[(v_2' - v_1') \cdot (-n) \right] (-n), \\ v_2 &= v_2' - \frac{2 m_1}{m_1 + m_2} \left[(v_2' - v_1') \cdot (-n) \right] (-n). \end{aligned} \quad (9.7)$$

与 (9.5) 式比较不难发现, 这两组式子的形式相同, 所不同的是 n 换成了 $-n$. 这个事实意味着, 如果两个分子碰撞前的速度分别是 v_1' 和 v_2', 碰撞方向为 $n' = -n$, 那么碰撞后的速度就一定是 v_1 和 v_2. 如果我们称 (v_1, v_2) 到 (v_1', v_2') 的碰撞为正碰撞, 那么由 (v_1', v_2') 到 (v_1, v_2) 的碰撞就可以称为反碰撞. 正反碰撞的这种对称性源于经典力学规律的时间反演不变性.

在图 9.1 中以第一个分子的中心为球心画出了一个半径为 $R_{12} \equiv (d_1 + d_2)/2$ 的球面 (外面的大圆), 它恰好经过第二个分子的中心. 假设第一个分子相对于第二个分子的入射速度 $v_1 - v_2$ 与碰撞方向 n 的夹角为 θ, 显然只有 $\theta \in [0, \pi/2]$ 时碰撞才能发生. 在 $\mathrm{d}t$ 时间间隔内, 如果第二个分子要在以 n 为轴线的立体角 $\mathrm{d}\Omega$ 之内与第一个分子发生碰撞, 它必须处在以 $v_2 - v_1$ 为轴

线、$v_r \cos\theta dt$ 为高、$R_{12}^2 d\Omega$ 为底的柱体之内 (图 9.1 中分子 2 球心附近的平行四边形). 因此, 一个速度为 v_1 的分子, 在 $t \sim t+dt$ 内与速度位于 dv_2 内的分子, 在以 n 为轴线的立体角 $d\Omega$ 之内发生碰撞的次数为

$$f_2 dv_2 (R_{12}^2 d\Omega)(v_r \cos\theta dt), \tag{9.8}$$

其中 $f_2 = f(r, v_2, t)$. 通常人们用符号 Λ 表示 $R_{12}^2 v_r \cos\theta$, 于是上面的碰撞次数可以写成

$$f_2 \Lambda dv_2 d\Omega dt. \tag{9.9}$$

将 (9.9) 式乘以 $drdv_1$ 内的分子数 $f_1 drdv_1$[②], 我们就得到了在时间间隔 $t \sim t+dt$ 中, 在体积元 dr、速度间隔 dv_1 内的分子与速度间隔在 dv_2 内的分子在以 n 为轴线的立体角 $d\Omega$ 之内发生碰撞的次数为

$$f_1 f_2 dv_1 dv_2 \Lambda d\Omega dt dr. \tag{9.10}$$

为了不用多次重复上面这句复杂且拗口的话, 我们给 (9.10) 式这个碰撞次数一个特别的名称, 称其为元碰撞数. 在元碰撞中, 原先处于 dv_1 和 dv_2 中的分子, 在以 n 为轴线的立体角中碰撞后, 变成了速度位于 dv_1' 和 dv_2' 中的分子. 这就是由于碰撞引起的分子数的减少.

另一方面, 原先不处在 $drdv_1$ 内的分子有可能经碰撞被碰到这个区间内, 这个过程恰恰是由元反碰撞给出的. 类似地, 元反碰撞数为

$$f_1' f_2' dv_1' dv_2' \Lambda' d\Omega dt dr, \tag{9.11}$$

其中 f_1' 和 f_2' 分别是 $f(r, v_1', t)$ 和 $f(r, v_2', t)$ 的简写, 而 $\Lambda' = R_{12}^2 (v_1' - v_2') \cdot n' = \Lambda$, 我们还利用了性质 (9.6).

将由碰撞变化引起的, 在 $t \sim t+dt$ 内的 $drdv_1$ 中气体分子数的改变定义为

$$\left(\frac{\partial f_1}{\partial t}\right)_C dt dv_1 dr, \tag{9.12}$$

其中下标 C 表示由于碰撞引起的变化率. 要得到这个贡献, 我们必须将上面计算出来的元反碰撞数减去元碰撞数, 再对第二个分子的速度 dv_2 以及碰撞方向 n 积分. 为此必须将所有的 $dv_1' dv_2'$ 换成 $dv_1 dv_2$. 利用正反碰撞的对称性

[②]这里 f_1 是 $f(r, v_1, t)$ 的简写.

不难证明这个换元的雅可比行列式 (Jacobian) 为 1，所以 $\mathrm{d}\boldsymbol{v}'_1\mathrm{d}\boldsymbol{v}'_2 = \mathrm{d}\boldsymbol{v}_1\mathrm{d}\boldsymbol{v}_2$. 此外 $\Lambda' = \Lambda$，所以碰撞变化率为

$$\left(\frac{\partial f_1}{\partial t}\right)_{\mathrm{C}} \mathrm{d}t\mathrm{d}\boldsymbol{v}_1\mathrm{d}\boldsymbol{r} = \mathrm{d}t\mathrm{d}\boldsymbol{v}_1\mathrm{d}\boldsymbol{r} \int (f'_1 f'_2 - f_1 f_2)\mathrm{d}\boldsymbol{v}_2\Lambda\mathrm{d}\Omega. \tag{9.13}$$

在 (9.13) 式两边消去 $\mathrm{d}t\mathrm{d}\boldsymbol{v}_1\mathrm{d}\boldsymbol{r}$，并将 $\boldsymbol{v}_1$ 换成 $\boldsymbol{v}$，$\boldsymbol{v}_2$ 换成 $\boldsymbol{v}_1$，我们最终得到碰撞引起的分布函数的变化率为

$$\left(\frac{\partial f}{\partial t}\right)_{\mathrm{C}} = \int (f'_1 f' - f_1 f)\mathrm{d}\boldsymbol{v}_1\Lambda\mathrm{d}\Omega. \tag{9.14}$$

将碰撞变化 [(9.14) 式] 与漂移变化 [(9.3) 式] 结合，最终就得到了一个关于气体分子单粒子分布函数 $f(\boldsymbol{r},\boldsymbol{v},t)$ 时间变化率的方程，即著名的玻尔兹曼微分积分方程：

$$\frac{\partial f}{\partial t} + \nabla_{\boldsymbol{r}} \cdot (f\dot{\boldsymbol{r}}) + \nabla_{\boldsymbol{v}} \cdot (f\dot{\boldsymbol{v}}) = \int (f'_1 f' - f_1 f)\mathrm{d}\boldsymbol{v}_1\Lambda\mathrm{d}\Omega, \tag{9.15}$$

其中碰撞项体现了 $\boldsymbol{v}, \boldsymbol{v}_1$ 两个分子在碰撞后变为 $\boldsymbol{v}', \boldsymbol{v}'_1$ 的过程，相关的分布函数 $f = f(\boldsymbol{r},\boldsymbol{v},t)$，$f_1 = f(\boldsymbol{r},\boldsymbol{v}_1,t)$，$f' = f(\boldsymbol{r},\boldsymbol{v}',t)$，$f'_1 = f(\boldsymbol{r},\boldsymbol{v}'_1,t)$. 玻尔兹曼方程是非线性的微分积分方程，其数学结构是相当复杂的.

虽然我们仅讨论了两个经典刚球碰撞情形下的玻尔兹曼方程的推导，但是这个方程实际上具有更为普遍的适用性. 例如，对于一个一般的碰撞，只需要将碰撞项中的 $\Lambda\mathrm{d}\Omega$ 替换为与两粒子之间的微分散射截面有关的类似表达式即可. 至于微分散射截面的计算，这是经典或量子物理的问题，并不是统计物理需要解决的问题.

当年玻尔兹曼在推导出方程 (9.15) 后，认为这个方程是严格的牛顿力学结果，没有做任何额外的假设. 后来，他从这个微分积分方程出发推出了 H 定理 (见第 51 节)，于是玻尔兹曼认为他已经完成了他的宏愿，即将统计物理完全在纯力学的基础之上推导出来. 但实际上并不是如此. 除了我们前面提到的忽略三体碰撞或更多体碰撞的假设以外，在推导过程之中实际上我们还引入了一个额外的假设，这个假设是一个具有统计性的假设，人们一般称之为分子混沌性假设[③]. 具体地说，为了得到分别处在 $\mathrm{d}\boldsymbol{r}_1\mathrm{d}\boldsymbol{v}_1$ 和 $\mathrm{d}\boldsymbol{r}_2\mathrm{d}\boldsymbol{v}_2$ 中的两个分子的碰撞数，我们仅是将两个单粒子分布函数乘起来：

$$f(\boldsymbol{r}_1,\boldsymbol{v}_1,t)f(\boldsymbol{r}_2,\boldsymbol{v}_2,t)\mathrm{d}\boldsymbol{r}_1\mathrm{d}\boldsymbol{v}_1\mathrm{d}\boldsymbol{r}_2\mathrm{d}\boldsymbol{v}_2. \tag{9.16}$$

[③]玻尔兹曼本人称之为"Stosszahlansatz"，直译是"碰撞数假设".

这看似合理的假设实际上是一个近似, 因为相当于假设相互碰撞的两个分子之间不存在任何统计关联, 也就是说, 假设双粒子分布函数就是单粒子分布函数的简单乘积. 这个假设在两个分子相隔很远时应当是可以接受的, 但是在两个粒子发生碰撞时, 两者的分布必然有一定的统计关联, 这在玻尔兹曼方程的推导中被忽略了. 如果要考虑这个效应, 那么关于单粒子分布函数的玻尔兹曼方程中就须引入双粒子分布函数. 而为了进一步推导双粒子分布函数所满足的方程, 又会涉及三粒子分布函数等等. 最后, 对于一个由 N 个分子组成的系统, 我们只能得到 N 个联立的方程级列[④]而不可能得到一个仅包含单粒子分布函数的闭合的方程.

上面的讨论中的另一个假定是认为粒子的运动完全遵从经典的运动规律. 特别地, 它们的散射完全由经典力学给出. 如果粒子的运动受到量子效应的影响, 玻尔兹曼方程将如何变化? 首先, 如果粒子的运动是完全量子的, 那么分布函数 $f(r, v, t)$ 的描述本身就不再成立了, 因为量子力学告诉我们, 粒子的位置与它的共轭动量 (正比于速度) 是不可能同时确定的, 因此, 纯量子的系统根本就不存在 $f(r, v, t)$ 这样的东西! 但是, 如果假定粒子的运动可以由量子力学中所谓的准经典近似描述, 那么讨论粒子的分布函数仍然是有意义的. 我们下面的讨论也都是建立在这个前提假设之上.

假定粒子的运动遵从准经典近似, 这时粒子可以用一个波包来描写, 而波包中心的运动规律仍然符合经典运动方程[⑤]. 这时用一个单粒子分布函数描述粒子的运动仍然是合适的. 但是正如我们在前面看到的那样, 每个粒子的统计性质仍然会对一对粒子的分布造成统计关联. 一个重要的情形是全同费米子的系统 (例如金属中的电子气). 这时玻尔兹曼方程的漂移项的推导不变, 需要改变的是其碰撞项的推导. 具体来说, 在计算初始速度分别是 v_1, v_2 的两个费米子散射到速度分别是 v_1', v_2' 的概率时, 除了前面已有的因子 $f_1 f_2$ 之外还需要乘以两个末态均为空的概率, 因为费米子必须遵从泡利不相容原理, 这个碰撞过程可以发生要求末态一定是没有被占据的, 即 $f_1 f_2 (1 - f_1')(1 - f_2')$. 类似地, 对于元反碰撞必须变为 $f_1' f_2' (1 - f_1)(1 - f_2)$. 这样一来玻尔兹曼方程

[④]这实际上就是本章开始提到的 BBGKY 级列. 进一步的介绍参见第 54 节.

[⑤]这在量子力学中称为埃伦菲斯特定理. 在固体物理中波包的运动方程针对单个布洛赫准粒子波包.

的碰撞项变为

$$\left(\frac{\partial f}{\partial t}\right)_{C} = \int \left[f_1'f'(1-f)(1-f_1) - f_1 f(1-f')(1-f_1')\right] d\boldsymbol{v}_1 \Lambda d\Omega. \quad (9.17)$$

这就是准经典近似下量子费米气体的玻尔兹曼方程.

要给出玻色子系统在准经典近似下的玻尔兹曼方程比费米子稍微费周折一些. 玻色子实际上有一种天然的 "关联". 我们在讨论理想玻色气体的时候已经看到了这种统计关联的存在. 事实上, 这种关联也体现在玻色子系统某个态上粒子数的涨落上面. 最为明确的体现就是第五章第 32 节中的 (5.100) 式. 由于散射涉及两个粒子到两个粒子的过程, 因此粒子之间的关联应当加以考虑. 事实上, (5.100) 式中的费米子情形对应于碰撞项 [(9.17) 式] 中进行的替换 $f \to f(1-f)$, 因此对于玻色子系统, 我们只需要将上面费米子的碰撞项 [(9.17) 式] 中所有的 $1-f$ 都替换为 $1+f$ 就可以了:

$$\left(\frac{\partial f}{\partial t}\right)_{C} = \int \left[f_1'f'(1+f)(1+f_1) - f_1 f(1+f')(1+f_1')\right] d\boldsymbol{v}_1 \Lambda d\Omega. \quad (9.18)$$

这就是玻色子系统在准经典近似下的单粒子分布函数应满足的玻尔兹曼方程中的碰撞项. 将经典的玻尔兹曼方程推广到量子统计后得到的方程 (无论是费米子还是玻色子的情形) 一般称为量子玻尔兹曼方程, 也称为尤林–乌伦贝克 (Uehling-Uhlenbeck) 方程.

51 玻尔兹曼 H 定理

为了研究系统从不平衡趋于平衡的问题, 同时也是为了给熵一个统计物理的定义, 玻尔兹曼在苦心钻研后, 于 1872 年引入了物理量 H, 并证明了 H 所满足的一个定理[⑥]. 玻尔兹曼的定义为

$$H(t) = \int f(\boldsymbol{r}, \boldsymbol{v}, t) \ln f(\boldsymbol{r}, \boldsymbol{v}, t) d\boldsymbol{r} d\boldsymbol{v}. \quad (9.19)$$

[⑥] 这里可以提及关于 H 定理的一段有趣的历史. 玻尔兹曼最初 (1872 年) 并没有使用字母 H, 而是使用了 E, 一直到 1896 年玻尔兹曼才将这个物理量改用 H 来标记. 事实上, H 是希腊字母, 它是大写的 η, 玻尔兹曼实际上借用了吉布斯关于熵的记号. 更多细节, 读者可以参考文献 Hjalmars S. Am. J. Phys., 1977, 45: 214. 因此, 我们应当称之为玻尔兹曼 η 定理. 事实上, 在欧洲很多国家的教科书中, 这正是它的标准称呼.

显然，$H(t)$ 只是时间的函数，它随时间的变化率

$$\frac{\mathrm{d}H}{\mathrm{d}t} = \int (1+\ln f)\frac{\partial f}{\partial t}\mathrm{d}\boldsymbol{r}\mathrm{d}\boldsymbol{v}. \tag{9.20}$$

现在我们将玻尔兹曼微分积分方程 (9.15) 代入，得到

$$\begin{aligned}\frac{\mathrm{d}H}{\mathrm{d}t} =& -\int (1+\ln f)\boldsymbol{v}\cdot\nabla_{\boldsymbol{r}} f\mathrm{d}\boldsymbol{r}\mathrm{d}\boldsymbol{v}\\ & -\int (1+\ln f)\dot{\boldsymbol{v}}\cdot\nabla_{\boldsymbol{v}} f\mathrm{d}\boldsymbol{r}\mathrm{d}\boldsymbol{v}\\ & -\int (1+\ln f)(ff_1 - f'f'_1)\mathrm{d}\boldsymbol{r}\mathrm{d}\boldsymbol{v}\mathrm{d}\boldsymbol{v}_1 \varLambda\mathrm{d}\varOmega.\end{aligned} \tag{9.21}$$

利用高斯定理很容易证明 (9.21) 式等号右边的第一项的贡献为零. 由于 $\dot{\boldsymbol{v}} = \boldsymbol{F}/m$，其中 $\boldsymbol{F}$ 为外力，对于多数的力的形式都满足 $\nabla_{\boldsymbol{v}}\cdot\boldsymbol{F}=0$，于是，我们很容易说明 (9.21) 式等号右边的第二项也为零. 这说明由漂移所引起的变化率 $\mathrm{d}H/\mathrm{d}t$ 为零（证明留作习题）. 因此我们就剩下由碰撞项所引起的变化率

$$\frac{\mathrm{d}H}{\mathrm{d}t} = -\int (1+\ln f)(ff_1 - f'f'_1)\mathrm{d}\boldsymbol{v}\mathrm{d}\boldsymbol{v}_1 \varLambda\mathrm{d}\varOmega\mathrm{d}\boldsymbol{r}. \tag{9.22}$$

将 (9.22) 式中的积分变量 $\boldsymbol{v}$ 和 $\boldsymbol{v}_1$ 互换并不改变积分的数值，因此有

$$\frac{\mathrm{d}H}{\mathrm{d}t} = -\int (1+\ln f_1)(ff_1 - f'f'_1)\mathrm{d}\boldsymbol{v}\mathrm{d}\boldsymbol{v}_1 \varLambda\mathrm{d}\varOmega\mathrm{d}\boldsymbol{r}. \tag{9.23}$$

将 (9.22) 与 (9.23) 式相加再除以 2，得到

$$\frac{\mathrm{d}H}{\mathrm{d}t} = -\frac{1}{2}\int (2+\ln(ff_1))(ff_1 - f'f'_1)\mathrm{d}\boldsymbol{v}\mathrm{d}\boldsymbol{v}_1 \varLambda\mathrm{d}\varOmega\mathrm{d}\boldsymbol{r}. \tag{9.24}$$

利用正反碰撞的对称性，将 (9.24) 式中的 $\boldsymbol{v}$ 和 $\boldsymbol{v}'$ 互换，$\boldsymbol{v}_1$ 和 $\boldsymbol{v}'_1$ 互换，同时利用 $\mathrm{d}\boldsymbol{v}'\mathrm{d}\boldsymbol{v}'_1 = \mathrm{d}\boldsymbol{v}\mathrm{d}\boldsymbol{v}_1$ 和 $\varLambda = \varLambda'$，有

$$\frac{\mathrm{d}H}{\mathrm{d}t} = -\frac{1}{2}\int (2+\ln(f'f'_1))(f'f'_1 - ff_1)\mathrm{d}\boldsymbol{v}\mathrm{d}\boldsymbol{v}_1 \varLambda\mathrm{d}\varOmega\mathrm{d}\boldsymbol{r}. \tag{9.25}$$

将 (9.25) 与 (9.24) 式相加再除以 2，得到

$$\frac{\mathrm{d}H}{\mathrm{d}t} = -\frac{1}{4}\int (\ln(ff_1) - \ln(f'f'_1))(ff_1 - f'f'_1)\mathrm{d}\boldsymbol{v}\mathrm{d}\boldsymbol{v}_1 \varLambda\mathrm{d}\varOmega\mathrm{d}\boldsymbol{r}. \tag{9.26}$$

注意被积函数永远是非负的，积分的测度也是正的，所以我们得到

$$\frac{\mathrm{d}H}{\mathrm{d}t} \leqslant 0. \tag{9.27}$$

这就是著名的玻尔兹曼 H 定理, 它告诉我们由 (9.19) 式所定义的函数 H 是随时间单调减小的函数. (9.27) 式中的等号当且仅当

$$ff_1 = f'f'_1 \tag{9.28}$$

时成立. 这个条件称为细致平衡条件.

H 定理指出, 当分布函数随时间变化时, H 总是趋向于减小. 当系统达到平衡时, 分布函数不再随时间变化, 因此 H 也一定达到了它的极小值而不再变化. 所以 H 定理给出了系统趋于平衡的统计物理解释, 也给出了趋向平衡的速率. 我们知道, 系统趋于平衡的过程是个不可逆过程, 在这个过程中系统的熵也是单调增加的[7]. 很自然的猜测就是 H 是一个与系统的熵密切相关的物理量. 事实上, 对于稀薄的气体可以取熵的定义为

$$S = -k_B H + C, \tag{9.29}$$

其中 C 是一个常数. 这一点可以通过理想气体的直接计算得知.

围绕玻尔兹曼的 H 定理, 历史上有过许多激烈的争论, 最为重要的就是关于微观可逆性与宏观不可逆性的矛盾. 我们知道, 牛顿力学对于时间反演是不变的, 所以基于牛顿力学的所有力学量必定是时间反演不变的, 而不可能出现随时间永远单调增加或减小的量. 但是玻尔兹曼方程所推出的 H 定理却预言物理量 H 是单调减小的. 我们对于这个矛盾的解释是这样的: 玻尔兹曼定义的物理量 H 并不是一个纯力学量, 它实际上是一个统计量, 所以, 无论从玻尔兹曼方程的推导, 还是从 H 的定义看, 都包含了统计的成分 (分布函数正是这种统计思想的集中体现). 正因为如此, H 可以是单调减小的, 或者说对于一个宏观系统来讲, H 增加的概率简直微乎其微, 这个可能性甚至比从字典里随机地选字出来, 而选出的排列次序正好与《红楼梦》一字不差还要小. 因此, 从统计物理的角度来看, H 定理无疑是没有任何矛盾的.

52 细致平衡条件与平衡分布

按照玻尔兹曼的 H 定理, 当气体达到平衡时分布函数满足细致平衡条件 [(9.28) 式中将 v 换成 v_1, v_1 换成 v_2, 即回到图 9.1 中的碰撞过程]

---
[7]这里提到的熵是在不可逆过程热力学中所讨论的局域熵, 这个定义是以局域平衡假设为前提的.

$$f_1 f_2 = f_1' f_2'. \tag{9.30}$$

与元碰撞数的公式 (9.10) 和元反碰撞数的公式 (9.11) 比较，我们发现细致平衡条件意味着在平衡时元碰撞数与元反碰撞数正好相等. 也就是说，这时任何单元的正碰撞和反碰撞的效果都相互抵消. 这就是细致平衡条件名称的由来. 一般说来，如果细致平衡条件得到满足，系统一定处于平衡态，但反之却未必如此. 也就是说，系统处于平衡时不一定要求满足细致平衡条件. 但是，如果系统的分布函数满足玻尔兹曼微分积分方程，上一节的 H 定理的证明告诉我们，细致平衡条件是系统达到平衡的充分必要条件.

下面我们探讨达成细致平衡时，系统分布函数的可能形式. 我们可以将细致平衡条件取对数得到

$$\ln f_1 + \ln f_2 = \ln f_1' + \ln f_2'. \tag{9.31}$$

这是一个关于分布函数对数的线性函数方程，表明分布函数的对数在碰撞前后是个相加性的守恒量. 对于一般的经典系统来说，它的相加性守恒量只有五个：常数、三动量和能量. 当然，原则上还有系统的总角动量，但是如果选择与系统一同旋转的参考系，则系统的总角动量为零. 在这个假设下，$\ln f$ 一定是 1, $m\boldsymbol{v}$ 和 $\frac{1}{2}m\boldsymbol{v}^2$ 这五个守恒量的线性组合，所以分布函数一定可以写成类麦克斯韦速度分布律的形式：

$$f = n\left(\frac{m}{2\pi k_\mathrm{B} T}\right)^{3/2} \exp\left(-\frac{m}{2k_\mathrm{B} T}(\boldsymbol{v}-\boldsymbol{v}_0)^2\right), \tag{9.32}$$

其中五个常数 n, T 和 $\boldsymbol{v}_0$ 的物理意义分别为平均分子数密度、温度和气体的整体宏观速度. 一般说来，这些常数都还可以是位置 $\boldsymbol{r}$ 的函数 (即局域平衡). 但是，由于细致平衡条件和玻尔兹曼方程，我们知道漂移变化率应当为零：

$$\boldsymbol{v}\cdot\nabla_{\boldsymbol{r}} f + \boldsymbol{F}\cdot\nabla_{\boldsymbol{v}} f = 0, \tag{9.33}$$

其中 $\boldsymbol{F}$ 为单位质量所受的外力. 于是我们将分布函数的解 (9.32) 代入 (9.33) 式，得到

$$\boldsymbol{v}\cdot\nabla\left(\ln n + \frac{3}{2}\ln\frac{m}{2\pi k_\mathrm{B} T} - \frac{m}{2k_\mathrm{B} T}(\boldsymbol{v}-\boldsymbol{v}_0)^2\right) = \frac{m}{k_\mathrm{B} T}\boldsymbol{F}\cdot(\boldsymbol{v}-\boldsymbol{v}_0). \tag{9.34}$$

(9.34) 式要对于任意的 v 都成立，所以等式两边 v 的各个幂次的系数都要相等. 令 v 的三次幂的系数相等，得到

$$\nabla T = \mathbf{0}, \tag{9.35}$$

即在平衡系统中温度一定是均匀的. 如果令 (9.34) 式中的 v 的二次幂的系数相等，有

$$\boldsymbol{v} \cdot \nabla(\boldsymbol{v} \cdot \boldsymbol{v}_0) = 0. \tag{9.36}$$

这个方程的解为

$$\boldsymbol{v}_0 = \boldsymbol{b} + \boldsymbol{\omega} \times \boldsymbol{r}, \tag{9.37}$$

其中 $\boldsymbol{b}$ 和 $\boldsymbol{\omega}$ 都是常数矢量，分别代表平动速度和角速度. 因此处于平衡态的流体只可能具有恒定速度的平动和恒定角速度的转动. 如果令 (9.34) 式中的 v 的一次幂的系数相等并利用 $\boldsymbol{F} = -\nabla \varphi$，有

$$n = n_0 \exp\left(\frac{m}{2k_\mathrm{B}T}\boldsymbol{v}_0^2 - \frac{m}{k_\mathrm{B}T}\varphi\right). \tag{9.38}$$

最后，如果令 (9.34) 式中的 v 的零次幂的系数相等，我们又得到对于 $\boldsymbol{v}_0$ 的一个约束:

$$\boldsymbol{v}_0 \cdot \boldsymbol{F} = 0, \tag{9.39}$$

即整体运动的速度 $\boldsymbol{v}_0$ 必须与外力垂直. 例如在重力场中的一个以角速度 ω 转动的容器中的气体，当气体达到平衡时，气体分子的分布函数为

$$n = n_0 \exp\left(\frac{m\omega^2}{2k_\mathrm{B}T}r^2 - \frac{mgz}{k_\mathrm{B}T}\right). \tag{9.40}$$

前面导出的都是经典的流体的玻尔兹曼方程给出的平衡分布，我们看到这是一个经典的麦克斯韦-玻尔兹曼分布. 如果我们从量子费米气体的玻尔兹曼方程 (9.17) 出发，同样可以证明 H 定理. 这时我们得到的细致平衡条件为

$$f_1 f_2 (1 - f_1')(1 - f_2') = f_1' f_2' (1 - f_1)(1 - f_2), \tag{9.41}$$

或者等价地写为

$$\left(\frac{f_1}{1 - f_1}\right)\left(\frac{f_2}{1 - f_2}\right) = \left(\frac{f_1'}{1 - f_1'}\right)\left(\frac{f_2'}{1 - f_2'}\right). \tag{9.42}$$

换句话说，$\ln[f/(1-f)]$ 是一个可加的守恒量. 按照前面类似的推导，我们发现这导致的平衡分布一定是类费米分布 $f^{-1} = \mathrm{e}^{\beta\left(\frac{1}{2}mv^2 - \mu\right)} + 1$.

53 输运现象

前面几节中我们推导出了玻尔兹曼微分积分方程并利用它证明了著名的 H 定理, 下面我们要利用这个方程来研究流体中的输运现象. 输运现象包含了非常丰富的具体物理过程, 例如扩散、热传导、黏滞现象、导电现象、霍尔 (Hall) 效应、巨磁阻现象等. 我们这里将主要讨论几类简单的经典输运现象.

53.1 玻尔兹曼方程的弛豫时间近似

利用玻尔兹曼微分积分方程研究输运现象就必须求解这个方程. 一般来说, 这个方程的求解在数学上是十分复杂的. 我们将主要讨论在弛豫时间近似下方程的求解.

我们注意到, 玻尔兹曼方程的复杂性主要在于碰撞项的贡献, 这个贡献出现在积分号下, 从而使得整个方程不再是简单的微分方程, 而成了一个微分积分方程. 另外, 这一项也使得方程变成了一个非线性方程. 弛豫时间近似就试图将这两个困难克服掉. 在弛豫时间近似下, 我们将分布函数的变化率 $\mathrm{d}f/\mathrm{d}t$ 中的经典统计或量子统计的碰撞项 [(9.14), (9.17) 或 (9.18) 式] 近似写成

$$\left(\frac{\partial f}{\partial t}\right)_\mathrm{C} = -\frac{f - f^{(0)}}{\tau_0}, \tag{9.43}$$

其中 $f^{(0)}$ 称为零阶近似下的分布函数, 它一般会取为没有产生输运的 "外力" 时, 系统平衡的分布函数 (与时间无关), 比如经典的麦克斯韦-玻尔兹曼分布函数、费米分布函数, 或玻色分布函数, τ_0 是一个具有时间量纲但与时间无关的常数, 称为弛豫时间. 当然弛豫时间可以依赖其他的物理量 (例如粒子的能量等). 弛豫时间的物理意义是系统中分布函数对于其平衡分布函数的偏离的特征衰减时间. 一般来讲, 弛豫时间可以与粒子的速度有关, 进一步的近似下可以假定 τ_0 是常数, 它一般与分子两次碰撞之间经历的平均时间间隔是同一个数量级的. (9.43) 式就是所谓的玻尔兹曼方程的弛豫时间近似, 简称为弛豫时间近似. 在弛豫时间近似下玻尔兹曼方程变为

$$\frac{\partial f}{\partial t} + \nabla_{\boldsymbol{r}} \cdot (f\dot{\boldsymbol{r}}) + \nabla_{\boldsymbol{v}} \cdot (f\dot{\boldsymbol{v}}) = -\frac{f - f^{(0)}}{\tau_0}. \tag{9.44}$$

我们看到，在 $f^{(0)}$ 已知的情形下，做了弛豫时间近似后的玻尔兹曼方程是关于 f 的一阶线性偏微分方程，与玻尔兹曼微分积分方程 [(9.15) 式] 相比得到了大幅度的简化.

53.2 流体的黏滞现象

考虑一团以宏观速度 v_y 沿 y 方向流动的流体，并且假定流动的宏观速度是坐标 x 的函数. 为简单起见，可以假定 $v_y(x)$ 随坐标 x 线性地增加. 现在考虑流体中垂直于 x 轴的一个平面 $x = x_0$. 在平面 $x = x_0$ 右方的流体会给这个平面左方的流体在单位面积上施加 p_{xy} 的作用力，这就是流体的黏滞现象. 牛顿黏滞定律告诉我们：

$$p_{xy} = \eta \frac{\mathrm{d} v_y(x)}{\mathrm{d} x}, \tag{9.45}$$

其中 η 称为流体的 (剪切) 黏滞系数 (shear viscosity)[⑧].

从微观上看这个力的存在是容易理解的. 与平面 $x = x_0$ 左方的流体相比，在平面 $x = x_0$ 右方的流体的分子平均来说具有较大的 y 方向的动量 p_y. 由于两方分子在 x 方向上的速度没有区别，所以流体分子从左方进入右方和从右方进入左方的机会相等. 由于分子从右方进入左方是携带了较大的 y 方向动量，所以平均来讲右方的流体就会对左方的流体施加一个净作用力，或者说右方流体中的动量被输运到了左方. 因此，单位面积上的黏滞力

$$p_{xy} = \frac{\Delta p_y}{\Delta t \Delta A} = -\int m v_1 v_2 f \mathrm{d}\bm{v}, \tag{9.46}$$

其中积分遍及微观的分子速度 $\bm{v} = (v_1, v_2, v_3)$ 的所有三个分量. 我们发现，如果是一个平衡的麦克斯韦分布，它是所有速度的偶函数，因此 (9.46) 式的积分结果为零. 但是如果宏观速度 v_y 是 x 的函数，那么相应的零级分布函数仍然可以写成

$$f^{(0)} = n \left(\frac{m}{2\pi k_{\mathrm{B}} T}\right)^{3/2} \exp\left(-\frac{m}{2 k_{\mathrm{B}} T}\left(v_1^2 + (v_2 - v_y(x))^2 + v_3^2\right)\right), \tag{9.47}$$

其中 $v_y(x)$ 是流体宏观流动速度. 我们发现，这个分布函数并不是弛豫时间近

[⑧] p_{xy} 的单位与压强相同 (因为它是单位面积上的力)，因此黏滞系数的单位是 $\mathrm{Pa \cdot s}$. 之所以称之为剪切黏滞系数，是因为产生的黏滞阻力与速度梯度是垂直的.

似下玻尔兹曼方程 (9.44) 的解. 我们可以假定方程的解为

$$f = f^{(0)} + f^{(1)}, \tag{9.48}$$

其中 $f^{(1)} \ll f^{(0)}$. 代入玻尔兹曼方程 (9.44) 中, 只保留到第一阶, 得到

$$f^{(1)} = \tau_0 v_1 \frac{\partial f^{(0)}}{\partial v_2} \frac{\mathrm{d} v_y}{\mathrm{d} x}. \tag{9.49}$$

将此代入 p_{xy} 的表达式 (9.46) 并与牛顿黏滞定律 (9.45) 比较, 我们立刻得到

$$\eta = -m \int v_1^2 v_2 \tau_0 \frac{\partial f^{(0)}}{\partial v_2} \mathrm{d}\boldsymbol{v}. \tag{9.50}$$

对 v_2 进行分部积分, 同时假定 $\tau_0 = \bar{\tau}_0$ 是一个常数, 剪切黏滞系数的微观表达式为

$$\eta = nm\bar{\tau}_0 \overline{v_1^2} = nk_\mathrm{B} T \bar{\tau}_0. \tag{9.51}$$

我们提到过, 弛豫时间 $\bar{\tau}_0$ 是和分子两次碰撞之间的平均时间间隔同数量级的, 即 $\bar{\lambda} \sim \bar{v}\bar{\tau}_0$, 其中 $\bar{\lambda}$ 是分子的平均自由程, 于是有

$$\eta \sim nk_\mathrm{B} T \frac{\bar{\lambda}}{\bar{v}}. \tag{9.52}$$

我们知道分子的平均自由程与流体中的密度 n 成反比, 而平均速度 $\bar{v} \sim \sqrt{T}$, 再考察 η 与气体密度及温度的关系, 我们得到

$$\eta \propto \sqrt{T}, \tag{9.53}$$

而与流体的密度无关. 这个重要结论是麦克斯韦首先在 1860 年发现的. 他当时十分怀疑这个结果, 因为一般的直觉是流体的密度越大, 其黏滞性应该也越大. 但实际上, 后来的实验表明, (9.53) 式中看似违反直觉的结论基本是正确的.

53.3 金属的电导率

如果在金属中加上一个沿 z 方向的均匀恒定的外电场 $\mathcal{E}$, 那么金属中就会出现宏观的沿 z 方向的电流

$$J_z = \sigma \mathcal{E}, \tag{9.54}$$

其中 σ 为金属的 (直流) 电导率. 这个关系称为欧姆 (Ohm) 定律, 它也可以看成金属直流电导率的定义式.

我们在第 36.2 小节中讨论过, 常温下多数金属中的传导电子构成的系统应当视为强简并的电子气, 我们应当运用类似的费米分布来处理它. 因此, 它的平衡分布是费米分布 [这来源于量子的细致平衡条件 (9.41)]. 如果我们加一个均匀的外电场, 那么整个问题与坐标 r 无关, 因此达到稳恒态时的分布函数应当仅是速度的函数, $f = f(v)$. 将它乘以单位体积中速度空间的量子态数 $2(m/h)^3 dv$, 再乘以电子的电量 $-e$ 和电子沿外场方向的速度 v_3 并对速度空间积分, 我们就得到金属中宏观电流的表达式

$$J_z = -e \int v_3 f \frac{2m^3}{h^3} dv. \tag{9.55}$$

零级的分布函数是费米分布:

$$f^{(0)} = \frac{1}{e^{\beta(\frac{1}{2}mv^2 - \mu)} + 1}. \tag{9.56}$$

显然, 如果不存在外电场, 由于被积函数是 v_3 的奇函数, 所以积分以后为零, 与实际相符. 如果外电场不为零, 那么我们可以利用类似于上一小节的方法来求解弛豫时间近似下的玻尔兹曼方程. 为此我们设 $f = f^{(0)} + f^{(1)}$ 且 $f^{(1)} \ll f^{(0)}$, 其中 $f^{(0)}$ 就是无外场时的费米分布 (9.56), 那么在弛豫时间近似下玻尔兹曼方程的近似解为

$$f^{(1)} = -\tau_0 \nabla_v (f^{(0)} \dot{v}) = \tau_0 \left(-\frac{\partial f^{(0)}}{\partial v_3}\right) \left(\frac{-e\mathcal{E}}{m}\right), \tag{9.57}$$

其中利用了电子的牛顿运动方程 $\dot{v} = (-e)(\mathcal{E}/m)\hat{z}$. 这样电流密度

$$J_z = -\frac{e^2 \mathcal{E}}{m} \int \tau_0 v_3 \frac{\partial f^{(0)}}{\partial v_3} \frac{2m^3 dv}{h^3}. \tag{9.58}$$

对于常温下的费米分布, $\dfrac{\partial f^{(0)}}{\partial v_3}$ 只在费米面附近才不为零, 因此我们完全可以将 τ_0 用它在费米面上的值 τ_F 来替代. 最后利用分部积分并与欧姆定律比较, 得到

$$\sigma = \frac{ne^2 \tau_F}{m}. \tag{9.59}$$

这就是金属电导率的一个统计结果. 这个结果实际上与最早的德鲁德模型的结果一致.

53.4 金属的热导率

类似地, 我们也可以利用玻尔兹曼方程求解金属中的热导率. 为此我们假定金属中存在一个温度梯度 ∇T, 那么傅里叶定律给出

$$\boldsymbol{J}_q = -\kappa \nabla T, \qquad (9.60)$$

其中 $\boldsymbol{J}_q$ 代表热流密度矢量 (单位时间通过单位面积的能量), κ 称为热导率.

下面我们考虑金属中传导电子所贡献的热导率. 类似于电流密度的表达式 (9.55), 传导电子的热流密度可以表达为

$$\boldsymbol{J}_q = \frac{2m^3}{h^3} \int \mathrm{d}\boldsymbol{v}(\varepsilon - \mu)\boldsymbol{v} f(\boldsymbol{r}, \boldsymbol{v}, t). \qquad (9.61)$$

这个公式中的因子 $\varepsilon - \mu$ 的来源需要一些说明. 我们这里仅考虑热流 $\boldsymbol{J}_q$ 而不是整个能量流 $\boldsymbol{J}_\varepsilon$. 热流是与熵流 $\boldsymbol{J}_s$ 对应的: $\boldsymbol{J}_q = T\boldsymbol{J}_s$. 按照热力学基本微分方程, 对每个单位体积中处于局域平衡的系统 (一个开系) 来说, 有 $\mathrm{d}U = T\mathrm{d}S + \mu\mathrm{d}N$, 即热流一般来说总是伴随着粒子流 $\boldsymbol{J}_n$ 而存在的. 由此很容易获得上述三种流之间如下的关系: $\boldsymbol{J}_\varepsilon = T\boldsymbol{J}_s + \mu\boldsymbol{J}_n$. 这意味着热流 $\boldsymbol{J}_q = T\boldsymbol{J}_s = \boldsymbol{J}_\varepsilon - \mu\boldsymbol{J}_n$. 这就是 (9.61) 式中因子 $\varepsilon - \mu$ 的由来: ε 的积分对应于能流 $\boldsymbol{J}_\varepsilon$, μ 的积分 (除掉因子 μ 之外的部分) 对应于粒子流 $\boldsymbol{J}_n$.

显然, 如果我们用均匀温度的自由费米分布 (9.56) 代入 (9.61) 式, 由于 $f(\boldsymbol{v})$ 是 $\boldsymbol{v}$ 的偶函数而其余的因子是 $\boldsymbol{v}$ 的奇函数, 因此积分之后为零. 这对应于没有温度梯度时不会有净的热流存在. 如果我们假定温度存在微小的不均匀, 仍然可以假定 $f^{(0)}$ 由 (9.56) 式给出, 只不过其中的温度 $T = T(\boldsymbol{r})$ 是位置 $\boldsymbol{r}$ 的函数. 这时很容易发现, $f^{(0)}$ 不再是玻尔兹曼方程的解, 我们需要利用弛豫时间近似来求解玻尔兹曼方程: $f = f^{(0)} + f^{(1)}$, $f^{(1)} \ll f^{(0)}$. 我们求解得到的 $f^{(1)}$ 为 (准到 ∇T 的一阶)

$$f^{(1)}(\boldsymbol{v}) \approx \tau_0 (\varepsilon - \mu) \frac{\partial f^{(0)}}{\partial \varepsilon} \boldsymbol{v} \cdot \frac{\nabla T}{T}. \qquad (9.62)$$

将此式代入 (9.61) 式, 注意积分号下会出现并矢 $\boldsymbol{vv}$ 的积分, 这个积分实际上只有对角元不为零, 同时我们可以做替换 $mv_1^2 = mv_2^2 = mv_3^2 = (2/3)\varepsilon$. 因此, 热导率张量在我们目前的近似下实际上是对角的. 现在与傅里叶定律比

较，我们就得到了热导率的表达式

$$\kappa = \frac{\tau_F}{mT} \int d\varepsilon g(\varepsilon)(\varepsilon-\mu)^2 \frac{2}{3}\varepsilon \left(-\frac{\partial f^{(0)}}{\partial \varepsilon}\right), \tag{9.63}$$

其中 $g(\varepsilon) \equiv (4\pi/h^3)(2m)^{3/2}\varepsilon^{1/2}$ 为电子的态密度. 我们现在可以对这个式子进行分部积分, 剩下的积分可以利用第 36.2 小节中的索末菲展开 (6.75) 来处理. 经过一些计算, 我们得到

$$\kappa = \frac{\pi^2}{3}\frac{n\tau_F}{m}k_B^2 T. \tag{9.64}$$

我们看到, 热导率正比于温度 T, 其原因与我们在第 36.2 小节中提到的电子气的热容量正比于 T 的原因是一样的: 并不是所有的传导电子都是"活跃"的, 只有位于费米面附近 $k_B T/\varepsilon_F$ 比例的电子是"活跃"的, 因此热导率也正比于温度 T.

结合这一小节的热导率公式 (9.64) 和前面关于金属电导率的公式 (9.59), 我们可以得出下面的洛伦兹数:

$$L \equiv \frac{\kappa}{\sigma T} = \frac{\pi^2}{3}\frac{k_B^2}{e^2}. \tag{9.65}$$

这就是著名的维德曼-弗兰兹定律. 正如我们在第 36.2 小节中提到的, 除了合理地解释了常温时金属中电子气不贡献热容量之外, 对于洛伦兹数中的比例系数是 $\pi^2/3$(而不是经典统计预言的 2) 的预言也是索末菲理论的重要成就之一.

54 BBGKY 级列

本节中我们将介绍经典流体的 BBGKY 级列. 这是涉及经典流体中 n 粒子分布函数的一套联立的微分积分方程. 在适当的近似之下, BBGKY 级列会退化到本章前面介绍的玻尔兹曼微分积分方程. BBGKY 级列实际上源于我们在统计物理一开始的第 24 节曾经提及的经典统计系综的概念. 考虑一个包含 N 个由经典哈密顿力学所描写的全同粒子的系统, 其中第 i 个粒子的正则坐标和动量对为 (q_i, p_i), $i = 1, 2, \cdots, N$. 为了简化记号, 我们会用 (q, p) 来替代整个 (q_i, p_i), $i = 1, \cdots, N$. 系统在 $6N$ 维相空间 Γ 中 (q, p) 附近的一个

小体积元为

$$d\Gamma \equiv \prod_{i=1}^{N} \left(d^3 \boldsymbol{q}_i d^3 \boldsymbol{p}_i\right), \tag{9.66}$$

那么利用系综的语言，我们需要了解整个系统在时刻 t，恰好位于 $(\boldsymbol{q}, \boldsymbol{p}) = (\boldsymbol{q}_1, \cdots, \boldsymbol{q}_N; \boldsymbol{p}_1, \cdots, \boldsymbol{p}_N)$ 附近的概率

$$dP = \rho(\boldsymbol{q}, \boldsymbol{p}, t) d\Gamma. \tag{9.67}$$

换句话说，$\rho(\boldsymbol{q}, \boldsymbol{p}, t)$ 就是时刻 t 的时候，系统在 $6N$ 维相空间中的概率分布函数 (PDF). 分析力学中的刘维尔定理告诉我们，随着哈密顿系统的时间演化，这个概率密度是不随时间变化的：

$$\frac{d\rho}{dt} = \frac{\partial \rho}{\partial t} + \sum_{i=1}^{N} \left(\frac{\partial \rho}{\partial \boldsymbol{q}_i} \dot{\boldsymbol{q}}_i + \frac{\partial \rho}{\partial \boldsymbol{p}_i} \dot{\boldsymbol{p}}_i \right) = 0. \tag{9.68}$$

这个结论被称为刘维尔定理. 它也可以表达为

$$\frac{\partial \rho}{\partial t} = -[\rho, H], \quad [\cdot, H] = \sum_{i=1}^{N} \left[\frac{\partial H}{\partial \boldsymbol{p}_i} \frac{\partial}{\partial \boldsymbol{q}_i} - \frac{\partial H}{\partial \boldsymbol{q}_i} \frac{\partial}{\partial \boldsymbol{p}_i} \right], \tag{9.69}$$

其中 $[\cdot, \cdot]$ 是哈密顿力学中的泊松括号.

为了明确起见，我们将其哈密顿量选为

$$H = \sum_{i=1}^{N} \left[\frac{\boldsymbol{p}_i^2}{2m} + V_i^{(1)}(\boldsymbol{q}_i) \right] + \sum_{i<j}^{N} V_{ij}^{(2)}(\boldsymbol{q}_i - \boldsymbol{q}_j) + \cdots, \tag{9.70}$$

即除了每一个微观粒子与外场的相互作用 $V^{(1)}(\boldsymbol{q}_i)$ 之外，粒子 i 与粒子 j 之间还可以有一个对相互作用 $V^{(2)}(\boldsymbol{q}_i - \boldsymbol{q}_j)$，当然，我们还可以加上三体的相互作用，不过为了简化讨论，下面我们将假设仅仅有两体相互作用. 此时，刘维尔定理（又被称为刘维尔方程）可以表达为

$$\frac{\partial \rho^{(N)}}{\partial t} + \sum_{i=1}^{N} \left[\frac{\boldsymbol{p}_i}{m} \cdot \frac{\partial \rho^{(N)}}{\partial \boldsymbol{q}_i} + \boldsymbol{F}_i \cdot \frac{\partial \rho^{(N)}}{\partial \boldsymbol{p}_i} \right] = 0, \tag{9.71}$$

其中第 i 个粒子的受力 $\boldsymbol{F}_i$ 由两部分构成：一部分源自单体势 $V^{(1)}$，另一部分则源自两体势 $V^{(2)}$，当然如果包含三体势也需要进一步加上. 这里我们仅仅考虑两体势，受力的表达式为

$$\boldsymbol{F}_i = -\frac{\partial V_i^{(1)}(\boldsymbol{q}_i)}{\partial \boldsymbol{q}_i} - \sum_{j \neq i}^{N} \frac{\partial V_{ij}^{(2)}(\boldsymbol{q}_i - \boldsymbol{q}_j)}{\partial \boldsymbol{q}_i}. \tag{9.72}$$

系统完整的概率分布函数 $\rho^{(N)}(\boldsymbol{q},\boldsymbol{p},t)$ 包含了全部 N 个粒子的坐标和动量概率信息. 有时候我们并不关注如此详尽的信息, 而仅仅关注其中一部分粒子的坐标或动量的信息, 此时需要定义其中部分粒子的坐标和动量的分布函数, 这就是所谓的 n 粒子分布函数. 它们的定义如下:

$$\rho^{(n)}(\boldsymbol{q}_1,\cdots,\boldsymbol{q}_n;\boldsymbol{p}_1,\cdots,\boldsymbol{p}_n;t) = \int \rho(\boldsymbol{q}_1,\cdots,\boldsymbol{q}_N;\boldsymbol{p}_1,\cdots,\boldsymbol{p}_N;t)\mathrm{d}\Gamma_{n+1},$$
$$\mathrm{d}\Gamma_{n+1} = \prod_{s=n+1}^{N}(\mathrm{d}^3\boldsymbol{q}_s\mathrm{d}^3\boldsymbol{p}_s). \quad (9.73)$$

上式告诉了我们, 不计其他的 $N-n$ 个粒子的分布情况时, n 个粒子的概率分布函数. 显然, 当 $n=N$ 时 $\rho^{(N)}$ 就是原先 N 个粒子的概率分布函数. 本章前面讨论的玻尔兹曼方程关注的则是单粒子分布函数 $f(\boldsymbol{r},\boldsymbol{v},t) \propto \rho^{(1)}(\boldsymbol{q},\boldsymbol{p},t)$. 在第 40.1 小节中讨论液体中粒子的对分布函数时引入的 N 个粒子坐标的分布函数 $P(\boldsymbol{r}_1,\boldsymbol{r}_2,\cdots,\boldsymbol{r}_N)$[(7.56) 式] 则对应于将所有的 N 个粒子的动量 $\boldsymbol{p}_1,\cdots,\boldsymbol{p}_N$ 都积掉, 仅仅考察它们坐标的概率分布函数, 而对分布函数 $n_2(\boldsymbol{x}_1,\boldsymbol{x}_2)$ [(7.59) 式] 则是关注一对相互作用的分子在坐标空间的分布函数.

关于 $\rho^{(n)}$[和 $\rho^{(n+1)}$] 的 BBGKY 方程由下式给出:

$$\frac{\partial \rho^{(n)}}{\partial t} + \sum_{i=1}^{n}\frac{\boldsymbol{p}_i}{m}\cdot\frac{\partial \rho^{(n)}}{\partial \boldsymbol{q}_i} - \sum_{i=1}^{n}\left[\sum_{j=1,j\neq i}^{n}\frac{\partial V_i^{(1)}}{\partial \boldsymbol{q}_i} + \frac{\partial V_{ij}^{(2)}}{\partial \boldsymbol{q}_i}\right]\cdot\frac{\partial \rho^{(n)}}{\partial \boldsymbol{p}_i}$$
$$= (N-n)\sum_{i=1}^{n}\int \frac{\partial V_{i,n+1}^{(2)}}{\partial \boldsymbol{q}_i}\cdot\frac{\partial \rho^{(n+1)}}{\partial \boldsymbol{p}_i}\mathrm{d}^3\boldsymbol{q}_{n+1}\mathrm{d}^3\boldsymbol{p}_{n+1},\ n=1,\cdots,N. (9.74)$$

上式通过将刘维尔方程 (9.71) 对多余的坐标和动量 $(\boldsymbol{q}_{n+1},\cdots,\boldsymbol{q}_N;\boldsymbol{p}_{n+1},\cdots,\boldsymbol{p}_N)$ 进行积分并且运用各个 $\rho^{(n<N)}$ 的定义 (9.73) 即可得到.

BBGKY 级列 (9.74) 实际上是将关于 $\rho^{(N)}$ 的刘维尔方程 (9.71) 转化为一系列关于 $\rho^{(n<N)}$ 的耦合在一起的微分积分方程. 这套耦合方程数学上完全等价于 $\rho^{(N)}$ 所满足的刘维尔方程 (9.71), 因此其求解难度也与刘维尔方程类似. 只不过 BBGKY 级列的特点是单体分布函数的方程中会涉及两体分布函数, 两体分布函数的方程中则会涉及单体、三体分布函数, 一直向上延伸直到 $n=N$. 所以, 对于任意一个 $n<N$ 体分布函数而言, 关于它的方程都不是闭合的, 无法直接求解出来. 要使关于某个 $\rho^{(n)}$ 的方程闭合, 必须在该阶段引入近似 (有时候又称为截断). 例如前面提及的玻尔兹曼的碰撞数假设, 就

是假定分子的两体分布函数正比于单体分布函数的乘积. 这样一来就可以获得仅仅关于单体分布函数的微分积分方程了，这其实就是我们在前面第 50 节所讨论的玻尔兹曼方程. 仿照玻尔兹曼方程中的称呼, (9.74) 式的右边又被称为碰撞项, 它体现了 $n+1$ 个粒子的分布函数对 n 粒子分布函数的影响. 第 40.2 小节中, 我们曾经提及的奥恩斯坦-策尼克方程及其珀卡斯-耶维克近似就是这方面比较著名的截断近似方法.

从历史上看, 首先是伊冯在 1935 年在经典统计的框架下引进了 n 粒子分布函数的概念. 随后, 在 1945—1947 年间博戈留波夫和柯克伍德各自独立地运用这些概念导出了动理学方程并研究了相关的输运现象. 玻恩和格林则是在同一时期运用这些方法研究了液体的性质. 因此, 方程 (9.74) 一般依照他们姓氏的字母顺序被称为 BBGKY 级列, 或 BBGKY 级联.

相关的阅读

由于历史原因, 关于非平衡统计的讨论总是应当包含在一个"正统"的统计物理的教材中的. 但是, 实际上这部分内容往往也是很难讲述清楚的, 因为它涉及许多很专门的技术, 同时它的应用又十分广泛. 所以, 我们的讨论颇有"鸡肋"之嫌, 对此我深表歉意. 其实这部分内容是需要完整的一个课程来讲述的. 我建议有兴趣的读者阅读参考书 [2, 10], 或者参考书 [19]. 当然, 如果你觉得这些书也不能尽兴, 可以考虑参考查普曼等人的原著[9], 不过近年来能真正欣赏他的书的读者越来越少了.

习　题

1. 弛豫时间的物理含义. 假定一个分子在 t 到 $t+\mathrm{d}t$ 时间间隔内发生一次碰撞的概率为 $\mathrm{d}t/\tau$, 用 $P(t)$ 表示该分子从 $t=0$ 一直到 t 为止都没有发生碰撞的概率. 请

---

[9] Chapman S and Cowling T G. The Mathematical Theory of Non-Uniform Gases. 3rd ed. Cambridge University Press, 1990.

给出 $P(t)$ 所满足的微分方程, 并利用初始条件 $P(t=0)=1$ 确定 $P(t)$ 的形式为 $P(t) = e^{-t/\tau}$. 进一步说明一个分子两次碰撞之间的平均时间可以表达为

$$\int_0^\infty P(t) t \mathrm{d}t = \tau,$$

因此弛豫时间可以视为分子两次碰撞之间的平均时间.

2. **气体中的碰撞率**. 气体中包含两种质量的分子, 质量分别为 m_1 和 m_2. 试计算气体平衡时, 单位时间内, 一个 m_1 的分子被一个 m_2 的分子碰撞的平均次数

$$\bar{\Theta}_{1,2} = \frac{1}{n_1} \int f_1 f_2 R_{12}^2 v_r \cos\theta \mathrm{d}\Omega \mathrm{d}\boldsymbol{v}_1 \mathrm{d}\boldsymbol{v}_2.$$

3. **H 定理中漂移项的贡献**. 利用高斯定理证明 H 定理的证明中由漂移项引起的贡献 [(9.21) 式的前两项] 为零.

4. **经典霍尔电导**. 本题中我们将利用玻尔兹曼方程推导出均匀电磁场中固体的电导(包括霍尔电导). 在固体之中, 在准经典近似下人们通常使用波数 $\boldsymbol{k}$ 来替代电子的速度 $\boldsymbol{v}$, 这两者与电子的动量的关系是 $\boldsymbol{p} = m\boldsymbol{v} = \hbar\boldsymbol{k}$, 其中 $\boldsymbol{k}$ 是固体电子的波数. 这时候电子的单粒子分布函数可以记为 $f(\boldsymbol{r}, \boldsymbol{k}, t)$, 而组合 $f(\boldsymbol{r}, \boldsymbol{k}, t) \mathrm{d}^3 \boldsymbol{r} \mathrm{d}^3 \boldsymbol{k}/(2\pi)^3$ 则表示了在相空间点 $(\boldsymbol{r}, \boldsymbol{k})$ 附近, $\mathrm{d}^3 \boldsymbol{r} \mathrm{d}^3 \boldsymbol{k}$ 内的电子数. 在弛豫时间近似下, 单粒子分布函数 $f(\boldsymbol{r}, \boldsymbol{k}, t)$ 所满足的玻尔兹曼方程为

$$\frac{\partial f}{\partial t} + \dot{\boldsymbol{r}} \cdot \nabla_{\boldsymbol{r}} f + \dot{\boldsymbol{k}} \cdot \nabla_{\boldsymbol{k}} f = -\frac{f - f^{(0)}}{\tau},$$

其中 $\dot{\boldsymbol{k}}$ 与电子受到的外力 $\boldsymbol{F}$ (即洛伦兹力) 有关,

$$\hbar \dot{\boldsymbol{k}} = \boldsymbol{F} = (-e)\left[\boldsymbol{E} + \frac{\boldsymbol{v}}{c} \times \boldsymbol{B}\right],$$

其中 $\boldsymbol{E}$ 和 $\boldsymbol{B}$ 为电子感受到的电场和磁场, 它们原则上可以是时间和坐标 $\boldsymbol{r}$ 的函数, τ 为弛豫时间, $f^{(0)}$ 则代表平衡时的费米分布:

$$f^{(0)} = \frac{1}{e^{\frac{\varepsilon(\boldsymbol{k}) - \mu}{k_B T}} + 1},$$

其中 $\varepsilon(\boldsymbol{k}) = \boldsymbol{p}^2/(2m) = \hbar^2 \boldsymbol{k}^2/(2m)$ 为电子的能量. 在外加电磁场中, 固体中的电流密度矢量可以表达为

$$\boldsymbol{j}(\boldsymbol{r}, t) = -e \int \frac{\mathrm{d}^3 \boldsymbol{k}}{(2\pi)^3} f(\boldsymbol{r}, \boldsymbol{k}, t) \boldsymbol{v}(\boldsymbol{k}),$$

其中对 $\boldsymbol{k}$ 的积分遍及所谓的第一布里渊区[⑩].

(1) 假设外加电磁场 $\boldsymbol{E}$ 和 $\boldsymbol{B}$ 为常矢量 (不依赖于坐标和时间), 说明这时候费米分布 $f^{(0)}$ 不再是弛豫时间近似下玻尔兹曼方程的解. 假设 $f = f^{(0)} + f^{(1)}$ 且 $f^{(1)} \ll f^{(0)}$, 给出 $f^{(1)}$ 满足的方程.

[⑩] 如果你不知道什么是第一布里渊区, 就认为积分遍及三维 $\boldsymbol{k}$ 空间也可以.

(2) 对于任意的常矢量 $\boldsymbol{E}$ 和 $\boldsymbol{B}$，试给出稳定的解 $f^{(1)}$（即不依赖于时间）的表达式.

(3) 利用 $f^{(1)}$ 的表达式给出电流密度的表达式并给出固体中电导张量的表达式. 进一步，假定弛豫时间为一个常数，同时假定磁场沿 z 方向，电场沿 x 方向，给出这时候的电阻张量（它是电导张量的逆）的具体形式.

附录　概率与随机过程

本书中经常使用的一个概念是概率. 此外, 随机过程也是与统计物理密切相关的数学分支. 在本书中, 我们并不需要概率论和随机过程的详细知识, 因而在这个附录中, 我们只对概率论和随机过程的基本概念和结果做简单介绍, 而并不追求数学上的严格性. 对此有偏好的读者可去参照专门的数学书籍.

1　概率、随机变量与分布函数

从数学上讲, 概率是定义在一个样本空间 (sample space) 上的一种归一的测度（measure）. 要讨论清楚概率的数学基础, 必须利用集合和测度的数学概念, 我们这里并不想仔细论述. 所谓归一, 就是说所有可能事件中至少有一个发生 (这个集合称为全集, 一般记为 Ω) 的概率是 1: $P(\Omega) \equiv 1$.

两个事件以集合 A 和 B 来表示, 那么集合 $A \cap B$ 则代表了 A 与 B 同时发生. 如果 $A \cap B = \emptyset$ ($\emptyset$ 代表空集), 也就是说 A 与 B 两个事件不可能同时发生, 我们说 A 与 B 两个事件是互相排斥的. 两个事件 A 与 B 的并 $A \cup B$ 代表这两个事件至少有一个发生的事件集合. 如果这两个事件是互相排斥的, 有 $P(A \cup B) = P(A) + P(B)$. 更一般地, 有

$$P(A \cup B) = P(A) + P(B) - P(A \cap B). \tag{1}$$

如果两个事件 A 与 B 满足 $P(A \cap B) = P(A)P(B)$, 我们称这两个事件是 (统计) 独立的. 两个事件的条件概率 $P(A|B)$ 代表了发生事件 B 的同时, 事件 A 发生的概率, 它由下式定义:

$$P(A|B) = \frac{P(A \cap B)}{P(B)}. \tag{2}$$

条件概率实际上是以 B 为全集时, 事件 A 发生的概率.

一个随机变量 (stochastic variable) X 是从样本空间到实数空间的一个映射, 它的取值我们一般用 $\{x_i\}$ 来表示. 随机变量可以分为离散随机变量和连

续随机变量两大类. 所谓离散随机变量是指样本空间 Ω 上的随机变量 X 的可能取值的集合: $X(\Omega) = \{x_1, x_2, \cdots\}$ 是一个分立的可数集合. 我们可以由 $X(\Omega)$ 为样本空间构造一个概率空间, 它对于每一个 X 的可能取值 x_i 赋予一个概率 $f(x_i)$. 显然, $f(x_i)$ 必须是正的, 并且满足归一条件

$$\sum_i f(x_i) = 1. \tag{3}$$

这样的一个概率函数 f 称为 (离散的) 随机变量 X 的分布函数.

一个连续的随机变量 X 的取值集合 $X(\Omega)$ 则是一个不可数的集合, 这里我们以实数域 R 为例, 但也可以是更为复杂的集合. 这时我们可以以 $X(\Omega) = R$ 为样本空间, 构造一个概率空间. 如果存在一个分段连续的函数 $f(x)$, 使得 X 的取值落在区间 $[a, b]$ 中的概率①

$$P(a \leqslant X \leqslant b) = \int_a^b f(x) \mathrm{d}x, \tag{4}$$

我们就称 $f(x)$ 为 (连续) 随机变量 X 的概率分布函数 (probability distribution function) 或概率密度. 连续随机变量的分布函数满足归一化条件

$$\int_{-\infty}^{+\infty} \mathrm{d}x f(x) = 1. \tag{5}$$

对于任意的概率分布为 $f(x)$ 的随机变量 x 而言, 有两个相关的概念是比较重要的, 其中一个是其各阶的矩 $\langle x^n \rangle$, 它们被定义为②

$$\langle x^n \rangle = \int_{-\infty}^{+\infty} \mathrm{d}x\, x^n f(x), \quad n = 1, 2, 3, \cdots, \tag{6}$$

其中 $n = 1$ 的矩 $\bar{x} \equiv \langle x \rangle$ 被称为随机变量的期望值 (expectation value) 或平均值, 又经常被记为 $E[x]$. $n = 2$ 的矩 $\langle (x - \bar{x})^2 \rangle$ 则被称为随机变量的方差 (variance), 经常被记为 $\mathrm{Var}[x]$. 一般来说, 分布 $f(x)$ 的完全确立需要随机变量的所有阶矩. 除了各阶矩之外, 另一个比较重要的是随机变量分布的中位数 (median) m, 它由下式确立:

$$\frac{1}{2} = \int_{-\infty}^m \mathrm{d}x f(x). \tag{7}$$

---

①这里的积分严格来说是在勒贝格 (Lesbegue) 意义下的积分, 而不是黎曼 (Riemann) 意义下的积分.

②归一化条件 (5) 可以视为 x^n 在 $n = 0$ 时的特例.

这个称呼源于在一个分布 $f(x)$ 之中，随机变量 $x < m$ 和 $x > m$ 的概率恰好都是 50%.

2 常见的概率分布函数

2.1 二项分布与多项式分布

如果我们进行 N 次统计独立的实验，每次实验的结果只可能为两个，比如说 $+1$ 和 -1，它们对应的概率分别为 p 和 $q = 1-p$，那么在总共 N 次实验中，$+1$ 出现 n_1 次，-1 出现 n_2 次（显然 $n_1 + n_2 = N$）的组合概率为

$$P_N(n_1) = \frac{N!}{n_1! n_2!} p^{n_1}(1-p)^{N-n_1} = \frac{N!}{n_1! n_2!} p^{n_1} q^{n_2}, \tag{8}$$

这个分布就称为二项分布. 一个最为典型的物理的例子，就是所谓的一维无规行走问题，这也是一维粒子的布朗运动的一个相当好的描述（至少在长时间尺度上）.

二项分布的一个推广是所谓的多项式分布. 如果一个分立随机变量的可能取值不止两个，而是有 M 个，它取这些值的概率分别为 $p_s, s = 1, \cdots, M$，归一化要求 $\sum_s p_s = 1$，那么进行了 N 次独立实验之后，由 s 所标记的随机变量的 M 个可能的取值中，分别出现了 a_s 次，$s = 1, 2, \cdots, M$（当然，$\sum_s a_s = N$）的事件 [③] 的概率可以写为

$$P_{\{a_s\}} = \frac{N!}{\prod\limits_{s=1}^{M} a_s!} \prod_{s=1}^{M} (p_s)^{a_s}. \tag{9}$$

从形式上讲，上式实际上就是

$$\left(\sum_s p_s\right)^N = [p_1 + p_2 + \cdots + p_M]^N \tag{10}$$

的多项式展开中，特定的幂次组合 $(p_1)^{a_1} \cdots (p_M)^{a_M}$ 的系数. 由于每一次实验都是独立的，并且各个结果是互斥的，因此幂次组合 $(p_1)^{a_1} \cdots (p_M)^{a_M}$ 就是

[③] 说明确些就是第 1 个结果出现了 a_1 次，第 2 个出现了 a_2 次 …… 第 M 个结果出现了 a_M 次的事件.

各个结果 s 出现 a_s 次的概率,而前面的组合系数则描写了它们可能出现在总共 N 次实验中的不同的可能位置. 显然, 对于各种可能的分布 $\{a_s\}$ 的求和一定给出 1:

$$\sum_{\{a_s\}} P_{\{a_s\}} = \left(\sum_s p_s\right)^N = 1. \tag{11}$$

在二项分布或多项式分布中,我们有时候希望计算某个特定的结果出现的平均数值. 例如某个给定的 $\bar{s}$ 的结果出现的次数 $a_{\bar{s}}$ 的期望值,或者它的其他高阶矩. 这可以通过对相应的 $p_{\bar{s}}$ 进行形式上的微商,然后再利用归一化条件获得. 例如有

$$\begin{aligned}
\langle a_{\bar{s}} \rangle &= \sum_{\{a_s\}} a_{\bar{s}} P_{\{a_s\}} = \sum_{\{a_s\}} a_{\bar{s}} \frac{N!}{\prod\limits_{s=1}^{M} a_s!} \prod_{s=1}^{M} (p_s)^{a_s} \\
&= p_{\bar{s}} \frac{\partial}{\partial p_{\bar{s}}} \sum_{\{a_s\}} \frac{N!}{\prod\limits_{s=1}^{M} a_s!} \prod_{s=1}^{M} (p_s)^{a_s} = p_{\bar{s}} \frac{\partial}{\partial p_{\bar{s}}} \left(\sum_s p_s\right)^N \\
&= N p_{\bar{s}} \left(\sum_s p_s\right)^{N-1} = N p_{\bar{s}},
\end{aligned} \tag{12}$$

其中在最后一步我们运用了归一化条件. 运用类似的技巧可以计算 $\langle a_s^2 \rangle$ 或者更高阶的矩.

2.2 泊松分布

如果在二项分布中令 $N \gg 1$ 和 $p \ll 1$,但是 $Np = \bar{n}$ 为有限,二项分布会过渡到泊松分布. 这方面典型的物理例子是不稳定粒子的衰变过程. 考虑一个 $t=0$ 时刻的不稳定粒子,它在某个特定的时间段 t 内有可能发生衰变,当然也可能不衰变. 相应地,大量的这类不稳定粒子,在经过有限大的时间 t 后,其数目就会衰减. 我们可以将时间 t 分解为 N 个等间距的小时间段 Δt,使得 $N\Delta t = t$. 我们知道粒子在极短的 Δt 内衰变的概率 p 其实是随着 $\Delta t \to 0$ 而趋于零的,然而比率 $p/\Delta t$ (反映了粒子在单位时间内衰变的概率) 则趋于一个有限大的数值. 这个数值恰好正比于 $(t/\Delta t)p = Np$. 因此,泊松分布恰恰反映了这个时候的概率分布. 在 $N \to \infty$, $p \to 0$, 但 $Np = \bar{n}$ 保持

有限的极限下，在 $N \to \infty$ 次实验中出现 n 次衰变事件的概率可以表达为

$$P_N(n) = \frac{\bar{n}^n}{n!} e^{-\bar{n}}, \qquad N \to \infty. \tag{13}$$

这个分布是归一化的：$\sum_n P_N(n) = 1$，并且 n 的平均值为 $\bar{n}$，而其涨落为 $\overline{(\Delta n)^2} = Np(1-p) \approx Np = \bar{n}$.

2.3 高斯正态分布

一个连续随机变量 x，如果其分布函数为

$$p(x) = \frac{1}{\sqrt{2\pi\sigma^2}} \exp\left(-\frac{(x-\bar{x})^2}{2\sigma^2}\right), \tag{14}$$

那么我们称其满足高斯（正态）分布，其中 $\bar{x}$ 为变量 x 的平均值 (期望值)，σ^2 是变量 x 的均方涨落（方差）.

高斯分布或正态分布的重要意义在于，任何具有相同分布的随机变量，如果我们对其进行足够多次的测量 (采样)，那么样本的代数平均值必定遵从高斯分布. 这实际上构成了我们多次物理实验测量的数学基础. 这个结论称为中心极限定理 (central limit theorem). 中心极限定理告诉我们，多次独立的物理实验的确可以很好地测定那些"非随机"的物理量的数值. 但是，仅仅考虑样本的平均值，其实并不能很好地了解原先随机变量本身的分布，因为最终样本平均值的分布总是遵从高斯正态分布，完全不依赖于原先被取样随机变量的具体分布. 此时，如果希望获得随机变量更具体的分布信息，需要测定其更高阶的矩.

上面给出的是一个一维随机变量的正态分布. 我们可以将其推广到一般的 n 个变量 x_i, $i = 1, \cdots, n$. 如果假设这些随机变量的期望值为 $\bar{x}_i$，那么随机变量 $\boldsymbol{x} = (x_1, \cdots, x_n)$ 在 $\mathbb{R}^n$ 中的正态分布一般可以写为

$$p(x_1, \cdots, x_n) = \frac{1}{(2\pi \det(A))^{1/2}} \exp\left[-\frac{1}{2}(x_i - \bar{x}_i) A_{ij} (x_j - \bar{x}_j)\right], \tag{15}$$

其中 A_{ij} 是一个正定的实对称矩阵. 相应的涨落为

$$\langle (x_i - \bar{x}_i)(x_j - \bar{x}_j) \rangle = A_{ij}^{-1}, \tag{16}$$

其中 A^{-1} 表示矩阵 A 的逆矩阵. 这个结论我们在第 29 节中考虑涨落的准热力学理论时曾经用到过 [(5.64) 和 (5.65) 式].

3 随机过程

考虑一个具有随机过程的系统，该系统的性质由一个随机变量 ξ 来描述，我们用 $P_1(\xi_1, t_1)$ 来表示随机变量 ξ 在时刻 t_1 时取值为 ξ_1 的概率（密度），用 $P_2(\xi_1, t_1; \xi_2, t_2)$ 来表示随机变量 ξ 在时刻 t_1 时取值为 ξ_1、在时刻 t_2 时取值为 ξ_2 的联合概率. 更为普遍地，我们用 $P_n(\xi_1, t_1; \xi_2, t_2; \cdots; \xi_n, t_n)$ 来表示随机变量 ξ 在 $t_1, t_2, \cdots, t_n$ 时刻分别取值为 $\xi_1, \xi_2, \cdots, \xi_n$ 的联合概率. 这些概率分布可以逐级地被约化为次一级的概率分布：

$$\int P_n(\xi_1, t_1; \xi_2, t_2; \cdots; \xi_n, t_n) \mathrm{d}\xi_n = P_{n-1}(\xi_1, t_1; \xi_2, t_2; \cdots; \xi_{n-1}, t_{n-1}). \tag{17}$$

最后，概率分布 $P_1(\xi_1, t_1)$ 是归一化的.

人们通常感兴趣于随机变量 ξ 在不同时刻的关联函数. 系统的一个 n 点关联函数被定义为

$$\langle \xi_1(t_1)\xi_2(t_2)\cdots\xi_n(t_n) \rangle = \int \xi_1\xi_2\cdots\xi_n P_n(\xi_1, t_1; \xi_2, t_2; \cdots; \xi_n, t_n) \mathrm{d}\xi_1 \mathrm{d}\xi_2 \cdots \mathrm{d}\xi_n. \tag{18}$$

所谓平稳随机过，是指对于任意的 n 和 t_0，都有

$$P_n(\xi_1, t_1 + t_0; \xi_2, t_2 + t_0; \cdots; \xi_n, t_n + t_0) = P_n(\xi_1, t_1; \xi_2, t_2; \cdots; \xi_n, t_n), \tag{19}$$

也就是说，所有的概率分布都具有时间平移不变性. 物理系统在达到平衡或稳恒状态时，其概率分布一定是平稳的. 作为上面这个定义的一个特例，一个平稳随机过程的概率 $P_1(\xi_1, t_1) = P_1(\xi_1)$ 与时间无关.

我们引入（一到一）的条件概率 $P_{1|1}(\xi_2, t_2|\xi_1, t_1)$，它的定义是：在时刻 t_1 取值为 ξ_1 的随机变量 ξ 在时刻 t_2 取值 ξ_2 的概率（密度）. 它满足

$$P_1(\xi_1, t_1) P_{1|1}(\xi_2, t_2|\xi_1, t_1) = P_2(\xi_1, t_1; \xi_2, t_2), \tag{20}$$

条件概率 $P_{1|1}(\xi_2, t_2|\xi_1, t_1)$ 又被称为转移概率 (transition probability)，它反映了一个随机过程在不同时刻、不同状态之间转移的概率，有

$$P_1(\xi_2, t_2) = \int P_1(\xi_1, t_1) P_{1|1}(\xi_2, t_2|\xi_1, t_1) \mathrm{d}\xi_1. \tag{21}$$

类似于上面引入的一到一条件概率，一般来讲，我们还可以引入 p 到 q 的条件概率：$P_{p|q}(\xi_{p+1}, t_{p+1}; \cdots; \xi_{p+q}, t_{p+q}|\xi_1, t_1; \cdots; \xi_p, t_p)$.

4　马尔可夫过程

一个一般的随机过程中，刻画它的概率函数由一系列的概率密度 P_n 和条件概率 $P_{p|q}$ 来描述. 如果一个随机过程对过去的记忆是短暂的，具体地说，如果它只有最近的过去的记忆，那么这个过程的 $n-1$ 到 1 的条件概率必定满足

$$P_{n-1|1}(\xi_n, t_n | \xi_1, t_1; \cdots ; \xi_{n-1}, t_{n-1}) = P_{1|1}(\xi_n, t_n | \xi_{n-1}, t_{n-1}). \quad (22)$$

一个满足上式的随机过程称为马尔可夫过程 (Markov process)，一个马尔可夫过程完全由 $P_1(\xi, t)$ 和其转移概率 $P_{1|1}(\xi_2, t_2 | \xi_1, t_1)$ 所确定. 例如，对于 P_3，有

$$P_3(\xi_1, t_1; \xi_2, t_2; \xi_3, t_3) = P_1(\xi_1, t_1) P_{1|1}(\xi_2, t_2 | \xi_1, t_1) P_{1|1}(\xi_3, t_3 | \xi_2, t_2). \quad (23)$$

也就是说，在一个马尔可夫过程中，每一次的转移都是独立的，多次转移的概率就是单次转移概率的乘积.

下面我们研究一个马尔可夫过程中概率密度随时间的变化率. 取一个无穷小时间间隔 τ 并取 $t_2 = t_1 + \tau$，有

$$P_1(\xi_2, t_1 + \tau) = \int P_1(\xi_1, t_1) P_{1|1}(\xi_2, t_1 + \tau | \xi_1, t_1) \mathrm{d}\xi_1. \quad (24)$$

现在，我们将上式对小的 τ 做泰勒展开. 注意到 $P_{1|1}(\xi_2, t_1 | \xi_1, t_1) = \delta(\xi_1 - \xi_2)$，同时，考虑到 $P_{1|1}$ 的归一化在 $O(\tau)$ 也得以保持，必定有

$$P_{1|1}(\xi_2, t_1 + \tau | \xi_1, t_1) = \delta(\xi_1 - \xi_2) \left(1 - \tau \int \mathrm{d}\xi W_{t_1}(\xi_1, \xi)\right) + \tau W_{t_1}(\xi_1, \xi_2). \quad (25)$$

这里我们引入了单位时间中的转移概率 $W_t(\xi_1, \xi_2)$，于是，我们得到

$$\frac{\partial P_1(\xi_2, t)}{\partial t} = \int \mathrm{d}\xi_1 \left[W(\xi_1, \xi_2) P_1(\xi_1, t) - W(\xi_2, \xi_1) P_1(\xi_2, t) \right]. \quad (26)$$

这就是著名的主方程 (master equation). 注意，我们假定了单位时间的转移概率 $W(\xi_1, \xi_2)$ 并不明显地依赖于时间.

细心的读者一定会注意到，这里的主方程与我们在非平衡统计中推导的玻尔兹曼微分积分方程十分类似. 实际上，玻尔兹曼微分积分方程可以作为主方程的一个特例来得到.

5　福克尔–普朗克方程

如果随机变量 ξ 的取值是连续的，那么它的变化只能够连续地进行，这时主方程可以进一步简化为一个纯粹的微分方程，这就是著名的福克尔–普朗克方程 (Fokker-Planck equation)．我们用 $y = \xi_2 - \xi_1$ 来表示随机变量的微小变化，将主方程对 y 展开．如果仅保留物理中比较感兴趣的前两阶的展开[④]，我们得到

$$\frac{\partial P_1(\xi,t)}{\partial t} = -\frac{\partial}{\partial \xi}\left[\alpha_1(\xi)P_1(\xi,t)\right] + \frac{1}{2}\frac{\partial^2}{\partial \xi^2}\left[\alpha_2(\xi)P_1(\xi,t)\right], \tag{27}$$

其中函数 $\alpha_1(\xi)$ 和 $\alpha_2(\xi)$ 为转移的矩，其定义为

$$\alpha_n(\xi) = \int \mathrm{d}y\, y^n W(\xi, \xi+y). \tag{28}$$

物理学中许多方程都具有福克尔–普朗克方程的形式，典型的就是扩散方程．如果想象力丰富一些，你还会联想到薛定谔方程．仿照玻尔兹曼微分积分方程中的称呼，福克尔–普朗克方程 (27) 右边一阶微商和二阶微商的项一般分别被称为漂移项和扩散项．

[④]这个展开又称为克拉默斯–穆瓦亚尔展开 (Kramers–Moyal expansion)．

参 考 书

[1] 王竹溪. 热力学. 2 版. 北京：高等教育出版社，1960. (重排本由北京大学出版社于 2014 年出版)

[2] 王竹溪. 统计物理学导论. 北京：人民教育出版社，1956.

[3] 汪志诚. 热力学·统计物理. 4 版. 北京：高等教育出版社，2008.

[4] 林宗涵. 热力学与统计物理学. 2 版. 北京：北京大学出版社，2018.

[5] Landau L D and Lifshitz E M. Statistical Physics. Pergamon Press, 1994.

[6] Landau L D and Lifshitz E M. Electrodynamics of Continuous Media. Pergamon Press, 1994.

[7] Zemansky M W. Heat and Thermodynamics. McGraw-Hill, 1968.

[8] Huang K. Statistical Mechanics. John Wiley & Sons, 1967.

[9] Callen H B. Thermodynamics and an Introduction to Thermostatistics. John Wiley & Sons, 1985.

[10] Reichl L. A Modern Course in Statistical Physics. Austin, University of Texas Press, 1980.

[11] Plischke M and Bergerson B. Equilibrium Statistical Physics. Prentice Hall, 1989.

[12] Itzykson C and Drouffe J M. Statistical Field Theory: Vol. I. Cambridge University Press, 1989.

[13] Mohling F. Statistical Mechanics: Methods and Applications. John Wiley and Sons, Inc., 1982.

[14] 刘川. 电动力学. 北京：北京大学出版社，2023.

[15] Brush S G. Statistical Physics and Atomic Theory of Matter: From Boyle and Newton to Landau and Onsager. Princeton University Press, 1983.

[16] 周光召. 中国大百科全书：物理学. 2 版. 北京：中国大百科全书出版社，2009.

[17] Klotz I M and Rosenberg R M. Chemical Thermodynamics: Basic Theory and Methods. John Wiley and Sons, Inc., 2000.

[18] Jancel R. Foundations of Classical and Quantum Statistical Mechanics. Pergamon Press, 1969.

[19] Lifshitz E M and Pitaevskii L P. Physical Kinetics. Pergamon Press, 1989.

[20] 韦丹. 固体物理. 北京：高等教育出版社，2023.

索 引

A

爱因斯坦温度, 145
昂内斯方程, 178
奥恩斯坦–策尼克方程, 184

B

BBGKY 级列, 180, 238, 243, 256
变分, 44
遍历假设, 95
标度律, 64, 225
标度性, 225
表面张力系数, 9, 36
波茨模型, 217
波函数, 98
玻恩–奥本海默近似, 169
玻尔磁子, 99
玻尔兹曼方程, 242
   量子玻色气体的, 244
   量子费米气体的, 244
玻尔兹曼关系, 105
玻尔兹曼微分积分方程, 237, 242
玻尔兹曼因子, 109
玻色–爱因斯坦凝聚, 133, 136
玻色–爱因斯坦统计, 100, 101
玻色分布, 120
玻色子, 98, 100
不可逆过程, 7

C

长程关联, 183, 208
弛豫时间, 249
弛豫时间近似, 249
重求和方法, 178
重整化群, 59
重整化群方法, 198

磁化率, 37, 196
磁矩, 99
磁量子数, 99
磁致伸缩效应, 38

D

代表点, 93
单粒子分布函数, 238
单相系, 5
单元系, 5
道尔顿分压定律, 77, 170
德拜–胡克尔理论, 185
德拜函数, 147
德拜截止频率, 147
德拜屏蔽长度, 186
德拜 T^3 律, 148
德拜温度, 147
等概率原理, 103
等温过程, 7
等温压缩系数, 113
等效的, 135
第二类永动机, 16
第二位力系数, 178
第三位力系数, 178
第一类永动机, 9
电导率, 252
定压平衡恒量, 79
定域系, 101
杜隆–珀蒂定律, 144
对称相, 205
对称性破缺, 224
对称性自发破缺, 58, 225
对分布函数, 181
对关联函数, 183
对偶变换, 215

对偶晶格, 215
对偶温度, 216
对偶性, 209
多项式分布, 127
多元系, 5
多元系的复相平衡条件, 74

E
二级相变, 50
二级相变的朗道理论, 57

F
法拉第电解常数, 188
反碰撞, 240
反应热, 76
反应物, 75
范德瓦耳斯方程, 180
范德瓦耳斯相互作用, 179
范氏气体的相变, 52
范托夫方程, 80, 172
范托夫渗透压方程, 84
非定域系, 101
非简并条件, 120, 124
非理想气体, 172
非平衡态统计, 237
非线性 $O(n)\sigma$ 模型, 196
费曼图, 174
费米–狄拉克统计, 101
费米波矢, 153
费米动量, 153
费米分布, 120
费米面, 153
费米球, 153
费米速度, 153
费米子, 98, 100
分布, 118, 122
分布函数, 181
  单粒子, 181
  双粒子, 181
分立对称性, 223

分压, 77
分子场, 199
分子动理论, 237
分子动力学方法, 94, 184
分子混沌性假设, 242
分子运动论, 237
辐射通量密度, 40
复相系, 5
傅里叶定律, 253

G
杠杆法则, 54
高级相变, 50
高温展开, 198, 213
高温展开方法, 209
高温展开图, 214
戈德斯通玻色子, 222
戈德斯通粒子, 222
戈德斯通模式, 222
关联长度, 57, 208
关联函数, 205
广延量, 8, 72, 105
广义动量, 93
广义力, 8, 9
广义位移, 8
广义坐标, 9, 93
过饱和蒸气, 57
过冷气体, 54
过热液体, 54

H
H 定理, 245
哈密顿方程, 93
哈密顿量, 93
海森堡模型, 196, 218
焓, 10, 30
好量子数, 97
赫斯定律, 76
黑体辐射, 38
  热力学理论, 39

统计物理理论, 138
亨利定律, 83
亨利系数, 83
化学平衡条件, 77
化学势, 34, 73
  混合理想气体的, 78
  理想溶液的, 82
  名称的由来, 47
回旋频率, 157
回转因子, 100
混合假设, 95
混合理想气体, 77
混合熵, 79
活度, 82, 134
活度系数, 82
  强电解质的, 188

J

基尔霍夫方程, 76
吉布斯–杜海姆关系, 74
吉布斯分布, 108
吉布斯关系, 74
吉布斯函数, 30
吉布斯函数判据, 44
吉布斯相律, 75
吉布斯佯谬, 79, 101, 105, 124, 163, 171
吉布斯自由能, 30
集团, 175
集团积分, 175
集团展开理论, 172
简并度, 120
简并压, 153
简正模, 164
交换相互作用, 192, 194
交换相互作用能, 193
焦耳定律, 11
焦耳系数, 13
焦汤系数, 13
角动量量子数, 99

节流实验, 13
结构因子, 181
金兹堡–朗道模型, 205
近独立子系, 92, 115
经典极限, 102
经典流体, 161
经典统计, 101
居里定律, 37
居里温度, 58, 195
局域平衡假设, 238
巨配分函数, 110
  非理想气体的, 173
  混合理想气体的, 169
巨势, 45
巨正则分布, 110
绝对熵, 86
绝对温标, 18, 19
绝热过程, 13
绝热去磁降温, 37

K

卡诺定理, 17
卡诺循环, 15
  理想气体的, 14
开尔文温标, 19
可逆过程, 7
克拉珀龙–克劳修斯方程, 50
克拉珀龙方程, 49
克劳修斯不等式, 19
空间波函数, 193

L

拉格朗日乘子, 44
拉乌尔定律, 83
朗道抗磁性, 156, 158
朗道能级, 155, 158
朗道自由能, 59
勒让德变换, 30
勒夏特列原理, 80
李杨零点, 226

理想玻色气体, 119, 131–148
理想费米气体, 119, 149–159
理想气体, 11
理想气体物态方程, 163
理想溶液, 80
连续对称性, 224
连续相变, 57
量子玻尔兹曼方程, 244
量子理想气体, 131–159
量子数, 97
量子态, 98
量子统计, 101
量子性, 97
临界点, 52, 113
临界乳光现象, 115
临界温度, 57, 200
临界现象, 57
临界指数, 57, 201
  磁化率, 202
  热容量, 202
  序参量, 201
  序参量对磁场的, 202
临界指数 α, 58
临界指数 β, 58
临界指数 δ, 58
临界指数 γ, 58
临界指数 ν, 57
刘维尔定理, 95, 256
刘维尔方程, 256
伦纳德–琼斯势, 179
洛伦茨数, 151, 254

M

麦克斯韦–玻尔兹曼分布, 117
麦克斯韦–玻尔兹曼统计, 101
麦克斯韦等面积法则, 54
麦克斯韦关系, 30
蒙特卡罗方法, 184, 198
蒙特卡罗数值模拟, 64, 198

密度矩阵, 97
密度算符, 97
默明–瓦格纳定理, 223

N

n 维空间球体体积, 104
内能, 10
能带论, 150
能级, 122
  简并度, 122
  粒子数分布, 122
能均分定理, 143
能量守恒定律, 9
能壳, 94
能斯特定理, 84
黏滞系数, 250
牛顿黏滞定律, 250

O

欧姆定律, 252

P

泡利不相容原理, 100
泡利顺磁性, 155, 157
配分函数, 109
  巨正则系综的, 110
  正则系综的, 109
配位数, 199
膨胀系数, 7
碰撞变化, 238
偏摩尔吉布斯函数, 73
偏摩尔内能, 73
偏摩尔熵, 73
偏摩尔体积, 73
漂移变化, 238
平衡的稳定性条件, 48
平衡分布, 247
平衡态, 5
平衡条件, 6, 44
平均场, 197

平均场近似, 197, 199
平均分布, 118
平稳随机过程, 266
珀卡斯–耶维克方程, 184, 257
破缺相, 205
普朗克公式, 140
普适性, 192, 225

Q

齐次函数, 72
    欧拉定理, 72
气体的热容量, 11, 164
    理想气体的, 11, 164
强度量, 8, 72, 105
全同性, 97
全同性原理, 98, 192

R

热波长, 134
热导率, 253
热动平衡, 43
热力学, 4
    磁性介质的, 36
热力学不等式, 48
热力学第二定律, 16
    开尔文表述, 16
    克劳修斯表述, 16
    两种表述的等价性, 16
热力学第零定律, 6
热力学第三定律, 84
热力学第一定律, 9
热力学公式, 110
    巨正则系综的, 112
    微正则系综的, 107
    正则系综的, 110
热力学函数, 32, 33
    表面系统的, 35
    范氏气体的, 35
    理想气体的, 34, 162
热力学基本微分方程, 24
    电介质的, 37
    开系的, 45
    PVT 系统的, 25
热力学势, 30
热力学温标, 19
热力学系统, 5
    状态空间, 5
热流密度, 253
热容量, 10
    定容, 10
    定压, 10
    理想气体的, 12
溶剂, 80
溶质, 80
瑞利–金斯公式, 142
弱简并, 134

S

塞曼能量, 100
三临界点, 62
熵, 21
    理想气体的, 22
    微正则系综的, 105
熵判据, 43
熵增加原理, 22
渗透压, 83
生成物, 75
声速的计算, 14
    拉普拉斯的, 14
    牛顿的, 14
声子, 144
实际气体, 172
矢势, 157
输运现象, 249
顺磁–铁磁相变, 194
顺磁性, 195
斯特藩–玻尔兹曼定律, 40
索末菲模型, 150–155, 254
索末菲展开, 154

T

态变量, 5
态函数, 6
态密度, 102, 132, 254
特性函数, 33, 107
铁磁相, 195
铁磁性, 195, 200
铁磁序, 200
统计分布的涨落, 127
统计关联, 135, 138, 150, 243
图, 174, 213

W

外斯分子场, 199
威尔逊云室, 57
微功, 8
  磁性介质中的功, 8
  电介质中的功, 8
  二维表面扩张收缩功, 9
  流体的膨胀压缩功, 8
微观粒子分类, 98
微观态数, 103
  定域系的, 123
  非定域玻色子系统的, 123
  非定域费米子系统的, 124
  理想气体的, 104
微正则系综, 103
维德曼–弗兰兹定律, 151, 254
维恩公式, 141
位力定理, 183
位力物态方程, 183
位力系数, 178
位形积分, 173
温度, 6
稳定条件, 44
稳恒态, 5
物态方程, 72

X

XY 模型, 196

希格斯模式, 222
稀薄等离子体, 185
系综, 95
  不同系综的等价性, 113
  巨正则, 107, 110
  平均值, 95
  微正则, 103
  正则, 107, 108
系综理论, 92
细致平衡条件, 246, 247
相对涨落, 126
相, 5
相变潜热, 50
相轨道, 93
相空间, 93
  能量曲面, 93
  体积元与量子态数目的对应
   关系, 102
相流型, 93
相平衡条件, 47
  单元复相系的, 47
相体积元, 98
相图, 49
相宇, 93
效率, 14
  热机的, 14
虚变动, 44
序参量, 58, 200, 203
巡游电子, 150

Y

压强系数, 7
压缩系数, 7
亚稳态, 54
液滴的临界半径, 56
液滴的形成, 55
一级相变, 50
  朗道理论中的, 61
伊辛模型, 194

逸度, 134
硬心伦纳德-琼斯势, 180
尤林-乌伦贝克方程, 244
元反碰撞数, 241
元激发, 148
元碰撞数, 241
原子势, 173
  对势, 173

Z

涨落, 114
  巨正则系综的粒子数, 113
  普遍公式, 114
  正则系综的能量, 112
涨落物态方程, 183
振动特征温度, 165
蒸气压方程, 51
正碰撞, 240
正氢, 167
正则动量, 157
正则方程, 93
正则分布, 108
正则系综, 108
质量作用定律, 79, 172
中心极限定理, 265
中子衍射实验, 148
仲氢, 167
周期边条件, 209
转移矩阵, 210
转动量子数, 166
转动特征温度, 166
准经典近似, 243
准静态过程, 7
准粒子, 148
准连续, 102
准连续条件, 102
子系配分函数, 163
紫外灾难, 142
自对偶性, 217

自发磁化, 195
自洽方程, 199
自旋, 99
自旋-统计定理, 100
自旋波函数, 193
自旋角动量, 99
自旋模型, 191, 194
自由度, 74
自由能, 30
自由能判据, 44
最大功, 24
最概然分布, 121, 125